Funktionentheorie

Klemens Burg · Herbert Haf · Friedrich Wille · Andreas Meister

Funktionentheorie

Höhere Mathematik für Ingenieure, Naturwissenschaftler und Mathematiker

2., aktualisierte Auflage

Bearbeitet von
Prof. Dr. rer. nat. Herbert Haf, Universität Kassel
Prof. Dr. rer. nat. Andreas Meister, Universität Kassel

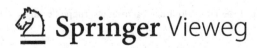 Springer Vieweg

Klemens Burg
Kassel, Deutschland

Herbert Haf
Gudensberg, Deutschland

Friedrich Wille
Kassel, Deutschland

Andreas Meister
Kassel, Deutschland

ISBN 978-3-8348-1952-9   ISBN 978-3-8348-2340-3 (eBook)
DOI 10.1007/978-3-8348-2340-3

Die Deutsche Nationalbibliothek verzeichnet diese Publikation in der Deutschen Nationalbibliografie; detaillierte bibliografische Daten sind im Internet über http://dnb.d-nb.de abrufbar.

Springer Vieweg
© Springer Fachmedien Wiesbaden 2013

Lektorat: Kerstin Hoffmann

Gedruckt auf säurefreiem und chlorfrei gebleichtem Papier.

Springer Vieweg ist eine Marke von Springer DE. Springer DE ist Teil der Fachverlagsgruppe Springer Science+Business Media
www.springer-vieweg.de

Vorwort

Der vierte Band unseres Gesamtwerkes »Höhere Mathematik für Ingenieure« beinhaltet bisher die beiden Themenbereiche »Vektoranalysis« und »Funktionentheorie«. Da kein zwingender Grund besteht, diese Gebiete in einem Band zusammenzufassen, haben wir sie neu strukturiert durch zwei eigenständige Bände. Dies wirkt sich zum einen günstig auf die Preisgestaltung aus. Zum anderen möchten wir den Leserkreis erweitern: Neben der für uns nach wie vor wichtigen Zielgruppe der Ingenieurstudenten wenden wir uns gezielt auch an Studierende der Naturwissenschaften und der Angewandten Mathematik. Dazu haben wir eine noch stärkere »Anreicherung« mit interessanten Anwendungen vorgenommen (s. insbesondere Abschnitt 5.3).

Gegenstand dieses Bandes ist die Funktionentheorie. Sie zählt zu den schönsten mathematischen Disziplinen und zeichnet sich durch ihre Geschlossenheit aus. Für den Anwender der Mathematik ist allerdings ein anderer Aspekt vorrangig: Funktionentheoretische Methoden stellen in sehr vielfältigen Anwendungssituationen ein unentbehrliches Hilfsmittel dar. Dies vor allem im Zusammenhang mit ebenen Problemen, etwa der Potentialtheorie, bei stationären Strömungen und in der Elastizitätstheorie.

Natürlich enthält dieser Band auch die üblichen »Standards«, die zu einem soliden Grundwissen gehören: Differenzierbarkeit und Integrierbarkeit im Komplexen, wobei die Cauchyschen Integralsätze einen Höhepunkt darstellen. Ferner: Potenzreihen- und Laurentreihenentwicklung und eine Einführung in die Theorie konformer Abbildungen. Es ist klar, dass hier zunächst mehr theoretische Gesichtspunkte im Vordergrund stehen. Daneben haben wir uns jedoch bemüht, für die Anwendungen interessante Akzente zu setzen. So werden z.B. mit Hilfe konformer Abbildungen verschiedene Randwertprobleme der Potentialtheorie behandelt und auf die Diskussion ebener stationärer Strömungen angewandt (s. Abschnitt 4.2). In Abschnitt 5.3.3 wird gezeigt, wie sich komplexe Potentiale elegant auf ebene Probleme der Elastizitätstheorie anwenden lassen. Ferner wird in Abschnitt 5.3.4 ersichtlich, wie wertvoll funktionentheoretische Methoden bei der Untersuchung von Streuproblemen ebener elektromagnetischer Wellen sind.

Die Anwendung der Funktionentheorie auf die Besselsche Differentialgleichung in Abschnitt 5 soll indessen verdeutlichen, dass der Nutzen funktionentheoretischer Methoden keineswegs auf ebene Probleme beschränkt ist. Daneben wollen wir dem Leser interessante Funktionen der mathematischen Physik (die Hankel-, Bessel- und Neumannfunktionen) vorstellen und ihre grundlegenden Eigenschaften aufzeigen. Anwendungen auf die Untersuchung des Schwingungsverhaltens von Membranen und auf die Theorie der Schwingungsgleichung (s. Abschnitt 5.3) unterstreichen die Praxisrelevanz der Funktionentheorie. Mit der Berechnung und Diskussion von radialsymmetrischen Lösungen der Schwingungsgleichung bei beliebiger Raumdimension stellen wir die Hilfsmittel bereit, die man zum Aufbau der Theorie der Schwingungsgleichung benötigt (s. hierzu auch Burg/Haf/Wille [11]). Die in Abschnitt 2.4 behandelten asymptotischen Methoden finden hierbei eine interessante Anwendung.

Noch ein Wort zum Aufbau!

Wir haben uns bemüht, stets schnell zum Hauptergebnis durchzudringen, um von dort her die Gedankenketten zu strukturieren. Wir hoffen, dass so ein verständlicher Text entstanden ist.

Rücksichtnahme auf den Anwender von Mathematik war uns dabei ein Anliegen, ohne jedoch die mathematische Genauigkeit preiszugeben.

Natürlich benötigt dieser Band ein bestimmtes Grundwissen, etwa aus der Analysis oder der Linearen Algebra. Als Hilfestellung für den Leser finden sich daher immer wieder Verweise auf unsere übrigen Bände. Selbstverständlich können diese Kenntnisse auch aus anderen Büchern erworben werden.

Zum Schluss danken wir allen, die uns bei diesem Band unterstützt haben: Herrn Prof. Dr. P. Werner (Universität Stuttgart) für wertvolle Hinweise zur Funktionentheorie, Herrn Prof. Dr. P. Haupt (Universität Kassel) für seine Beratung bei der Anwendung auf die Elastizitätstheorie, Herrn Dipl.-Inf. J. Barner für die sorgfältig erstellte LaTeX-Vorlage, Herrn Dipl.-Math. F. Müller für die Anfertigung einiger Computergrafiken und nicht zuletzt dem Verlag B.G. Teubner für seine geduldige und konstruktive Zusammenarbeit.

Kassel, Dezember 2003 *Herbert Haf*

Vorwort zur zweiten Auflage

Die vorliegende Neuauflage dieses Bandes unterscheidet sich inhaltlich nur geringfügig von der vorhergehenden Auflage. Es wurden lediglich kleinere Veränderungen und Fehlerkorrekturen vorgenommen. Unser Dank gilt in besonderer Weise einem aufmerksamen Leser aus Österreich, der uns dabei wesentlich unterstützt hat.

Nicht zuletzt danken wir dem Springer Vieweg Verlag für die bewährte und angenehme Zusammenarbeit.

Kassel, Juni 2012 *Herbert Haf, Andreas Meister*

Inhaltsverzeichnis

1 Grundlagen   **1**
   1.1   Komplexe Zahlen 1
     1.1.1   Wiederholung und Ergänzung 1
     1.1.2   Die Riemannsche Zahlenkugel 5
     1.1.3   Topologische Hilfsmittel 7
     1.1.4   Folgen von komplexen Zahlen 9
     1.1.5   Reihen von komplexen Zahlen 12
     1.1.6   Kurven und Gebiete in $\mathbb{C}$ 14
   1.2   Funktionen einer komplexen Variablen 22
     1.2.1   Funktionsbegriff 22
     1.2.2   Stetigkeit 22
     1.2.3   Elementare Funktionen 26

2 Holomorphe Funktionen   **33**
   2.1   Differenzierbarkeit im Komplexen, Holomorphie 33
     2.1.1   Ableitungsbegriff, Holomorphie 33
     2.1.2   Rechenregeln für holomorphe Funktionen 35
     2.1.3   Die Cauchy-Riemannschen Differentialgleichungen 36
     2.1.4   Umkehrung der elementaren Funktionen 42
     2.1.5   Die Potentialgleichung 48
   2.2   Komplexe Integration 53
     2.2.1   Integralbegriff 53
     2.2.2   Der Cauchysche Integralsatz 59
     2.2.3   Folgerungen aus dem Cauchyschen Integralsatz 61
     2.2.4   Umkehrung des Cauchyschen Integralsatzes 73
     2.2.5   Anwendungen der komplexen Integralrechnung 74
   2.3   Erzeugung holomorpher Funktionen durch Grenzprozesse 86
     2.3.1   Folgen von Funktionen 86
     2.3.2   Reihen von Funktionen 90
     2.3.3   Potenzreihen 91
     2.3.4   Charakterisierung holomorpher Funktionen 96
     2.3.5   Analytische Fortsetzung 97
   2.4   Asymptotische Abschätzungen 107
     2.4.1   Asymptotische Entwicklungen 107
     2.4.2   Die Sattelpunktmethode 112

3 Isolierte Singularitäten, Laurent-Entwicklung   **119**
   3.1   Laurentreihen 119

3.1.1   Holomorphe Funktionen in Ringgebieten 119
3.1.2   Singularitäten 124
3.2   Residuensatz und Anwendungen 129
3.2.1   Der Residuensatz 129
3.2.2   Das Prinzip vom Argument 134
3.2.3   Anwendungen 135

4   Konforme Abbildungen   153
4.1   Einführung in die Theorie konformer Abbildungen 153
4.1.1   Geometrische Kennzeichnung holomorpher Funktionen 153
4.1.2   Der Riemannsche Abbildungssatz 156
4.1.3   Spezielle konforme Abbildungen 158
4.2   Anwendungen auf die Potentialtheorie 179
4.2.1   Dirichletsche Randwertprobleme 179
4.2.2   Neumannsche Randwertprobleme 183
4.2.3   Potential von Punktladungen 185
4.2.4   Ebene stationäre Strömungen 189

5   Anwendung auf die Besselsche Differentialgleichung   199
5.1   Die Besselsche Differentialgleichung 199
5.1.1   Motivierung 199
5.1.2   Die Hankelschen Funktionen 201
5.1.3   Allgemeine Lösung der Besselschen Differentialgleichung 205
5.2   Die Besselschen und Neumannschen Funktionen 207
5.2.1   Definitionen und grundlegende Eigenschaften 207
5.2.2   Integraldarstellung der Besselschen Funktionen 210
5.2.3   Reihenentwicklung und asymptotisches Verhalten der Besselschen Funktionen 212
5.2.4   Orthogonalität und Nullstellen der Besselschen Funktion 215
5.2.5   Die Neumannschen Funktionen 218
5.2.6   Verhalten der Lösung der Besselschen Differentialgleichung 220
5.3   Anwendungen 221
5.3.1   Radialsymmetrische Lösungen der Schwingungsgleichung 221
5.3.2   Schwingungen einer Membran 223
5.3.3   Elastizitätstheorie in der Ebene 228
5.3.4   Streuung einer ebenen Welle 231

Anhang   239

A   Eigenschaften parameterabhängiger Integrale   241

B   Lösungen zu den Übungen   245

Symbole   257

Literaturverzeichnis   **259**

Stichwortverzeichnis   **263**

Band I: Analysis (F. Wille†, bearbeitet von H. Haf, A. Meister)

1   Grundlagen

1.1   Reelle Zahlen
1.2   Elementare Kombinatorik
1.3   Funktionen
1.4   Unendliche Folgen reeller Zahlen
1.5   Unendliche Reihen reeller Zahlen
1.6   Stetige Funktionen

2   Elementare Funktionen

2.1   Polynome
2.2   Rationale und algebraische Funktionen
2.3   Trigonometrische Funktionen
2.4   Exponentialfunktionen, Logarithmus, Hyperbelfunktionen
2.5   Komplexe Zahlen

3   Differentialrechnung einer reellen Variablen

3.1   Grundlagen der Differentialrechnung
3.2   Ausbau der Differentialrechnung
3.3   Anwendungen

4   Integralrechnung einer reellen Variablen

4.1   Grundlagen der Integralrechnung
4.2   Berechnung von Integralen
4.3   Uneigentliche Integrale
4.4   Anwendung: Wechselstromrechnung

5   Folgen und Reihen von Funktionen

5.1   Gleichmäßige Konvergenz von Funktionenfolgen und -reihen
5.2   Potenzreihen
5.3   Der Weierstraß'sche Approximationssatz
5.4   Interpolation
5.5   Fourierreihen

6   Differentialrechnung mehrerer reeller Variabler

6.1   Der n-dimensionale Raum $\mathbb{R}^n$
6.2   Abbildungen im $\mathbb{R}^n$
6.3   Differenzierbare Abbildungen von mehreren Variablen
6.4   Gleichungssysteme, Extremalprobleme, Anwendungen

7 Integralrechnung mehrerer reeller Variabler

7.1 Integration bei zwei Variablen
7.2 Allgemeinfall: Integration bei mehreren Variablen
7.3 Parameterabhängige Integrale

Band II: Lineare Algebra (F. Wille[†], H. Haf, K. Burg[†], A. Meister)

1 Vektorrechnung in zwei und drei Dimensionen

1.1 Vektoren in der Ebene
1.2 Vektoren im dreidimensionalen Raum

2 Vektorräume beliebiger Dimensionen

2.1 Die Vektorräume $\mathbb{R}^n$ und $\mathbb{C}^n$
2.2 Lineare Gleichungssysteme, Gaußscher Algorithmus
2.3 Algebraische Strukturen: Gruppen und Körper
2.4 Vektorräume über beliebigen Körpern

3 Matrizen

3.1 Definition, Addition, s-Multiplikation
3.2 Matrizenmultiplikation
3.3 Reguläre und inverse Matrizen
3.4 Determinanten
3.5 Spezielle Matrizen
3.6 Eigenwerte und Eigenvektoren
3.7 Die Jordansche Normalform
3.8 Lineare Gleichungssysteme und Matrizen
3.9 Matrix-Funktionen
3.10 Drehungen, Spiegelungen, Koordinatentransformationen
3.11 Lineare Ausgleichsprobleme

4 Anwendungen

4.1 Technische Strukturen
4.2 Roboter-Bewegung

Band III: Gewöhnliche Differentialgleichungen, Distributionen, Integraltransformationen (H. Haf, A. Meister)

Gewöhnliche Differentialgleichungen

1 Einführung in die gewöhnlichen Differentialgleichungen

1.1 Was ist eine Differentialgleichung?
1.2 Differentialgleichungen 1-ter Ordnung

1.3   Differentialgleichungen höherer Ordnung und Systeme 1-ter Ordnung
1.4   Ebene autonome Systeme

2   Lineare Differentialgleichungen

2.1   Lösungsverhalten
2.2   Homogene lineare Systeme 1-ter Ordnung
2.3   Inhomogene lineare Systeme 1-ter Ordnung
2.4   Lineare Differentialgleichungen n-ter Ordnung

3   Lineare Differentialgleichungen mit konstanten Koeffizienten

3.1   Lineare Differentialgleichungen höherer Ordnung
3.2   Lineare Systeme 1-ter Ordnung

4   Potenzreihenansätze und Anwendungen

4.1   Potenzreihenansätze
4.2   Verallgemeinerte Potenzreihenansätze

5   Rand- und Eigenwertprobleme. Anwendungen

5.1   Rand- und Eigenwertprobleme
5.2   Anwendung auf eine partielle Differentialgleichung
5.3   Anwendung auf ein nichtlineares Problem (Stabknickung)

Distributionen

6   Verallgemeinerung des klassischen Funktionsbegriffs

6.1   Motivierung und Definition
6.2   Distributionen als Erweiterung der klassischen Funktionen

7   Rechnen mit Distributionen. Anwendungen

7.1   Rechnen mit Distributionen
7.2   Anwendungen

Integraltransformationen

8   Fouriertransformation

8.1   Motivierung und Definition
8.2   Umkehrung der Fouriertransformation
8.3   Eigenschaften der Fouriertransformation
8.4   Anwendung auf partielle Differentialgleichungsprobleme
8.5   Diskrete Fouriertransformation

9   Laplacetransformation

9.1   Motivierung und Definition
9.2   Umkehrung der Laplacetransformation
9.3   Eigenschaften der Laplacetransformation
9.4   Anwendungen auf gewöhnliche lineare Differentialgleichungen

10 $\mathfrak{Z}$-Transformation

10.1   Motivierung und Definition
10.2   Eigenschaften der $\mathfrak{Z}$-Transformation
10.3   Anwendungen auf gewöhnliche lineare Differentialgleichungen

Band Vektoranalysis: (F. Wille[†] bearbeitet von H. Haf, A. Meister)

1   Kurven

1.1   Wege, Kurven, Bogenlänge
1.2   Theorie ebener Kurven
1.3   Beispiele ebener Kurven I: Kegelschnitte
1.4   Beispiele ebener Kurven II: Rollkurven, Blätter, Spiralen
1.5   Theorie räumlicher Kurven
1.6   Vektorfelder, Potentiale, Kurvenintegrale

2   Flächen und Flächenintegrale

2.1   Flächenstücke und Flächen
2.2   Flächenintegrale

3   Integralsätze

3.1   Der Gaußsche Integralsatz
3.2   Der Stokessche Integralsatz
3.3   Weitere Differential- und Integralformeln im $\mathbb{R}^3$
3.4   Wirbelfreiheit, Quellfreiheit, Potentiale

4   Alternierende Differentialformen

4.1   Alternierende Differentialformen im $\mathbb{R}^3$
4.2   Alternierende Differentialformen im $\mathbb{R}^n$

5   Kartesische Tensoren

5.1   Tensoralgebra
5.2   Tensoranalysis

Band Partielle Differentialgleichungen und funktionalanalytische Grundlagen: (H. Haf, A. Meister)

Funktionalanalysis

1   Grundlegende Räume
1.1   Metrische Räume
1.2   Normierte Räume. Banachräume
1.3   Skalarprodukträume. Hilberträume
2   Lineare Operatoren in normierten Räumen
2.1   Beschränkte lineare Operatoren
2.2   Fredholmsche Theorie in Skalarprodukträumen
2.3   Symmetrische vollstetige Operatoren

3   Der Hilbertraum $L_2(\Omega)$ und zugehörige Sobolevräume

3.1   Der Hilbertraum $L_2(\Omega)$
3.2   Sobolevräume

Partielle Differentialgleichungen

4   Einführung

4.1   Was ist eine partielle Differentialgleichung?
4.2   Lineare partielle Differentialgleichungen 1-ter Ordnung
4.3   Lineare partielle Differentialgleichungen 2-ter Ordnung
4.4   Der Reynoldsche Transportsatz

5   Helmholtzsche Schwingungsgleichung und Potentialgleichung

5.1   Grundlagen
5.2   Ganzraumprobleme
5.3   Randwertprobleme
5.4   Ein Eigenwertproblem der Potentialtheorie
5.5   Einführung in die Finite-Elemente-Methode (F. Wille[†])

6   Die Wärmeleitungsgleichung

6.1   Rand- und Anfangswertprobleme
6.2   Ein Anfangswertproblem

7   Die Wellengleichung

7.1   Die homogene Wellengleichung
7.2   Die inhomogene Wellengleichung

8   Die Maxwellschen Gleichungen

8.1   Die stationären Maxwellschen Gleichungen
8.2   Randwertprobleme

9   **Die Euler-Gleichungen und hyperbolische Bilanzgleichungen**

9.1   Kompressible und inkompressible Strömungen
9.2   Bilanzgleichungen und Erhaltungsgleichungen
9.3   Charakteristiken im skalaren eindimensionalen Fall
9.4   Lineare Systeme mit konstanten Koeffizienten
9.5   Schwache Lösungen
9.6   Die Euler-Gleichungen

10   **Hilbertraummethoden**

10.1   Einführung
10.2   Das schwache Dirichletproblem für lineare elliptische Differentialgleichungen
10.3   Das schwache Neumannproblem für lineare elliptische Differentialgleichungen
10.4   Zur Regularitätstheorie beim Dirichletproblem

1 Grundlagen

Wie in der reellen Analysis sind auch in der komplexen Analysis Zahlen, Folgen, Konvergenz und Funktionen wichtige Grundbegriffe. Wir wollen sie in diesem Abschnitt erklären, ihre Eigenschaften erläutern und so ein Fundament für das Weitere legen.

1.1 Komplexe Zahlen

1.1.1 Wiederholung und Ergänzung

Komplexe Zahlen haben wir bereits in Burg/Haf/Wille [12], Abschnitt 2.5 vorgestellt. Wir wollen an einige ihrer Eigenschaften erinnern und weitere aufzeigen. Wir haben gesehen, dass wir zur eindeutigen Kennzeichnung einer komplexen Zahl z *zwei* reelle Zahlen benötigen, nämlich geordnete Paare

$$z = (x, y), \quad x, y \in \mathbb{R},\tag{1.1}$$

die wir auch in der Form

$$z = x + \mathrm{i}\, y, \quad x, y \in \mathbb{R}\tag{1.2}$$

schreiben; i heißt *imaginäre Einheit*; x heißt *Realteil*, y *Imaginärteil* von z. Schreibweise: $x = \mathrm{Re}\, z$, $y = \mathrm{Im}\, z$. Wir sagen, $z_1 = x_1 + \mathrm{i}\, y_1$ und $z_2 = x_2 + \mathrm{i}\, y_2$ sind *gleich*, wenn $x_1 = x_2$ und $y_1 = y_2$ ist. Zur Vereinfachung schreibt man

$$x + \mathrm{i}\, 0 = x, \quad 0 + \mathrm{i}\, y = \mathrm{i}\, y, \quad 0 + \mathrm{i}\, 0 = 0, \quad \mathrm{i}\, 1 = \mathrm{i}\,.$$

Die Ausdrücke $x + \mathrm{i}\, y$ erhalten den Charakter von Zahlen, man nennt sie *komplexe Zahlen*, durch Festlegung der folgenden *Rechenregeln*: Für beliebige komplexe Zahlen $x_1 + \mathrm{i}\, y_1$ und $x_2 + \mathrm{i}\, y_2$ definiert man die

Addition:	$(x_1 + \mathrm{i}\, y_1) + (x_2 + \mathrm{i}\, y_2) = (x_1 + x_2) + \mathrm{i}(y_1 + y_2)$
Subtraktion:	$(x_1 + \mathrm{i}\, y_1) - (x_2 + \mathrm{i}\, y_2) = (x_1 - x_2) + \mathrm{i}(y_1 - y_2)$
Multiplikation:	$(x_1 + \mathrm{i}\, y_1)(x_2 + \mathrm{i}\, y_2) = (x_1 x_2 - y_1 y_2) + \mathrm{i}(x_1 y_2 + y_1 x_2)$
Division:	$\dfrac{x_1 + \mathrm{i}\, y_1}{x_2 + \mathrm{i}\, y_2} = \dfrac{1}{x_2^2 + y_2^2}(x_1 + \mathrm{i}\, y_1)(x_2 - \mathrm{i}\, y_2), \quad \text{falls } x_2 + \mathrm{i}\, y_2 \neq 0.$

Die Menge der komplexen Zahlen wird mit $\mathbb{C}$ bezeichnet. Durch $x + \mathrm{i}\, 0 = x$ wird die Menge der reellen Zahlen eine Teilmenge der komplexen Zahlen: $\mathbb{R} \subset \mathbb{C}$. In Burg/Haf/Wille [12] wurde gezeigt, dass $\mathbb{C}$ bezüglich der Addition und Multiplikation einen *Körper* bildet, d.h. wir können in $\mathbb{C}$ »vernünftig rechnen«. Nach der Regel für die Multiplikation gilt im Spezialfall $x_1 = x_2 = 0$,

$$y_1 = y_2 = 1$$

$$(x_1 + \mathrm{i}\, y_1)(x_2 + \mathrm{i}\, y_2) = \mathrm{i}\,\mathrm{i} = \mathrm{i}^2 = -1\,.\tag{1.3}$$

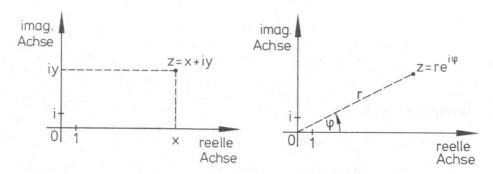

Fig. 1.1: Normaldarstellung von z Fig. 1.2: Polarkoordinatendarstellung von z

Die Darstellung $z = x + \mathrm{i}\, y$ einer komplexen Zahl z heißt *Normaldarstellung* von z. Zu ihrer Veranschaulichung haben wir in Burg/Haf/Wille [12] die *komplexe Zahlenebene* (= *Gaußsche Zahlenebene*) verwendet (s. Fig. 1.1).

Neben der Normaldarstellung für komplexe Zahlen steht uns noch ihre Darstellung in *Polarkoordinaten* zur Verfügung (s. Fig. 1.2):

$$z = r\,\mathrm{e}^{\mathrm{i}\varphi} = r(\cos\varphi + \mathrm{i}\sin\varphi)\,,\quad 0 \le \varphi < 2\pi\,,\quad r \ge 0 \tag{1.4}$$

mit $\varphi = \arg z$ (*Argument* von z) und $r = |z| = \sqrt{x^2 + y^2}$ (*Betrag* von z). Dabei haben wir die *Eulersche Formel* $\mathrm{e}^{\mathrm{i}\varphi} = \cos\varphi + \mathrm{i}\sin\varphi$ benutzt (s. Burg/Haf/Wille [12]).

Mit Hilfe dieser Darstellungen lassen sich die verschiedenen Rechenoperationen einfach veranschaulichen. Die Figuren 1.3 und 1.4 zeigen dies für die Addition und die Multiplikation.

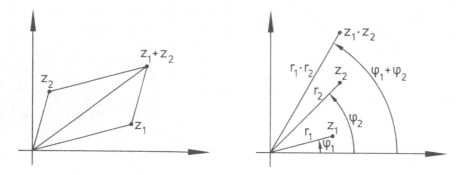

Fig. 1.3: Addition komplexer Zahlen   Fig. 1.4: Multiplikation komplexer Zahlen

Die wichtigsten Eigenschaften des *Betrages* $|z|$ einer komplexen Zahl z kommen zum Ausdruck in den Beziehungen

$$|z_1 + z_2| \leq |z_1| + |z_2| ; \quad |z_1 - z_2| \geq \left||z_1| - |z_2|\right| ; \quad (Dreiecksungleichungen)$$

$$|z_1 \cdot z_2| = |z_1| \, |z_2| ; \quad \left|\frac{z_1}{z_2}\right| = \frac{|z_1|}{|z_2|}, \quad z_2 \neq 0,$$

die für alle $z_1, z_2 \in \mathbb{C}$ gelten (s. Burg/Haf/Wille [12]). Ist $z = x + \mathrm{i}\,y$ eine beliebige komplexe Zahl, so ist die zu z *konjugiert komplexe Zahl* $\bar{z}$ durch

$$\bar{z} = x - \mathrm{i}\,y \tag{1.5}$$

erklärt. Sie lässt sich geometrisch als Spiegelung von z an der reellen Achse deuten. Die wichtigsten Rechenregeln lauten:

$$\overline{z_1 \pm z_2} = \overline{z_1} \pm \overline{z_2}, \quad \overline{z_1 \cdot z_2} = \overline{z_1} \cdot \overline{z_2}, \quad \overline{\left(\frac{z_1}{z_2}\right)} = \frac{\overline{z_1}}{\overline{z_2}} \quad (z_2 \neq 0),$$

für beliebige $z_1, z_2 \in \mathbb{C}$ (s. Burg/Haf/Wille [12]).

In Burg/Haf/Wille [12] haben wir bereits Quadrate und Quadratwurzeln von komplexen Zahlen behandelt. Wir wollen nun *beliebige* Potenzen und Wurzeln erklären, d.h. die Ausdrücke z^n bzw. $\sqrt[n]{z}$ für beliebige $n \in \mathbb{N}$.

Potenzen und Wurzeln von komplexen Zahlen

Da $\mathbb{C}$ ein Körper ist, ist die *Potenz*

$$z^n = \underbrace{z \cdot z \cdot \ldots \cdot z}_{n\text{-mal}} \tag{1.6}$$

für alle $z \in \mathbb{C}$ und jedes $n \in \mathbb{N}$ definiert; z^0 und z^{-n} erklären wir, wie erwartet, durch

$$z^0 = 1 \quad \text{und} \quad z^{-n} = \frac{1}{z^n} \quad (z \neq 0).$$

Jede komplexe Zahl z, die Lösung der Gleichung

$$z^n = w \tag{1.7}$$

ist, nennen wir *n-te Wurzel* aus w. Wir zeigen

Satz 1.1:

Sei $z = r(\cos \varphi + \mathrm{i} \sin \varphi)$ und $n \in \mathbb{N}$. Dann gilt

$$z^n = r^n (\cos n\varphi + \mathrm{i} \sin n\varphi) \tag{1.8}$$

Ferner besitzt die Gleichung

$$z^n = w = \rho(\cos\psi + \mathrm{i}\sin\psi)$$

für $z \neq 0$ genau n verschiedene Lösungen $z_0, z_1, \ldots, z_{n-1}$:

$$z_k = \sqrt[n]{\rho}\left[\cos\left(\frac{\psi + 2k\pi}{n}\right) + \mathrm{i}\sin\left(\frac{\psi + 2k\pi}{n}\right)\right] \quad (k = 0, 1, \ldots, n-1) \quad (1.9)$$

Beweis:

(1) Wir beweisen (1.8) mittels vollständiger Induktion: Für $n = 1$ ist (1.8) trivial. Nun setzen wir für festes $n \in \mathbb{N}$ die Gültigkeit von (1.8) voraus. Dann erhalten wir mit den bekannten Additionstheoremen für sin und cos

$$z^{n+1} = z \cdot z^n = r(\cos\varphi + \mathrm{i}\sin\varphi) \cdot r^n(\cos n\varphi + \mathrm{i}\sin n\varphi)$$
$$= r^{n+1}\left[(\cos\varphi \cdot \cos n\varphi - \sin\varphi \cdot \sin n\varphi) + \mathrm{i}(\cos\varphi \cdot \sin n\varphi + \sin\varphi \cdot \cos n\varphi)\right]$$
$$= r^{n+1}\left[\cos(n+1)\varphi + \mathrm{i}\sin(n+1)\varphi\right]$$

und damit nach dem Induktionsprinzip (1.8) für alle $n \in \mathbb{N}$.

(2) Mit $w = \rho(\cos\psi + \mathrm{i}\sin\psi)$ bzw. $z = r(\cos\varphi + \mathrm{i}\sin\varphi)$ folgt mit (1.8) aus $z^n = w$

$$r^n(\cos n\varphi + \mathrm{i}\sin n\varphi) = \rho(\cos\psi + \mathrm{i}\sin\psi).$$

Da zwei komplexe Zahlen genau dann gleich sind, wenn ihre Beträge gleich sind und ihre Argumente bis auf ganzzahlige Vielfache von 2π übereinstimmen, so erhalten wir

$$r^n = \rho \quad \text{und} \quad n\varphi = \psi + 2k\pi, \quad k \in \mathbb{Z} \quad \text{oder}$$
$$r = \sqrt[n]{\rho} \quad \text{und} \quad \varphi = \frac{\psi + 2k\pi}{n}, \quad k \in \mathbb{Z}.$$

Jede Lösung z_k von $z^n = w$ hat also notwendig die Gestalt

$$z_k = \sqrt[n]{\rho}\left[\cos\left(\frac{\psi + 2k\pi}{n}\right) + \mathrm{i}\sin\left(\frac{\psi + 2k\pi}{n}\right)\right], \quad k \in \mathbb{Z}.$$

Obgleich k alle ganzen Zahlen durchläuft, sind nur n dieser Zahlen voneinander verschieden: $z_0, z_1, \ldots, z_{n-1}$.

Dies folgt für $k = ln + m$ ($l \in \mathbb{Z}, m = 0, 1, 2, \ldots, n-1$) aus

$$\cos\left(\frac{\psi}{n} + \frac{2k}{n}\pi\right) = \cos\left(\frac{\psi}{n} + \frac{2ln + 2m}{n}\pi\right) = \cos\left(\frac{\psi}{n} + \frac{2m}{n}\pi\right)$$

und entsprechend für den sin-Term. $\qquad\square$

Folgerung 1.1:

Ist speziell $w = 1$, d.h. $\rho = 1$ und $\psi = 0$, so ergeben sich die n-ten Einheitswurzeln

$$z_k = \cos\frac{2k\pi}{n} + i\sin\frac{2k\pi}{n}, \quad k = 0, 1, \dots, n-1, \tag{1.10}$$

als Lösungen der Gleichung $z^n = w = 1$.

Bemerkung: Satz 1.1 lässt eine einfache geometrische Deutung für Potenz und Wurzel zu: Bei der Bildung von z^n haben wir den Absolutbetrag $|z| (= r)$ von z zur n-ten Potenz zu nehmen und den Winkel φ n-mal abzutragen (s. Fig. 1.5). Die n Lösungen $z_0, \dots, z_{n-1}$ von $z^n = w$ bilden ein regelmäßiges n-Eck auf dem Kreis mit dem Radius $\sqrt[n]{\rho}$ um den Ursprung, d.h. diese Punkte teilen den Kreis in n gleiche Teile (s. Fig. 1.6).

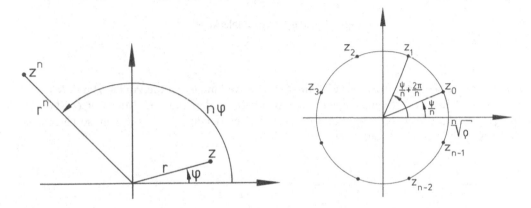

Fig. 1.5: n-te Potenz von z Fig. 1.6: n-te Wurzel von z

1.1.2 Die Riemannsche Zahlenkugel

Bisher haben wir komplexe Zahlen als Punkte in der Gaußschen Zahlenebene, also im $\mathbb{R}^2$, veranschaulicht. Wir führen nun die *Riemannsche Zahlenkugel* ein, die eine weitere geometrische Darstellung der komplexen Zahlen, insbesondere des »unendlich fernen Punktes«, zulässt.

Hierzu betrachten wir im $\mathbb{R}^3$ ein ξ, η, ζ-Koordinatensystem. Die komplexen Zahlen $z = x + iy$ fassen wir als Punkte der ξ, η-Ebene auf, d.h. wir lassen die ξ-Achse mit der x-Achse und die η-Achse mit der y-Achse der Gaußschen Zahlenebene zusammenfallen. Nun legen wir um den Punkt $(0, 0, \frac{1}{2}) \in \mathbb{R}^3$ eine Kugel mit dem Radius $\frac{1}{2}$. Die Punkte der Kugeloberfläche K genügen dann der Gleichung

$$\xi^2 + \eta^2 + \left(\zeta - \frac{1}{2}\right)^2 = \left(\frac{1}{2}\right)^2 = \frac{1}{4}.$$

Den Punkt N mit den Koordinaten $(0,0,1)$ nennen wir den *Nordpol*, den Punkt S mit den Koordinaten $(0,0,0)$ den *Südpol* der Kugel. Sei nun z irgendeine komplexe Zahl, so entspricht

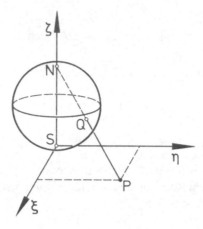

Fig. 1.7: Riemannsche Zahlenkugel

ihr in der x, y-Ebene ($=\xi$, η-Ebene) ein Punkt P. Jetzt verbinden wir die Punkte P und N durch eine Gerade. Diese besitzt genau einen Schnittpunkt Q mit der Kugel K. Man sagt Q ist durch *stereographische Projektion* von P auf die Kugel K entstanden. Ist P gegeben, so berechnen sich die Koordinaten von Q aus

$$\xi = \frac{x}{1+x^2+y^2}; \quad \eta = \frac{y}{1+x^2+y^2}; \quad \zeta = \frac{x^2+y^2}{1+x^2+y^2} \qquad (1.11)$$

Umgekehrt: Ist ein vom Nordpol N verschiedener Punkt Q der Kugel K gegeben, so lässt sich P mit Hilfe von

$$x = \frac{\xi}{1-\zeta}; \quad y = \frac{\eta}{1-\zeta} \qquad (1.12)$$

bestimmen (zeigen!). Jeder komplexen Zahl entspricht also ein eindeutig bestimmtes stereographisches Bild auf der Kugeloberfläche und umgekehrt. (Dabei ist der Nordpol N ausgeschlossen.)

Welche Rolle spielt der Nordpol bei der stereographischen Projektion? Wir ordnen dem Nordpol N formal einen *unendlich fernen Punkt* z_∞ (gelegentlich schreiben wir einfach ∞) zu, der natürlich nicht zu $\mathbb{C}$ gehören kann. Durch Hinzunahme von z_∞ zu $\mathbb{C}$ schließen wir die komplexe z-Ebene ab und nennen $\overline{\mathbb{C}}$ mit

$$\overline{\mathbb{C}} = \mathbb{C} \cup \{z_\infty\} \qquad (1.13)$$

die *erweiterte komplexe Zahlenebene*. Wegen $z_\infty \notin \mathbb{C}$ ist Vorsicht im Umgang mit z_∞ angebracht. Die Rechenregeln, die wir für die Elemente von $\mathbb{C}$ kennengelernt haben, lassen sich nicht auf $\overline{\mathbb{C}}$ ausdehnen. Es ist jedoch sinnvoll, folgende *Rechenregeln für* z_∞ zu erklären:

1. $z + z_\infty = z_\infty + z = z_\infty$ für $z \in \mathbb{C}$;

2. $z \cdot z_\infty = z_\infty \cdot z = z_\infty$ für $z \in \overline{\mathbb{C}}$ $(z \neq 0)$;

3. $z_\infty + z_\infty = z_\infty$;

4. $\dfrac{z}{z_\infty} = 0$ für $z \in \mathbb{C}$;

5. $\dfrac{z}{0} = z_\infty$ für $z \in \overline{\mathbb{C}}$ $(z \neq 0)$.

Wir werden diese Regeln im Folgenden gelegentlich benutzen.

1.1.3 Topologische Hilfsmittel

Zum Aufbau einer Analysis in $\mathbb{C}$ benötigen wir einige topologische Hilfsmittel. Da wir die komplexen Zahlen als Punkte im $\mathbb{R}^2$ ansehen können, lassen sich die aus der Topologie des $\mathbb{R}^n$ ($n = 2$) bekannten Begriffsbildungen (s. Burg/Haf/Wille [12]) unmittelbar übertragen, d.h. »in die Sprache von $\mathbb{C}$ übersetzen«. Um für das Folgende einen raschen Zugriff zu ermöglichen und um an die »$\mathbb{C}$-Version« zu gewöhnen, wiederholen (bzw. ergänzen) wir diese.

Häufig ist es günstig, Mengen von komplexen Zahlen, die durch Gleichungen oder Ungleichungen beschrieben werden, in der Gaußschen Zahlenebene zu veranschaulichen und umgekehrt geometrische Gebilde mit Hilfe von Gleichungen oder Ungleichungen zu beschreiben. So erhalten wir etwa durch

$$\{z \in \mathbb{C} \mid \operatorname{Re} z > 0\} \quad \text{bzw.} \quad \{z \in \mathbb{C} \mid \operatorname{Im} z > 0\}$$

die rechte Halbebene bzw. die obere Halbebene (s. Fig. 1.8).

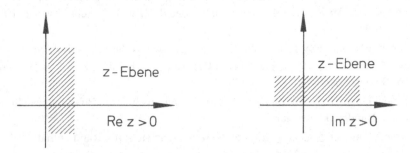

Fig. 1.8: Rechte bzw. obere Halbebene

Bei festem $z_0 \in \mathbb{C}$ und $\varepsilon > 0$ ist durch

$$\{z \in \mathbb{C} \mid |z - z_0| = \varepsilon\} \quad \text{bzw.} \quad \{z \in \mathbb{C} \mid |z - z_0| < \varepsilon\}$$

eine Kreislinie bzw. eine Kreisscheibe (ohne Berandung) gegeben. Im letzten Fall sprechen wir von einer *ε-Umgebung von* z_0 und schreiben kurz $U_\varepsilon(z_0)$. Wir sagen, eine Menge $U \subset \mathbb{C}$ ist eine

Umgebung von z_0, wenn U eine ε-Umgebung von z_0 enthält (s. Fig. 1.9a). Entsprechend nennt man die Menge

$$U_r(z_\infty) := \{z \in \overline{\mathbb{C}} \mid |z| > r,\ 0 < r < \infty\}$$

eine *r-Umgebung von z_∞* (s. Fig. 1.9b). Die *Komplementärmenge* einer Menge $D \subset \mathbb{C}$ ist durch

$$C(D) := \{z \in \mathbb{C} \mid z \notin D\}$$

erklärt (s. Fig. 1.9c).

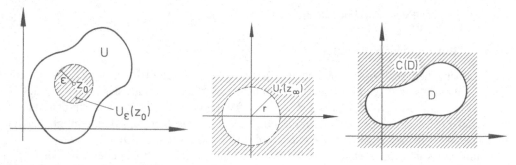

Fig. 1.9: a) ϵ-Umgebung und Umge-   b) Umgebung von z_∞ c) Komplementärmenge $C(D)$
bung von z_0

Auch Definition 6.7 aus Burg/Haf/Wille [12] lässt sich direkt übernehmen:

Definition 1.1:

   (a) Ein Punkt z_0 heißt *Randpunkt* einer Menge $D \subset \mathbb{C}$, wenn in jeder Umgebung von z_0 mindestens ein Punkt aus D und mindestens ein Punkt aus $C(D)$ liegt. Die Menge der Randpunkte von D heißt der *Rand* von D. Schreibweise: ∂D (s. Fig. 1.10).

   (b) Ein Punkt, der nicht Randpunkt ist und zu D gehört, heißt *innerer Punkt* von D (s. Fig 1.11). Die Menge der inneren Punkte von D heißt *Inneres* von $D : \mathring{D}$ oder In(D) geschrieben.

   (c) Eine Menge $D \subset \mathbb{C}$ heißt *offen,* wenn sie nur aus inneren Punkten besteht, also keine Randpunkte enthält.

   (d) Eine Menge $D \subset \mathbb{C}$ heißt *abgeschlossen,* wenn sie ihren Rand enthält.

   (e) Die Vereinigung einer Menge $D \subset \mathbb{C}$ mit ihrem Rand ∂D heißt die *abgeschlossene Hülle* von $D : \overline{D} = D \cup \partial D$.

   (f) Die Komplementärmenge $C(\overline{D})$ von $\overline{D}$ heißt *das Äußere* von $D :$ Äu(D) geschrieben.

Bemerkung 1: Ein Punkt z_0 ist also genau dann ein innerer Punkt von D, wenn D eine Umgebung von z_0 enthält (s. Fig 1.11).

Bemerkung 2: Die Menge $\mathbb{C}$ und die leere Menge $\emptyset$ sind sowohl offen als auch abgeschlossen.

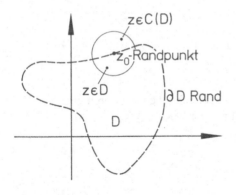

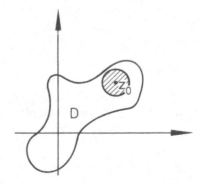

Fig. 1.10: Randpunkt und Rand von D Fig. 1.11: Innerer Punkt von D

Definition 1.2:

(a) Eine Menge $D \subset \mathbb{C}$ heißt *beschränkt*, falls es eine Umgebung $U_M(0)$ gibt mit $D \subset U_M(0)$. Für alle $z \in D$ gilt also $|z| \leq M$.

(b) Eine Menge $D \subset \mathbb{C}$ heißt *kompakt* wenn sie beschränkt und abgeschlossen ist.

(c) Ein Punkt $z_0 \in \mathbb{C}$ heißt *Häufungspunkt* einer Menge $D \subset \mathbb{C}$, falls jede ε-Umgebung von z_0 mindestens einen Punkt $z \in D$ ($z \neq z_0$) – und damit unendlich viele Punkte $z \in D$ – enthält.

Mit Hilfe von komplexen Zahlenfolgen lassen sich weitere Charakterisierungen von Mengen in $\mathbb{C}$ angeben, etwa für kompakte Mengen (s. Abschn. 1.1.4).

1.1.4   Folgen von komplexen Zahlen

Auch dieser Abschnitt stellt eine Übertragung der Begriffsbildungen und Resultate aus dem $\mathbb{R}^n$ ($n = 2$) dar (s. Burg/Haf/Wille [12]). Der Absolutbetrag einer komplexen Zahl $z = x + i\,y$

$$|z| = \sqrt{x^2 + y^2}$$

liefert uns die Möglichkeit, den *Abstand* $d(z_1, z_2)$ von zwei komplexen Zahlen z_1 und z_2 zu bestimmen: Es gilt

$$d(z_1, z_2) = |z_1 - z_2| = \sqrt{(x_1 - x_2)^2 + (y_1 - y_2)^2}\,, \tag{1.14}$$

und insbesondere ist durch

$$d(z_1, 0) = |z_1 - 0| = \sqrt{x_1^2 + y_1^2} \tag{1.15}$$

der Abstand einer komplexen Zahl z_1 vom Nullpunkt der komplexen Ebene gegeben. Der durch (1.14) erklärte Abstand ist mit dem euklidischen Abstand des $\mathbb{R}^2$ (s. Burg/Haf/Wille [12]) identisch. Damit können wir das, was wir aus diesem Band über Folgen im $\mathbb{R}^2$ wissen, sofort auf $\mathbb{C}$

übertragen:

Eine *Folge*

$$z_1, z_2, \ldots, z_n, \ldots$$

von komplexen Zahlen, für die wir $\{z_n\}_{n=1}^{\infty}$ oder kurz $\{z_n\}$ schreiben, ist durch eine Vorschrift gegeben, die jedem $n \in \mathbb{N}$ genau eine komplexe Zahl z_n zuordnet: $n \mapsto z_n$.

Definition 1.3:

Die Folge $\{z_n\}$ aus $\mathbb{C}$ *konvergiert* gegen $z \in \mathbb{C}$, wenn es zu jedem $\varepsilon > 0$ einen Index $n_0 \in \mathbb{N}$ gibt (n_0 hängt von ε ab!), so dass für alle $n \geq n_0$

$$|z_n - z| < \varepsilon \tag{1.16}$$

gilt. Man nennt z den *Grenzwert* oder *Limes* der Folge und schreibt: $\lim\limits_{n \to \infty} z_n = z$ oder $z_n \to z$ für $n \to \infty$.

Satz 1.2:

(*Koordinatenweise Konvergenz*) Die Folge $\{z_n\}$ mit $z_n = x_n + \mathrm{i}\, y_n$, $x_n, y_n \in \mathbb{R}$ ist genau dann konvergent gegen $z = x + \mathrm{i}\, y$, $x, y \in \mathbb{R}$, wenn gilt:

$$\lim_{n \to \infty} x_n = x \quad \text{und} \quad \lim_{n \to \infty} y_n = y. \tag{1.17}$$

Es folgt dann:

$$\lim_{n \to \infty} z_n = \lim_{n \to \infty} x_n + \mathrm{i} \lim_{n \to \infty} y_n = x + \mathrm{i}\, y. \tag{1.18}$$

(Zum Beweis s. Burg/Haf/Wille [12])

Beispiel 1.1:

Wir betrachten die Folge $\{z_n\}$ mit

$$z_n = x_n + \mathrm{i}\, y_n = \left(\sqrt{n^2 + 1} - n\right) + \mathrm{i} \left(\sqrt{n^2 + 1} - \sqrt{n^2 - 1}\right).$$

Wegen

$$x_n = \frac{\left(\sqrt{n^2 + 1} - n\right)\left(\sqrt{n^2 + 1} + n\right)}{\sqrt{n^2 + 1} + n} = \frac{1}{\sqrt{n^2 + 1} + n} \longrightarrow 0 \quad \text{für } n \to \infty$$

und

$$y_n = \frac{\left(\sqrt{n^2+1} - \sqrt{n^2-1}\right)\left(\sqrt{n^2+1} + \sqrt{n^2-1}\right)}{\sqrt{n^2+1} + \sqrt{n^2-1}}$$

$$= \frac{2}{\sqrt{n^2+1} + \sqrt{n^2-1}} \longrightarrow 0 \quad \text{für} \quad n \to \infty$$

folgt: $\lim\limits_{n\to\infty} z_n = 0$.

Auch der Satz von Bolzano-Weierstrass (s. Burg/Haf/Wille [12]) lässt sich sofort übertragen:

Satz 1.3:

(*Bolzano-Weierstrass*) Jede beschränkte Folge $\{z_n\}$ aus $\mathbb{C}$, d.h. jede Folge mit $|z_n| < M$ für alle n, $M > 0$, besitzt eine konvergente Teilfolge.

Mit diesem Satz lässt sich zeigen, dass eine Menge D in $\mathbb{C}$ genau dann kompakt ist, wenn jede Folge $\{z_n\}$ aus D eine konvergente Teilfolge besitzt, deren Grenzwert in D liegt (s. auch Burg/Haf/Wille [12]).

Wir überlassen es dem Leser, weitere Ergebnisse über Folgen und Mengen in $\mathbb{R}^2$ auf $\mathbb{C}$ zu übertragen, etwa das Cauchysche Konvergenzkriterium (s. Burg/Haf/Wille [12]).

Wir geben abschließend noch eine weitere Charakterisierung von kompakten Mengen (s. Def. 1.2) an, von der wir gelegentlich Gebrauch machen. Sie beruht auf dem folgenden Überdeckungsbegriff:

Definition 1.4:

Sei D eine Menge in $\mathbb{C}$ und $\mathcal{U}$ eine Schar von offenen Mengen in $\mathbb{C}$ mit der Eigenschaft: Für jedes $z \in D$ gibt es ein $U \in \mathcal{U}$ mit $z \in U$. Dann heißt $\mathcal{U}$ eine *offene Überdeckung* von D

Kompakte Mengen D zeichnen sich nun gerade dadurch aus, dass sich aus jeder offenen Überdeckung von D *endlich viele* Mengen auswählen lassen, die bereits zur Überdeckung von D ausreichen. Es gilt nämlich:

Satz 1.4:

(*Überdeckungssatz von Heine-Borel*). Sei D eine kompakte (also abgeschlossene und beschränkte) Menge in $\mathbb{C}$ und $\mathcal{U}$ eine offene Überdeckung von D. Dann enthält $\mathcal{U}$ eine *endliche* Teilüberdeckung, d.h. es gibt endlich viele Mengen $U_1, \ldots, U_m \in \mathcal{U}$, so dass

$$D \subset \bigcup_{k=1}^{m} U_k \tag{1.19}$$

gilt. Enthält umgekehrt jede offene Überdeckung einer Menge $D \subset \mathbb{C}$ eine endliche Teilüberdeckung, so ist D notwendig kompakt.

Beweis:

Siehe zum Beispiel [21], S. 30-32.

Bemerkung: Dieser Satz mag dem Ingenieur und Naturwissenschaftler nicht besonders ein-drucksvoll erscheinen. Dennoch stellt er ein wertvolles beweistechnisches Hilfsmittel dar, wie wir noch sehen werden.

Als einfache Folgerung des Satzes von Heine-Borel ergibt sich

Hilfssatz 1.1:

Sei D eine offene Menge in $\mathbb{C}$ mit dem Rand ∂D und K eine kompakte Teilmenge von D. Dann gibt es ein $d > 0$ mit

$$|z - \zeta| \geq d \quad \text{für alle } z \in K \text{ und alle } \zeta \in \partial D,$$

d.h. K kommt dem Rand ∂D von D nicht beliebig nahe.

Beweis:

Sei $z \in D$ beliebig. Da D offen ist, gibt es zu z ein $d(z) > 0$, so dass $\{z' \mid |z' - z| < d(z)\} \subset D$ ist. Die Kreisgebiete

$$k(z) = \left\{z' \;\middle|\; |z' - z| < \frac{d(z)}{2}\right\}$$

bilden eine offene Überdeckung von $K \subset D$. Nach Satz 1.4 existieren endlich viele Punkte $z_1, \ldots, z_m$ mit $K \subset \bigcup_{j=1}^{m} k(z_j)$. Jedes $z \in K$ liegt in mindestens einem Kreisgebiet $k(z_j)$, d.h. es gilt $|z - z_j| < \frac{d(z_j)}{2}$. Wir setzen

$$d = \min\left(\frac{d(z_1)}{2}, \ldots, \frac{d(z_m)}{2}\right).$$

Für beliebiges $\zeta \in \partial D$ gilt $|z_j - \zeta| \geq d(z_j)$, und wir erhalten

$$|z - \zeta| \geq |z_j - \zeta| - |z - z_j| > d(z_j) - \frac{d(z_j)}{2} = \frac{d(z_j)}{2} \geq d. \qquad \square$$

1.1.5   Reihen von komplexen Zahlen

Unendliche Reihen mit reellen Gliedern

$$\left[\sum_{k=1}^{\infty} a_k\right], \quad a_k \in \mathbb{R} \tag{1.20}$$

wurden bereits in Burg/Haf/Wille [12] behandelt. Wir beschäftigen uns jetzt mit unendlichen Reihen mit komplexen Gliedern

$$\left[\sum_{k=1}^{\infty} z_k\right] , \quad z_k \in \mathbb{C} . \tag{1.21}$$

Wir werden sehen, dass die wichtigsten Begriffsbildungen und Resultate für reelle unendlich Reihen (wir sprechen kurz von Reihen) unverändert auch im komplexen Fall gelten. Wie im Reellen führen wir einen Konvergenzbegriff ein:

Definition 1.5:

(a) Sei $n \in \mathbb{N}$ und s_n durch

$$s_n := \sum_{k=1}^{n} z_k \tag{1.22}$$

erklärt. Wir nennen s_n die *n-te Teilsumme* (oder *Partialsumme*) der Reihe (1.21). Diese Reihe heißt *konvergent* mit *Summe* (oder *Grenzwert*) s, wenn die Folge $\{s_n\}$ der Teilsummen (1.22) von (1.21) gegen s konvergiert:

$$s = \lim_{n \to \infty} s_n = \sum_{k=1}^{\infty} z_k .$$

(b) Eine Reihe, die nicht konvergent ist, heißt *divergent*.

(c) Wir sagen, (1.21) ist *absolut konvergent*, wenn die Reihe

$$\left[\sum_{k=1}^{\infty} |z_k|\right] \tag{1.23}$$

konvergiert.

Bemerkung: Die Summation in den obigen Reihen muss nicht notwendig bei $k = 1$ beginnen. Reihen, für die k bei $m \in \mathbb{Z}$ beginnt, lassen sich entsprechend behandeln.

Der in Abschnitt 1.1.4 gewonnene Satz über koordinatenweise Konvergenz von komplexen Folgen ermöglicht es uns, Untersuchungen über komplexe Reihen auf Untersuchungen über reelle Reihen zurückzuführen. Es ergibt sich unmittelbar

Satz 1.5:

Die komplexe Reihe $\left[\sum_{k=1}^{\infty} z_k\right]$ mit $z_k = x_k + \mathrm{i}\, y_k$, $x_k, y_k \in \mathbb{R}$, ist dann und nur dann konvergent, wenn die *beiden* reellen Reihen $\left[\sum_{k=1}^{\infty} x_k\right]$ und $\left[\sum_{k=1}^{\infty} y_k\right]$ konvergieren. In diesem Fall gilt

$$\sum_{k=1}^{\infty} z_k = \sum_{k=1}^{\infty} x_k + \mathrm{i} \sum_{k=1}^{\infty} y_k . \tag{1.24}$$

Mit den Abschätzungen

$$|z_k| \le |x_k| + |y_k| \le 2|z_k|$$

folgt entsprechend

Satz 1.6:

Die komplexe Reihe $\left[\sum_{k=1}^{\infty} z_k\right]$ mit $z_k = x_k + \mathrm{i}\, y_k$, $x_k, y_k \in \mathbb{R}$, ist dann und nur dann absolut konvergent, wenn die reellen Reihen $\left[\sum_{k=1}^{\infty} x_k\right]$ und $\left[\sum_{k=1}^{\infty} y_k\right]$ absolut konvergieren.

Wir überlassen es dem Leser, die weiteren Ergebnisse über reelle Reihen auf den komplexen Fall zu übertragen, etwa das Cauchy-Konvergenzkriterium und die Konvergenzkriterien für absolute Konvergenz: Majoranten-, Quotienten-, und Wurzelkriterium (s. Burg/Haf/Wille [12]).

1.1.6   Kurven und Gebiete in $\mathbb{C}$

Die meisten Begriffsbildungen dieses Abschnittes wurden bereits in Burg/Haf/Wille [13] Abschnitt 1.1 für den Fall des $\mathbb{R}^2$ bereitgestellt. Wir wollen die wichtigsten Gesichtspunkte wiederholen und dabei die komplexe Schreibweise verwenden.

Zunächst erinnern wir an komplexwertige Funktionen einer reellen Variablen (s. Burg/Haf/Wille [12]): Sei $[a, b]$ ein abgeschlossenes und beschränktes Intervall in $\mathbb{R}$ und f eine Abbildung von $[a, b]$ in $\mathbb{C}$, $f : [a, b] \mapsto \mathbb{C}$. Dann hat f die Gestalt

$$z = f(t) = x(t) + \mathrm{i}\, y(t), \quad t \in [a, b], \,^{1} \tag{1.25}$$

wobei $x(t)$ der Realteil und $y(t)$ der Imaginärteil von $f(t)$ ist. Die Funktion f ist stetig bzw. differenzierbar in $[a, b]$, falls die reellwertigen Funktionen x und y in $[a, b]$ stetig bzw. differenzierbar sind. Die Ableitung f' von f ist durch

$$f'(t) = x'(t) + \mathrm{i}\, y'(t), \quad t \in [a, b] \tag{1.26}$$

gegeben.

Definition 1.6:

(a) Eine stetige Abbildung $\gamma : [a, b] \mapsto \mathbb{C}$ heißt ein *Weg* in $\mathbb{C}$. Man nennt $\gamma(a)$ den *Anfangspunkt*, $\gamma(b)$ den *Endpunkt* des Weges. Gilt $\gamma(a) = \gamma(b)$, so ist der Weg *geschlossen*.

(b) Der Wertebereich $\gamma([a, b]) \subset \mathbb{C}$ eines Weges γ heißt eine *Kurve* in $\mathbb{C}$ (s. Fig. 1.12). Wir bezeichnen sie meist mit C oder K. Man sagt, $\gamma(t) = x(t) + \mathrm{i}\, y(t)$, $t \in [a, b]$, ist eine *Parameterdarstellung* der Kurve.

(c) Ist $\gamma : [a, b] \mapsto \mathbb{C}$ stetig und eineindeutig, so heißt der Weg γ *doppelpunktfrei* (oder *einfach*)   und der Wertebereich $\gamma([a, b])$ von γ eine *Jordan-Kurve*. Falls

---

1 Im folgenden schreiben wir anstelle von $z = f(t)$ gelegentlich $z = z(t)$.

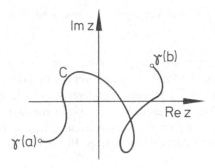

Fig. 1.12: Kurve in $\mathbb{C}$

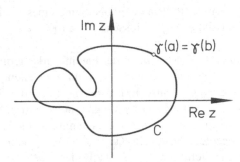

Fig. 1.13: geschlossene Jordan-Kurve

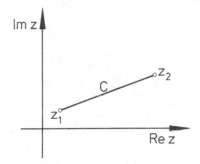

Fig. 1.14: Verbindungsstrecke von z_1 und z_2

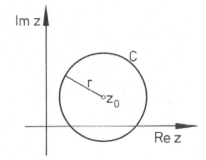

Fig. 1.15: Der Kreis als Beispiel für eine geschlossene Jordan-Kurve

γ nur in $[a, b)$ eineindeutig ist und $\gamma(a) = \gamma(b)$ gilt, so sprechen wir von einer *geschlossenen Jordan-Kurve* (s. Fig. 1.13).

Beispiel 1.2:

Seien z_1 und z_2 Punkte in $\mathbb{C}$ und sei γ durch

$$z = \gamma(t) = (1 - t)z_1 + tz_2, \quad t \in [0,1]$$

gegeben: γ ist eine Parameterdarstellung der Verbindungsstrecke C der Punkte z_1 und z_2 (s. Fig.1.14); C ist eine Jordan-Kurve.

Beispiel 1.3:

Sei $z_0 = x_0 + \mathrm{i}\, y_0, r > 0$ und γ durch

$$z = \gamma(t) = (x_0 + r \cos t) + \mathrm{i}(y_0 + r \sin t), \quad t \in [0, 2\pi]$$

gegeben: γ ist eine Parameterdarstellung eines Kreises C mit Mittelpunkt z_0 und Radius r (s. Fig.1.15); C ist eine geschlossene Jordan-Kurve.

Bemerkung 1: Fassen wir in der Parameterdarstellung $z = \gamma(t)$ einer Kurve C den Parameter $t \in [a, b]$ als Zeit auf, so können wir uns vorstellen, dass der Punkt $z = \gamma(t)$ mit wachsendem t die Kurve »durchläuft«. Er beginnt in $\gamma(a)$ und endet in $\gamma(b)$. Hierdurch erklären sich auch die Sprechweisen Anfangs- und Endpunkt in Definition 1.6 (a). In diesem Sinn kann man von *Durchlaufen* der Kurve sprechen und dies durch *Richtungspfeile* an der Kurve skizzieren (s. Fig. 1.16). Mit $-C$ bezeichnen wir die Kurve ,die C entgegengesetzt durchlaufen wird (s. Fig. 1.17). Eine Parameterdarstellung von $-C$ ist z.B. durch

$$z = \gamma(a + b - t), \quad t \in [a, b] \tag{1.27}$$

gegeben, wenn C durch $z = \gamma(t), t \in [a, b]$ beschrieben wird.

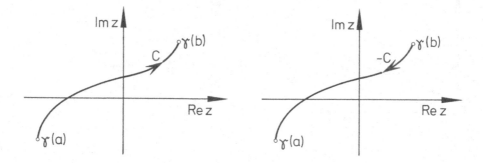

Fig. 1.16: Durchlaufen von C Fig. 1.17: Entgegengesetztes Durchlaufen von C

Bemerkung 2: Eine Kurve kann verschiedene Parameterdarstellungen besitzen. So sind z.B.

$$\gamma_1(t) = x(t) + \mathrm{i}\, y(t) = t + \mathrm{i}\, \sqrt{1 - t^2}, \quad t \in [-1, 1] \tag{1.28}$$

und

$$\gamma_2(\tau) = \xi(\tau) + \mathrm{i}\, \eta(\tau) = \cos\tau + \mathrm{i}\sin\tau, \quad \tau \in [0, \pi] \tag{1.29}$$

Parameterdarstellungen ein- und derselben Kurve (welcher?).

Definition 1.7:

Ist $\gamma : [a, b] \mapsto \mathbb{C}$ auf ganz $[a, b]$ stetig differenzierbar, so heißt γ ein *stetig differenzierbarer Weg*.[2] Gilt außerdem $\gamma'(t) \neq 0$ für alle $t \in [a, b]$ und im Falle geschlossener Kurven zusätzlich $\gamma'(a) = \gamma'(b)$, so nennt man γ *glatt*. Ein Weg heißt *stückweise stetig differenzierbar* bzw. *stückweise glatt*, wenn es eine Zerlegung $\{t_0, t_1, \ldots, t_n\}$ des Intervalls $[a, b]$ so gibt, dass γ auf jedem der Teilintervalle (t_{k-1}, t_k) stetig differenzierbar bzw. glatt ist und die rechts- und linksseitigen Grenzwerte von γ' in allen

Zerlegungspunkten t_k existieren bzw. $\neq 0$ sind. [3]Entsprechend nennt man die durch γ erzeugte Kurve C stetig differenzierbar (bzw. glatt; ...).

Bemerkung 3: Zwei stückweise glatte Wege $\gamma_1 : [a, b] \mapsto \mathbb{C}$ und $\gamma_2 : [c, d] \mapsto \mathbb{C}$ heißen *äquivalent*, wenn es eine streng monoton wachsende, stückweise stetig differenzierbare Funktion φ von $[c, d]$ auf $[a, b]$ gibt, mit $\varphi'(\tau) \neq 0$ und $\gamma_2(\tau) = \gamma_1(\varphi(\tau))$ für alle $\tau \in [c, d]$. Man sagt dann, γ_1 und γ_2 haben *denselben Durchlaufungssinn* (oder *dieselbe Orientierung*). Wir beachten, dass die Wege γ_1 und γ_2 in (1.28) und (1.29) nicht denselben Durchlaufungssinn besitzen. Als *Durchlaufungssinn einer Kurve* bezeichnet man den Inbegriff (genauer: die Klasse) aller Wege, die zu einem Weg γ äquivalent sind. Eine Kurve, zusammen mit einem Durchlaufungssinn, nennt man eine *orientierte Kurve* (s. Burg/Haf/Wille [13]).

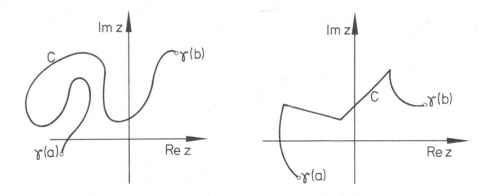

Fig. 1.18: Wertebereich C eines glatten Weges   Fig. 1.19: Wertebereich C eines stückweise glatten Weges

Mit den Ergebnissen aus Burg/Haf/Wille [13] erhalten wir für die Wege γ mit

$$z = \gamma(t) = x(t) + \mathrm{i}\, y(t), \quad t \in [a, b] \tag{1.30}$$

(i) Die *Länge* eines stückweise stetig differenzierbaren Weges $\gamma : [a, b] \mapsto \mathbb{C}$ ist durch

$$L(\gamma) = \int_a^b \sqrt{(x'(t))^2 + (y'(t))^2}\, \mathrm{d}t \tag{1.31}$$

---

2 Eine Funktion heißt stetig differenzierbar auf einem Intervall, wenn die Ableitungsfunktion auf dem Intervall existiert und stetig ist.

3 An den Sprungstellen von γ', etwa in t_m, erklären wir γ' durch $\gamma'(t_m) = \left(\gamma'(t_m+) + \gamma'(t_m-)\right)/2$.

gegeben. Beachten wir, dass der Integrand gleich $|\gamma'(t)|$ ist, so lässt sich (1.31) in der Form

$$L(\gamma) = \int\limits_a^b |\gamma'(t)|\mathrm{d}t \tag{1.32}$$

schreiben.

(ii) Ist γ ein glatter Weg, so besitzt γ in jedem Punkt $z_0 = \gamma(t_0)$, $t_0 \in [a, b]$, eine *Tangente*. Sie ist durch

$$z(t) = z_0 + t\gamma'(t_0)\,, \quad t \in \mathbb{R} \tag{1.33}$$

gegeben. Ferner existiert in z_0 die *Normale*, die durch

$$z(t) = z_0 + t\,\mathrm{i}\,\gamma'(t_0)\,, \quad t \in \mathbb{R} \tag{1.34}$$

gegeben ist.

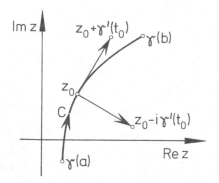

Fig. 1.20: Tangentenvektor / Normalenvektor

Die Tangentenrichtung ist durch die Parameterdarstellung (1.30) der γ entsprechenden Kurve C eindeutig festgelegt (durch γ liegt die Durchlaufung von C fest!). Wir veranschaulichen sie durch einen Pfeil auf C, etwa gemäß Figur 1.20. Als Normalenvektor wählen wir den, der in Richtung der orientierten Kurve C gesehen nach rechts weist.

Abschließend erinnern wir an Gebiete im $\mathbb{R}^2$ (s. Burg/Haf/Wille [13]), die wir jetzt als solche in $\mathbb{C}$ ansehen.

Definition 1.8:

Eine offene Menge D in $\mathbb{C}$ heißt *zusammenhängend*, falls es zu zwei beliebigen Punkten $z_1, z_2 \in D$ einen Polygonzug gibt, der ganz in D verläuft.

Eine zusammenhängende bzw. nicht zusammenhängende Menge ist in den Figuren 1.21 bzw. 1.22 dargestellt.

Definition 1.9:

Eine offene zusammenhängende Menge D in $\mathbb{C}$ heißt ein *Gebiet*. Ein Gebiet D nennt man *einfach zusammenhängend*, wenn sich jeder geschlossene Polygonzug in D stetig innerhalb D auf einen Punkt zusammenziehen lässt (anschaulich: wenn D keine Löcher besitzt).

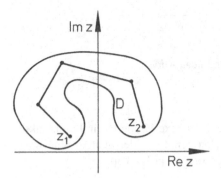

Fig. 1.21: Zusammenhängende Menge in $\mathbb{C}$

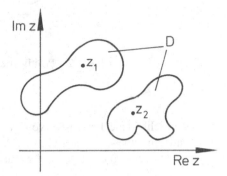

Fig. 1.22: Nicht zusammenhängende Menge in $\mathbb{C}$

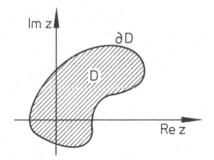

Fig. 1.23: Einfach zusammenhängendes Gebiet

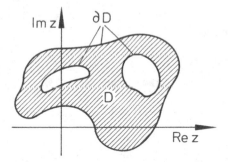

Fig. 1.24: Nicht einfach zusammenhängendes Gebiet

Bemerkung: Wir beachten, dass der Rand ∂D (s. Abschn. 1.1.3 , Def. 1.1) von D nicht zum Gebiet D gehört.

Beispiel 1.4:

Die Halbebenen $\{z \mid \operatorname{Re} z > 0\}$ und $\{z \mid \operatorname{Im} z > 0\}$ sind einfach zusammenhängende Gebiete.

Beispiel 1.5:

Die punktierte Kreisfläche $\{z \mid 0 < |z| < 1\}$ stellt ein nicht einfach zusammenhängendes Gebiet dar. (Warum?)

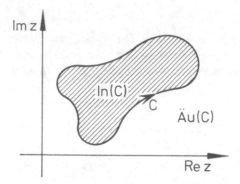

Fig. 1.25: Positiv orientierte Jordan-Kurve

Durch eine geschlossene Jordan-Kurve C wird die komplexe Ebene in ein beschränktes Gebiet, In(C), und ein unbeschränktes Gebiet, Äu(C), zerlegt. C ist der gemeinsame Rand der beiden Gebiete. Dies besagt der Jordansche Kurvensatz (s. z.B. [17], chap. 6).

Definition 1.10:

Eine geschlossene Jordankurve heißt *positiv orientiert*, wenn beim Durchlaufen von C das Innere von C stets auf der linken Seite liegt (s. Fig. 1.25).

Übungen

Übung 1.1:

Stelle in Polarkoordinaten dar:

    a) $-2 - 2\,\mathrm{i}$; b) $1 - \sqrt{3}\,\mathrm{i}$; c) 5; d) $-5\,\mathrm{i}$; e) $3\sqrt{3} + 3\,\mathrm{i}$.

Übung 1.2:

Berechne sämtliche Werte von

    a) $(-1 - \mathrm{i})^{1/2}$; b) $\sqrt[3]{-2 + 2\,\mathrm{i}}$; c) $(-3)^{1/5}$; d) $\mathrm{e}^{\sqrt[3]{i}}$

und stelle sie in der Gaußschen Zahlenebene dar.

Übung 1.3:

Berechne

    a) $\left| (1 - 4\,\mathrm{i})^2 \right|$; b) $\left| \dfrac{(1 - 2\,\mathrm{i})(3 + \mathrm{i})}{(4 - 3\,\mathrm{i})} \right|^3$; c) $\left| \overline{(1 - \mathrm{i})} \right|$.

Übung 1.4*:

Welche Gebiete werden durch die folgenden Ungleichungen beschrieben:

a) $\left|z - (1 + i)\right|^2 < 2$;   b) $|z - 2| < \text{Im}(z + i)$;

c) $|z - 2| > 2|z - 1|$?   (Skizzen!)

Übung 1.5:

Bestimme sämtliche Nullstellen von

a) $f(z) = z^3 - i$;   b) $f(z) = z^4 - 4$;   c) $f(z) = z^8 - 16$.

Übung 1.6*:

Sei $p_n(z) := z^n + a_{n-1}z^{n-1} + \ldots + a_1 z + a_0$ ein Polynom n-ten Grades in z mit reellen Koeffizienten $a_0, a_1, \ldots, a_{n-1}$. Zeige: Ist z eine Nullstelle von $p_n(z)$, dann ist auch $\bar{z}$ eine Nullstelle dieses Polynoms.

Übung 1.7*:

Untersuche die nachstehenden Folgen $\{z_n\}$ auf Konvergenz und bestimme gegebenenfalls ihren Grenzwert:

a) $z_n = \dfrac{n - 2}{n} + i\,\dfrac{3}{n}$;   b) $z_n = n^3 + i\,\dfrac{1}{\ln n}$;   c) $z_n = e^{i\frac{\pi}{5}n}$;

d) $z_n = \dfrac{e^{i\frac{\pi}{5}n}}{n^2}$;   e) $z_n = \left(\sqrt{n^2 + 1} - n\right) + i\,\dfrac{\ln n}{n}$.

Übung 1.8*:

Konvergieren die Reihen

a) $\displaystyle\sum_{k=0}^{\infty} \dfrac{1}{(1 + i)^k}$;   b) $\displaystyle\sum_{k=0}^{\infty} \dfrac{(-1 + i)^k}{k!}$?

1.2   Funktionen einer komplexen Variablen

1.2.1   Funktionsbegriff

Definition 1.11:

Sei D eine Menge aus $\mathbb{C}$. Unter einer *komplexwertigen Funktion*   (oder *Abbildung*) *einer komplexen Variablen* von D in $\mathbb{C}$ versteht man eine Vorschrift f, die jedem $z \in D$ genau eine komplexe Zahl zuordnet: $f : D \mapsto \mathbb{C}$. Ist w das zu z gehörende Bildelement, so schreibt man

$$w = f(z) \quad oder \quad z \mapsto w = f(z) \,.\,^4$$

Man nennt D den *Definitionsbereich* von f und

$$f(D) = \{w \mid w = f(z) \,,\ z \in D\}$$

den *Wertebereich* von f.

Beispiel 1.6:
$$f : z \mapsto z^2 + 1 \,, \quad z \in \mathbb{C}.$$

Beispiel 1.7:
$$f : z \mapsto z^n \,, \quad z \in \mathbb{C} \ (n \in \mathbb{N}).$$

Beispiel 1.8:
$$f : z \mapsto \frac{1}{z} \,, \quad z \in \mathbb{C} \setminus \{0\}.$$

Es stellt sich die Frage nach der *geometrischen Darstellung* einer solchen Funktion. Komplexe Zahlen lassen sich, wie wir aus Abschnitt 1.1.1 wissen, in der Gaußschen Zahlenebene veranschaulichen. Dies nutzen wir nun sowohl für die *Urbilder* $z = x + \mathrm{i}\, y$ als auch für die *Bilder* $w = u + \mathrm{i}\, v$ von z aus, d.h. entsprechend der Fig. 1.26 arbeiten wir mit *zwei* Ebenen:

Es erweist sich häufig als zweckmäßig, den Definitionsbereich D in der z-Ebene mit einem Koordinatennetz (Polarkoordinaten oder kartesische Koordinaten) zu überziehen, und das Bild dieses Netzes in der w-Ebene zu bestimmen, etwa gemäß Figur 1.27.

Wir werden von dieser Darstellungsmöglichkeit im folgenden des Öfteren Gebrauch machen.

1.2.2   Stetigkeit

Zur Definition der Stetigkeit bei komplexwertigen Funktionen orientieren wir uns am Stetigkeitsbegriff im $\mathbb{R}^2$ (vgl. Burg/Haf/Wille [12]). Dabei sei jetzt $D \subset \mathbb{C}$.

---

4 Im folgenden benutzen wir häufig, wie auch schon in Burg/Haf/Wille [12], [14] und [10], die einfache (wenn auch etwas unschärfere) Sprech- und Schreibweise: Funktion $f(z) = \ldots$.

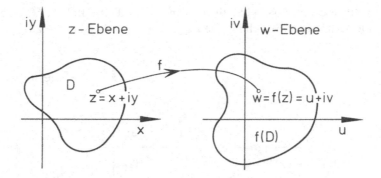

Fig. 1.26: Geometrische Darstellung komplexwertiger Funktionen

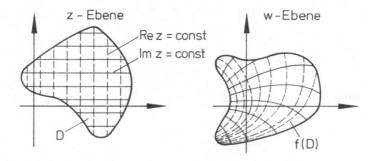

Fig. 1.27: Abbildung von Netzen in D

Definition 1.12:

(a) Eine Funktion $f : D \mapsto \mathbb{C}$ heißt *stetig in einem Punkt* $z_0 \in D$, wenn für alle Folgen $\{z_n\}$ aus D mit

$$z_n \to z_0 \quad \text{für} \quad n \to \infty$$

stets

$$f(z_n) \to f(z_0) \quad \text{für} \quad n \to \infty$$

folgt. Wir schreiben dann

$$\lim_{z \to z_0} f(z) = f(z_0) \quad \text{oder} \quad f(z) \to f(z_0) \quad \text{für} \quad z \to z_0 .$$

(b) Die Funktion $f : D \mapsto \mathbb{C}$ heißt *stetig auf D*, wenn sie in jedem Punkt von D stetig ist.

Bemerkung 1: Wir beachten, dass bei Stetigkeit von f in z_0 die Bildfolge $\{f(z_n)\}$ gegen $f(z_0)$ streben muss, wie auch immer die Urbildfolge $\{z_n\}$ gegen z_0 strebt (s. Fig. 1.28).

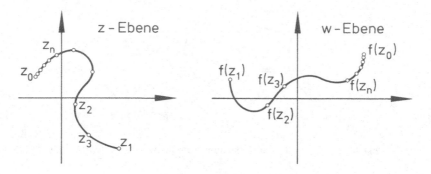

Fig. 1.28: Stetigkeit im Komplexen

Beispiel 1.9:

Die Funktion f mit

$$f(z) = \frac{1}{z}, \quad z \in \mathbb{C} \setminus \{0\} =: D$$

ist in jedem Punkt $z_0 \in D$ stetig. Ist nämlich $\{z_n\}$ irgendeine Folge aus $\mathbb{C}$ mit $z_n \to z_0$ für $n \to \infty$ und $z_n \neq 0$ für alle n, so gilt

$$f(z_n) = \frac{1}{z_n} \longrightarrow \frac{1}{z_0} \quad \text{für} \quad n \longrightarrow \infty.$$

Der Grenzwert der Bildfolge $\{f(z_n)\}$ stimmt also mit dem Funktionswert an der Stelle z_0 überein: $f(z_0) = \frac{1}{z_0}$.

Bemerkung 2: Die ε-δ-Charakterisierung der Stetigkeit gilt wörtlich auch für Funktionen $f : D \mapsto \mathbb{C}$ $(D \subset \mathbb{C})$, so dass wir auf eine erneute Formulierung verzichten. Ebenso überträgt sich die Stetigkeit der Funktionen f, g in z_0 auf

$$f + g, \quad f - g, \quad f \cdot g \quad \text{und} \quad \frac{f}{g} \quad \text{(falls } g(z_0) \neq 0).$$

Die *gleichmäßige Stetigkeit* wird analog zu Definition 1.19, Abschnitt 1.6.6 in Burg/Haf/Wille [12] erklärt.

Wir wollen jetzt der Frage nachgehen, welche Konsequenzen die Stetigkeit von f für die »zugehörigen« reellen Funktionen Re f und Im f besitzt. Durch Zerlegung in Real- und Imaginärteil lässt sich nämlich jede komplexwertige Funktion einer komplexen Variablen auf zwei reellwertige Funktionen in zwei reellen Variablen zurückführen: Hierzu sei $f : D \mapsto \mathbb{C}$ und

$z = x + \mathrm{i}\, y \in D$. Setzen wir

$$u(x, y) := \operatorname{Re} f(x + \mathrm{i}\, y), \quad v(x, y) := \operatorname{Im} f(x + \mathrm{i}\, y), \tag{1.35}$$

so gilt

$$f(z) = u(x, y) + \mathrm{i}\, v(x, y). \tag{1.36}$$

Beispiel 1.10:

Mit $z = x + \mathrm{i}\, y$ lässt sich

$$f(z) = z^2 + 1, \quad z \in \mathbb{C}$$

in der Form

$$f(z) = (x + \mathrm{i}\, y)^2 + 1 = (x^2 - y^2 + 1) + \mathrm{i}\, 2xy$$

schreiben; d.h. f kann durch die reellwertigen Funktionen

$$u(x, y) = x^2 - y^2 + 1 \quad \text{und} \quad v(x, y) = 2xy$$

ausgedrückt werden.

Aus Satz 1.2, Abschnitt 1.1.4 folgt unmittelbar

Satz 1.7:

Sei $f : D \mapsto \mathbb{C}$. Die Funktion f ist genau dann stetig im Punkt $z_0 = x_0 + \mathrm{i}\, y_0 \in D$, falls Realteil u und Imaginärteil v von f als Funktionen der beiden reellen Veränderlichen x und y im Punkt (x_0, y_0) stetig sind.

Mit der Stetigkeit eng zusammen hängt der Begriff »Grenzwert einer Funktion«. Wir haben nur die Definitionen aus Burg/Haf/Wille [12], sinngemäß zu übertragen:

Definition 1.13:

Sei $f : D \mapsto \mathbb{C}$ und z_0 ein Häufungspunkt von D. Man sagt, $f(z)$ *konvergiert für* $z \to z_0$ *gegen den Grenzwert* $c \in \mathbb{C}$, wenn für jede Folge $\{z_n\}$ aus D mit

$$\lim_{n \to \infty} z_n = z_0 \quad \text{und} \quad z_n \neq z_0 \quad \text{für alle} \quad n$$

folgt:

$$\lim_{n \to \infty} f(z_n) = c.$$

Schreibweisen: $\lim\limits_{z \to z_0} f(z) = c$, $f(z) \to c$ für $z \to z_0$.

Analog lässt sich die entsprechende Definition aus Burg/Haf/Wille [12] übertragen.

1.2.3   Elementare Funktionen

Wir wollen zunächst die reellen Funktionen

$$e^x, \quad \sin x, \quad \cos x$$

auf komplexe Argumente erweitern. In Burg/Haf/Wille [12] haben wir gezeigt, dass sich diese Funktionen durch Potenzreihen darstellen lassen, die für alle $x \in \mathbb{R}$ konvergieren:

$$e^x = \sum_{k=0}^{\infty} \frac{x^k}{k!} \,; \quad \sin x = \sum_{k=0}^{\infty} \frac{(-1)^k}{(2k+1)!} x^{2k+1} \,; \quad \cos x = \sum_{k=0}^{\infty} \frac{(-1)^k}{(2k)!} x^{2k} \,. \tag{1.37}$$

Wir nehmen diesen Sachverhalt zum Anlass für die folgende

Definition 1.14:

Für $z \in \mathbb{C}$ erklären wir $e^z, \sin z, \cos z$ durch

$$e^z = \sum_{k=0}^{\infty} \frac{z^k}{k!} \,; \quad \sin z = \sum_{k=0}^{\infty} \frac{(-1)^k}{(2k+1)!} z^{2k+1} \,; \quad \cos z = \sum_{k=0}^{\infty} \frac{(-1)^k}{(2k)!} z^{2k} \,. \tag{1.38}$$

Diese Definition ist sinnvoll. Durch Anwendung des Quotientenkriteriums ergibt sich nämlich die absolute Konvergenz dieser Reihen. Wir begnügen uns mit dem Nachweis für die erste Reihe: Für $z = 0$ folgt die Konvergenz der Reihe $\left[\sum_{k=0}^{\infty} \frac{z^k}{k!} \right]$ auf triviale Weise. Für $z \neq 0$ liefert das Quotientenkriterium, wenn wir $a_k = \frac{z^k}{k!}$ setzen,

$$\left| \frac{a_{k+1}}{a_k} \right| = \frac{|z^{k+1}|}{(k+1)!} \frac{k!}{|z^k|} = \frac{|z|}{k+1} \longrightarrow 0 \quad \text{für} \quad k \to \infty \,.$$

Außerdem stimmen die durch Definition 1.14 erklärten Funktionen für reelle z mit den reellen Funktionen $e^x, \sin x, \cos x$ überein, so dass wir von einer »Fortsetzung« dieser Funktionen in die komplexe Zahlenebene hinein sprechen können. Wir präzisieren diese Überlegungen in Abschnitt 2.3.5.

I. Die Exponentialfunktion

Wir stellen einige wichtige Eigenschaften der Exponentialfunktion zusammen:
(a) Es gilt, wie im Reellen, die für die Exponentialfunktion charakteristische Funktionalgleichung

$$e^{z_1} \cdot e^{z_2} = e^{z_1+z_2} \quad \text{für alle} \quad z_1, z_2 \in \mathbb{C} \tag{1.39}$$

Beweis:

Wir benötigen das folgende Resultat über das Cauchy-Produkt von zwei (unendlichen) Reihen, das unmittelbar vom reellen auf den komplexen Fall übertragen werden kann: Die beiden (komplexen) Reihen

$$\left[\sum_{k=0}^{\infty} a_k\right] \quad \text{und} \quad \left[\sum_{k=0}^{\infty} b_k\right]$$

seien absolut konvergent. Dann ist auch das *Cauchy-Produkt*

$$\left[\sum_{k=0}^{\infty}\sum_{l=0}^{k} a_{k-l}b_l\right] \tag{1.40}$$

absolut konvergent und es gilt

$$\left(\sum_{k=0}^{\infty} a_k\right)\left(\sum_{k=0}^{\infty} b_k\right) = \sum_{k=0}^{\infty}\sum_{l=0}^{k} a_{k-l}b_l \tag{1.41}$$

(vgl. auch Burg/Haf/Wille [12]). Wegen (1.41) gilt

$$e^{z_1} \cdot e^{z_2} = \left(\sum_{k=0}^{\infty} \frac{z_1^k}{k!}\right)\left(\sum_{k=0}^{\infty} \frac{z_2^k}{k!}\right) = \sum_{k=0}^{\infty}\sum_{l=0}^{k} \frac{z_1^{k-l}}{(k-l)!}\frac{z_2^l}{l!} = \sum_{k=0}^{\infty} \frac{1}{k!}\left[\sum_{l=0}^{k} \frac{k!}{(k-l)!\,l!}z_1^{k-l}z_2^l\right].$$

Die auch im Komplexen gültige binomische Formel (für den reellen Fall s. Burg/Haf/Wille [12]) liefert dann

$$e^{z_1} \cdot e^{z_2} = \sum_{k=0}^{\infty} \frac{(z_1 + z_2)^k}{k!} = e^{z_1 + z_2}. \qquad \qquad \Box$$

(b) Zwischen der Exponentialfunktion im Komplexen und den reellen trigonometrischen Funktionen Cosinus und Sinus besteht der folgende interessante Zusammenhang:

(i) Für alle $y \in \mathbb{R}$ gilt

$$e^{iy} = \cos y + i\sin y. \tag{1.42}$$

(ii) Für alle $z = x + iy \in \mathbb{C}$, $x, y \in \mathbb{R}$, gilt

$$e^z = e^x(\cos y + i\sin y). \tag{1.43}$$

(Eulersche Formeln)

Beweis:

(i) Nach Definition 1.14 gilt

$$e^{iy} = \sum_{k=0}^{\infty} \frac{(iy)^k}{k!} = \sum_{k=0}^{\infty} \frac{(iy)^{2k}}{(2k)!} + \sum_{k=0}^{\infty} \frac{(iy)^{2k+1}}{(2k+1)!} \, .$$

Wegen

$$i^k = \begin{cases} (-1)^n & \text{für} \quad k = 2n \, , \qquad n = 0, 1, \ldots \\ (-1)^n \, i & \text{für} \quad k = 2n+1 \, , \quad n = 0, 1, \ldots \end{cases}$$

ergibt sich daher

$$e^{iy} = \sum_{n=0}^{\infty} \frac{(-1)^n y^{2n}}{(2n)!} + i \sum_{n=0}^{\infty} \frac{(-1)^n y^{2n+1}}{(2n+1)!} = \cos y + i \sin y \, .$$

(ii) Mit Hilfe von (1.39) und Teil (i) folgt

$$e^z = e^{x+iy} = e^x \cdot e^{iy} = e^x (\cos y + i \sin y) \, . \qquad \qquad \square$$

Bemerkung: In Burg/Haf/Wille [12] haben wir (1.43) zur Definition der Funktion e^z benutzt. Durch unsere obigen Überlegungen ist damit diese Vorgehensweise, die für einen »ersten Durchgang« sinnvoll ist, begründet.

Aus (1.43) folgt für $z = x + iy$, $x, y \in \mathbb{R}$ unmittelbar

$$\left| e^z \right| = e^x = e^{\operatorname{Re} z} \, ,$$

insbesondere also

$$\left| e^{iy} \right| = 1$$

und

$$\arg(e^z) = y = \operatorname{Im} z \, .$$

Außerdem erkennen wir, dass e^z genau dann reelle Werte annimmt, wenn $\sin y = 0$, also $y = k\pi$ ($k \in \mathbb{Z}$) ist.

(c) Die Funktion e^z ist eine *periodische Funktion* mit der (imaginären) *Periode* $2\pi i$: Diese überraschende Eigenschaft der komplexen Exponentialfunktion folgt aus

$$e^{z+2\pi i} = e^z \cdot e^{2\pi i} = e^z (\cos 2\pi + i \sin 2\pi) = e^z \, , \quad \text{für} \quad z \in \mathbb{C} \, .$$

Ist $e^{z_1} = e^{z_2}$, so folgt, wenn wir $z = x + iy := z_1 - z_2$ setzen,

$$1 = e^{z_1 - z_2} = e^z = e^x (\cos y + i \sin y) \, ,$$

d.h. $x = 0$, $\cos y = 1$, $\sin y = 0$ und damit $z = 2\pi\,\mathrm{i}\,k$ $(k \in \mathbb{Z})$. Die Exponentialfunktion besitzt also nur ganzzahlige Vielfache von $2\pi\,\mathrm{i}$ als Periode. Außerdem folgt, dass e^z in jedem *Periodenstreifen* (d.h. in jedem Streifen, dessen Ränder parallel zur reellen Achse verlaufen und die durch Parallelverschiebung um $2\pi\,\mathrm{i}$ bzw. $-2\pi\,\mathrm{i}$ ineinander übergehen) jeden Funktionswert genau einmal annimmt. Für den Wertevorrat von e^z gilt: Jeder von 0 verschiedene Wert w wird genau einmal, der Wert 0 nirgends, angenommen. Denn: Wegen $\mathrm{e}^z \cdot \mathrm{e}^{-z} = \mathrm{e}^0 = 1$ muss $\mathrm{e}^z \neq 0$ gelten. Für $w = \rho\,\mathrm{e}^{\mathrm{i}\,\psi} \neq 0$ folgt mit $z = \ln\rho + \mathrm{i}(\psi + 2k\pi)$ $(k \in \mathbb{Z})$

$$\mathrm{e}^z = \mathrm{e}^{\ln\rho + \mathrm{i}(\psi + 2k\pi)} = \mathrm{e}^{\ln\rho} \cdot \mathrm{e}^{\mathrm{i}\,\psi} \cdot \mathrm{e}^{\mathrm{i}\,2k\pi} = \rho\,\mathrm{e}^{\mathrm{i}\,\psi} \cdot 1 = w\,.$$

Wählen wir k geeignet, so liegt z in dem betrachteten Periodenstreifen.

Um einen anschaulichen Eindruck von e^z zu gewinnen, untersuchen wir, welche Bilder die Geraden $y = \operatorname{Im} z = \text{const}$ bzw. die Strecken mit $x = \operatorname{Re} z = \text{const}$ in einem Periodenstreifen besitzen. Hierzu setzen wir $z = x + \mathrm{i}\,y$ und $w = \rho\,\mathrm{e}^{\mathrm{i}\,\psi}$. Wegen $\mathrm{e}^z = \mathrm{e}^x \cdot \mathrm{e}^{\mathrm{i}\,y}$ folgt

$$\rho = \mathrm{e}^x \quad \text{und} \quad \psi = y + 2k\pi\,, \quad k \in \mathbb{Z}\,,$$

d.h. die Geraden $y = \operatorname{Im} z = \text{const}$ gehen in die Halbgeraden $\psi = \text{const}$ über. Die Strecke $x = \operatorname{Re} z = \text{const}$ im Streifen $0 \leq \operatorname{Im} z < 2\pi$ wird in einen Kreis um den Nullpunkt vom Radius $r = \mathrm{e}^x$ abgebildet (s. Fig. 1.29).

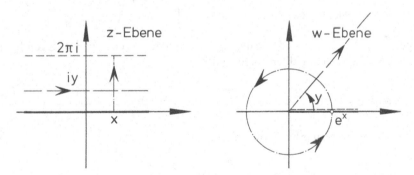

Fig. 1.29: Geometrische Eigenschaften von e^z

II. Die trigonometrischen Funktionen

Nach Definition 1.14 gilt für $z \in \mathbb{C}$

$$\sin z = \sum_{k=0}^{\infty} \frac{(-1)^k}{(2k+1)!} z^{2k+1}\,, \quad \cos z = \sum_{k=0}^{\infty} \frac{(-1)^k}{(2k)!} z^{2k}\,.$$

Hieraus folgt unmittelbar

$$\cos(-z) = \cos z\,, \quad \sin(-z) = -\sin z\,; \quad z \in \mathbb{C} \tag{1.44}$$

Aus den Reihen für e^{iz} und e^{-iz} gewinnen wir die Beziehung

$$e^{iz} + e^{-iz} = \sum_{k=0}^{\infty} \frac{(iz)^k}{k!} + \sum_{k=0}^{\infty} \frac{(-iz)^k}{k!} = \sum_{k=0}^{\infty} \left[i^k + (-i)^k \right] \frac{z^k}{k!} = 2 \sum_{k=0}^{\infty} \frac{(-1)^k z^{2k}}{(2k)!} = 2 \cos z$$

und entsprechend

$$e^{iz} - e^{-iz} = 2 i \sin z \,.$$

Damit bestehen zwischen der Exponentialfunktion und der Cosinus- bzw. Sinusfunktion die folgenden Zusammenhänge:

Für beliebige $z \in \mathbb{C}$ gilt

$$\cos z = \frac{e^{iz} + e^{-iz}}{2} \,; \quad \sin z = \frac{e^{iz} - e^{-iz}}{2i} \tag{1.45}$$

Aus (1.45) ergeben sich sofort die Additionstheoreme

$$\left. \begin{aligned} \cos(z_1 + z_2) &= \cos z_1 \cdot \cos z_2 - \sin z_1 \cdot \sin z_2 \,; \\ \sin(z_1 + z_2) &= \sin z_1 \cdot \cos z_2 + \sin z_2 \cdot \cos z_1 \end{aligned} \right\} \tag{1.46}$$

für beliebige $z_1, z_2 \in \mathbb{C}$, mit deren Hilfe die 2π-Periodizität von $\cos z$ und $\sin z$ gefolgert werden kann. Ferner gilt, dem reellen Fall entsprechend,

$$\cos^2 z + \sin^2 z = 1 \quad \text{für alle} \quad z \in \mathbb{C} \tag{1.47}$$

Aus den Eulerschen Formeln erhalten wir, wenn wir

$$\sinh y = \frac{e^y - e^{-y}}{2} \quad \text{und} \quad \cosh y = \frac{e^y + e^{-y}}{2}$$

($y \in \mathbb{R}$) beachten[5], die Beziehungen

$$\left. \begin{aligned} \sin z &= \sin x \cdot \cosh y + i \cos x \cdot \sinh y \,; \\ \cos z &= \cos x \cdot \cosh y - i \sin x \cdot \sinh y \,. \end{aligned} \right\} \tag{1.48}$$

Aus (1.48) folgt

$$\begin{aligned} |\sin z|^2 &= \sin^2 x \cdot \cosh^2 y + \cos^2 x \cdot \sinh^2 y \\ &= \sin^2 x \cdot (\cosh^2 y - \sinh^2 y) + \sinh^2 y \cdot (\cos^2 x + \sin^2 x) \\ &= \sin^2 x + \sinh^2 y \end{aligned}$$

---

5 s. Burg/Haf/Wille [12].

(wir beachten: $\cosh^2 y - \sinh^2 y = 1$, $\sin^2 x + \cos^2 x = 1$) und entsprechend

$$|\cos z|^2 = \cos^2 x + \sinh^2 y.$$

Da $\sinh y$ in $\mathbb{R}$ nicht beschränkt ist, erkennen wir hieraus:

Falls $y = \operatorname{Im} z \neq 0$, sind die Funktionen $\sin z$ und $\cos z$ nicht beschränkt.

Sowohl die (komplexe) Sinus- als auch die Cosinusfunktion besitzen außer den entsprechenden Nullstellen auf der reellen Achse keine weiteren: Für die Sinusfunktion folgt dies aus (1.45), denn es gilt

$\sin z = 0$ genau dann, wenn $\mathrm{e}^{\mathrm{i}\, 2z} = 1$, also $z = k\pi$ ($k \in \mathbb{Z}$) ist. Für die Cosinusfunktion ergibt sich dies, wenn wir

$$\sin\left(z + \frac{\pi}{2}\right) = \cos z \qquad \text{(zeigen!)}$$

verwenden.

Die Funktionen *Tangens* und *Cotangens* erklären wir für komplexe Argumente z durch

$$\tan z = \frac{\sin z}{\cos z}, \quad z \neq \left(k + \frac{1}{2}\right)\pi, \quad k \in \mathbb{Z};$$
$$\cot z = \frac{\cos z}{\sin z}, \quad z \neq k\pi, \quad k \in \mathbb{Z}. \tag{1.49}$$

Übungen

Übung 1.9*:

Sind die folgenden auf $\mathbb{C} \setminus \{0\}$ erklärten Funktionen im Nullpunkt stetig ergänzbar:

a) $f(z) = \dfrac{z}{|z|}$;   b) $f(z) = \dfrac{z\operatorname{Re} z}{|z|}$?

Übung 1.10*:

Gegeben sind die Funktionen

$$f(z) = \sin z, \quad g(z) = \cos z, \quad z \in \mathbb{C}.$$

a) Bestimme die Bilder der Mengen $A = \{z \in \mathbb{C} \mid \operatorname{Im} z = \text{const}\}$; $B = \{z \in \mathbb{C} \mid \operatorname{Re} z = \text{const}\}$; $C = \{z \in \mathbb{C} \mid -\pi < \operatorname{Re} z < \pi\}$ unter f und g.
b) Wann gilt $f(z_1) = f(z_2)$? Bestimme zu jedem Bildpunkt aus $f(C)$ die Anzahl der Urbilder.
c) Zeige: Zu jedem $z \in \mathbb{C}$ existiert eine Umgebung $U = U(z)$, so dass die Restriktion von f auf $U : f|_U$ eine stetige bijektive Abbildung von U auf $f(U)$ ist.

2 Holomorphe Funktionen

Die Untersuchung von holomorphen Funktionen, auch reguläre Funktionen genannt, bildet ein Kernstück der Funktionentheorie. Abschnitt 2.3.4 zeigt, dass eine Charakterisierung dieser Funktionen auf verschiedene Weise möglich ist.

2.1 Differenzierbarkeit im Komplexen, Holomorphie

Wir benutzen die Differenzierbarkeit von komplexen Funktionen als Einstieg in die Funktionentheorie und insbesondere zur Definition der holomorphen Funktionen.

2.1.1 Ableitungsbegriff, Holomorphie

Der Ableitungsbegriff für reellwertige Funktionen f wurde in Burg/Haf/Wille [12]mit Hilfe des Differenzenquotienten

$$\frac{f(x) - f(x_0)}{x - x_0}$$

durch Grenzübergang $x \to x_0$ erklärt. Analog hierzu gehen wir im komplexen Fall vor:

Definition 2.1:

    (a) Die komplexwertige Funktion f sei auf einem Gebiet $D \subset \mathbb{C}$ erklärt. Man sagt, f ist differenzierbar im Punkt $z_0 \in D$, wenn der Grenzwert

$$\lim_{z \to z_0} \frac{f(z) - f(z_0)}{z - z_0} \tag{2.1}$$

existiert. Dieser Grenzwert ist hierbei im Sinne von Definition 1.13 zu verstehen. Man nennt diesen Grenzwert (*erste*) *Ableitung* oder *Differentialquotient* von f in z_0 und benutzt die Schreibweisen

$$f'(z_0), \quad \frac{\mathrm{d}}{\mathrm{d}z} f(z_0) \quad \text{oder} \quad \frac{\mathrm{d}f}{\mathrm{d}z}(z_0).$$

    (b) f heißt differenzierbar im Gebiet D, falls f in jedem Punkt von D differenzierbar ist.

    (c) f heißt stetig differenzierbar im Gebiet D, falls f in D differenzierbar und die Ableitung f' in D stetig ist.

Beispiel 2.1:

Die Funktion

$$f(z) = z^n, \quad n \in \mathbb{N}$$

ist in ganz $\mathbb{C}$ stetig differenzierbar. (Zeigen!)

Aus der Differenzierbarkeit von f in z_0 folgt insbesondere die Stetigkeit von f in diesem Punkt, eine Aussage, die nicht besonders überrascht.

In Abschnitt 1.2.2, Satz 1.7, haben wir gesehen, dass sich die Stetigkeit von $f = u + i v$ im Punkt $z_0 = x_0 + i y_0$ auf die Stetigkeit von Realteil u und Imaginärteil v von f im Punkt (x_0, y_0) überträgt und umgekehrt. Gilt eine entsprechende Aussage auch für die Differenzierbarkeit? Dies ist *nicht* der Fall, wie das folgende Beispiel zeigt:

Beispiel 2.2:

Wir betrachten die Funktion

$$f(z) = |z|, \quad z \in \mathbb{C}.$$

Setzen wir $z = x + i y$, $u(x, y) = \sqrt{x^2 + y^2}$ und $v(x, y) = 0$, so können wir f in der Form

$$f(z) = \sqrt{x^2 + y^2} + i\,0 = u(x, y) + i v(x, y)$$

darstellen. Die Funktionen u und v sind für alle $(x, y) \neq (0,0)$ differenzierbar. Jedoch ist f auch für $z_0 \neq 0$ nicht differenzierbar:

(i) Wir wählen zunächst eine Folge $\{z_n\}$ auf dem Kreis um den 0-Punkt mit Radius $|z_0|$, d.h. für diese Folge gilt $|z_n| = |z_0|$ und

$$z_n \to z_0 \quad \text{für} \quad n \to \infty \quad (z_n \neq z_0).$$

Daher folgt $f(z_n) = f(z_0)$ und somit

$$\frac{f(z_n) - f(z_0)}{z_n - z_0} \longrightarrow 0 \quad \text{für} \quad n \to \infty.$$

(ii) Nehmen wir nun eine Folge $\{z_n\}$, die auf der Geraden durch die Punkte 0 und z_0 liegt, also mit $\arg z_n = \arg z_0$ für die

$$z_n \to z_0 \quad \text{für} \quad n \to \infty \quad (z_n \neq z_0)$$

gilt. Wegen

$$f(z_n) - f(z_0) = |z_n| - |z_0| \neq 0$$

und

$$z_n - z_0 = (|z_n| - |z_0|)\, e^{i \arg z_0}$$

folgt dann für $n \to \infty$

$$\frac{f(z_n) - f(z_0)}{z_n - z_0} \longrightarrow e^{-i \arg z_0} \neq 0.$$

Für die beiden Folgen aus (i) und (ii) ergeben sich somit unterschiedliche Grenzwerte, f kann also in z_0 nicht differenzierbar sein.

Die Frage, unter welchen zusätzlichen Voraussetzungen an die Funktionen u und v auf die Differenzierbarkeit von f geschlossen werden kann, wird uns in Abschnitt 2.1.3 noch beschäftigen.

Der folgende Holomorphiebegriff steht im Zentrum der Funktionentheorie:

Definition 2.2:

Sei D ein Gebiet in $\mathbb{C}$ und $f : D \to \mathbb{C}$.

   (i) Wir sagen, f ist *holomorph* (oder *regulär*, oder *analytisch*) in D, falls f in D stetig differenzierbar ist.

   (ii) Wir nennen f *holomorph im Punkt* $z_0 \in D$, falls f in einer Umgebung von z_0 stetig differenzierbar ist.

Bemerkung: Wir beachten, dass die Holomorphie einer Funktion f in z_0 mehr verlangt, als dass f stetig differenzierbar in z_0 ist: f muss in einer *Umgebung* von z_0 stetig differenzierbar sein.

2.1.2   Rechenregeln für holomorphe Funktionen

Wie in der reellen Analysis (s. Burg/Haf/Wille [12]) beweist man die folgenden Sätze:

Satz 2.1:

Die Funktionen f und g seien holomorph im Gebiet D. Dann sind auch die Funktionen

$$f \pm g, \quad f \cdot g \quad \text{und} \quad \frac{f}{g} \quad (\text{falls } g(z) \neq 0 \text{ in } D)$$

holomorph in D, und es gelten die Ableitungsregeln

$$(f \pm g)' = f' \pm g'; \tag{2.2}$$

$$(f \cdot g)' = f'g + fg'; \quad \text{(Produktregel)} \tag{2.3}$$

$$\left(\frac{f}{g}\right)' = \frac{f'g - fg'}{g^2}. \quad \text{(Quotientenregel)} \tag{2.4}$$

Dieser Satz ist bei vielen Holomorphienachweisen hilfreich.

Beispiel 2.3:

Das komplexe Polynom

$$P_n(z) = a_n z^n + a_{n-1} z^{n-1} + \ldots + a_1 z + a_0 \, ; \quad z, a_i \in \mathbb{C} \, , \quad n \in \mathbb{N}$$

ist in ganz $\mathbb{C}$ holomorph.

Beispiel 2.4:

Die rationale Funktion

$$f(z) = \frac{a_n z^n + \ldots + a_1 z + a_0}{b_m z^m + \ldots + b_1 z + b_0}$$

$$(a_j, b_k \in \mathbb{C}, \quad j = 0, 1, \ldots, n, \quad k = 0, 1, \ldots, m, \quad n, m \in \mathbb{N})$$

ist in ganz $\mathbb{C}$ mit Ausnahme der Nullstellen des Nennerpolynoms holomorph.

Auch bei der Verkettung von komplexwertigen Funktionen lassen wir uns von der reellen Analysis leiten (s. Burg/Haf/Wille [12]):
Seien D_1, D_2 und D_3 Gebiete in $\mathbb{C}$

$$g : D_1 \to D_2 \quad \text{und} \quad f : D_2 \to D_3 \, .$$

Dann ist die *Verkettung* von f und g

$$f \circ g : D_1 \to D_3$$

durch

$$(f \circ g)(z) = f(g(z)) \, , \quad z \in D_1 \tag{2.5}$$

erklärt. Es gilt

Satz 2.2:

(*Kettenregel*) Ist $g : D_1 \to D_2$ holomorph in D_1, und ist $f : D_2 \to D_3$ holomorph in D_2, so ist die Verkettung $f \circ g : D_1 \to D_3$ holomorph in D_1 und es gilt

$$(f \circ g)' = (f' \circ g) g' \, . \tag{2.6}$$

Auch der Beweis dieses Satzes lässt sich unmittelbar aus dem entsprechenden reellen Beweis (s. Burg/Haf/Wille [12]) übernehmen.

2.1.3   Die Cauchy-Riemannschen Differentialgleichungen

Im Folgenden untersuchen wir die Konsequenzen der komplexen Differenzierbarkeit von

$$f(z) = u(x, y) + \mathrm{i}\, v(x, y) \quad \text{im Punkt} \quad z_0 = x_0 + \mathrm{i}\, y_0$$

auf die reellen Funktionen

$$u(x, y) \quad \text{und} \quad v(x, y) \quad \text{im Punkt} \quad (x_0, y_0).$$

Wir leiten eine notwendige Bedingung für die Differenzierbarkeit von f in z_0 her:

Satz 2.3:

(*Cauchy-Riemannsche*[1] *Differentialgleichungen*) Sei D ein Gebiet in $\mathbb{C}$, $z_0 = x_0 + i\,y_0 \in D$ und die Funktion $f(z) = u(x, y) + i\,v(x, y)$ differenzierbar in z_0. Dann besitzen die Funktionen u und v in (x_0, y_0) partielle Ableitungen u_x, u_y, v_x, v_y [2] und es gilt

$$u_x(x_0, y_0) = v_y(x_0, y_0), \quad v_x(x_0, y_0) = -u_y(x_0, y_0). \tag{2.7}$$

Für die Ableitung f' in z_0 gilt

$$f'(z_0) = u_x(x_0, y_0) + i\,v_x(x_0, y_0) = v_y(x_0, y_0) - i\,u_y(x_0, y_0). \tag{2.8}$$

Beweis:

Nach Voraussetzung existiert der Grenzwert

$$\lim_{z \to z_0} \frac{f(z) - f(z_0)}{z - z_0} = f'(z_0),$$

wie auch immer wir mit z gegen z_0 gehen.

(i) Dies gilt insbesondere, wenn wir uns auf einer Parallelen zur x-Achse durch z_0 dem Punkt z_0 nähern: Für jede reelle Folge $\{h_n\}$ mit $h_n \to 0$ für $n \to \infty$ ($h_n \neq 0$) muss also gelten

$$\frac{f(z_0 + h_n) - f(z_0)}{h_n} = \frac{\left[u(x_0 + h_n, y_0) + i\,v(x_0 + h_n, y_0)\right] - \left[u(x_0, y_0) + i\,v(x_0, y_0)\right]}{h_n}$$

$$= \frac{u(x_0 + h_n, y_0) - u(x_0, y_0)}{h_n} + i\,\frac{v(x_0 + h_n, y_0) - v(x_0, y_0)}{h_n}$$

$$\longrightarrow f'(z_0) \quad \text{für} \quad n \to \infty.$$

Nach Satz 1.7, Abschnitt 1.2.2, existieren also die partiellen Ableitungen u_x und v_x in (x_0, y_0) und es gilt

$$f'(z_0) = u_x(x_0, y_0) + i\,v_x(x_0, y_0). \tag{2.9}$$

---

1 A.L. Cauchy (1789-1857), französischer Mathematiker; B. Riemann (1826-1866), deutscher Mathematiker.
2 u_x steht für $\frac{\partial u}{\partial x}$, u_y für $\frac{\partial u}{\partial y}$ usw.

(ii) Nun nähern wir uns auf einer Parallelen zur y-Achse durch z_0 dem Punkt z_0: Für jede reelle Folge $\{h_n\}$ mit $h_n \to 0$ für $n \to \infty$ ($h_n \neq 0$) muss also gelten

$$\frac{f(z_0 + \mathrm{i}\,h_n) - f(z_0)}{\mathrm{i}\,h_n} = \frac{\left[u(x_0, y_0 + h_n) + \mathrm{i}\,v(x_0, y_0 + h_n)\right] - \left[u(x_0, y_0) + \mathrm{i}\,v(x_0, y_0)\right]}{\mathrm{i}\,h_n}$$

$$= \frac{v(x_0, y_0 + h_n) - v(x_0, y_0)}{h_n} - \mathrm{i}\,\frac{u(x_0, y_0 + h_n) - u(x_0, y_0)}{h_n}$$

$$\longrightarrow f'(z_0) \quad \text{für} \quad n \to \infty\,.$$

Daher existieren – wieder nach Satz 1.7 – die partiellen Ableitungen v_y und u_y in (x_0, y_0) und es gilt

$$f'(z_0) = v_y(x_0, y_0) - \mathrm{i}\,u_y(x_0, y_0)\,. \tag{2.10}$$

Durch (2.9) und (2.10) ist die Beziehung (2.8) bewiesen.

Ferner ergibt sich

$$u_x(x_0, y_0) + \mathrm{i}\,v_x(x_0, y_0) = v_y(x_0, y_0) - \mathrm{i}\,u_y(x_0, y_0)\,,$$

womit auch (2.7) nachgewiesen ist.

$\square$

Beispiel 2.5:

Die Funktion

$$f(z) = |z|^2\,, \quad z \in \mathbb{C}$$

lässt sich mit $z = x + \mathrm{i}\,y$, $u(x, y) = x^2 + y^2$ und $v(x, y) = 0$ in der Form

$$f(z) = (x^2 + y^2) + \mathrm{i}\,0 = u(x, y) + \mathrm{i}\,v(x, y)$$

schreiben. Da für alle $(x, y) \in \mathbb{R}^2$

$$u_x(x, y) = 2x\,, \quad u_y(x, y) = 2y$$
$$v_x(x, y) = 0\,, \qquad v_y(x, y) = 0$$

gilt, sind die Cauchy-Riemannschen Differentialgleichungen (2.7) in keinem Punkt $(x, y) \in \mathbb{R}^2$ mit $(x, y) \neq (0,0)$ erfüllt, die Funktion f ist daher für kein $z \in \mathbb{C} - \{0\}$ differenzierbar, also in keinem Punkt $z_0 \in \mathbb{C}$ holomorph. Dagegen ist f wegen

$$\frac{f(z) - f(0)}{z - 0} = \frac{|z|^2}{z} = \bar{z} \to 0 \quad \text{für } z \to 0$$

im Punkt $z_0 = 0$ differenzierbar.

Bemerkung: Beachten wir, dass die Funktion

$$f(x) = |x|^2 = x^2, \quad x \in \mathbb{R}$$

in ganz $\mathbb{R}$ differenzierbar ist, so zeigt uns Beispiel (2.5), dass die Forderung der Differenzierbarkeit im Komplexen wesentlich restriktiver als im Reellen ist. Die *reelle Differenzierbarkeit* verlangt lediglich die Existenz des Grenzwertes

$$\lim_{n \to \infty} \frac{f(x_0 + h_n) - f(x_0)}{h_n}$$

für jede *reelle Nullfolge* $\{h_n\}$ ($h_n \neq 0$) (s. Fig. 2.1), während im komplexen Fall beliebige *komplexe* Nullfolgen $\{h_n\}$ ($h_n \neq 0$) zugelassen werden müssen (s. Fig 2.2).

Wir wenden uns jetzt der Frage zu, ob die in Satz 2.3 angegebenen Bedingungen auch hinreichend für komplexe Differenzierbarkeit sind. Dies ist nicht der Fall: So besitzt etwa die Funktion $f = u + \mathrm{i}\,v$ mit

$$f(z) = \begin{cases} \dfrac{z^5}{|z|^4} & \text{für } z \neq 0 \\[2mm] 0 & \text{für } z = 0 \end{cases}$$

in $(x_0, y_0) = (0,0)$ zwar partielle Ableitungen u_x, u_y, v_x, v_y, die den Cauchy-Riemannschen Differentialgleichungen genügen; sie ist aber in $z = 0$ nicht differenzierbar (s. Üb. 2.2).

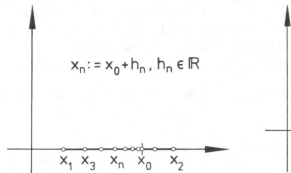

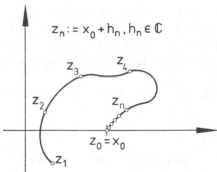

Fig. 2.1: Zur reellen Differenzierbarkeit   Fig. 2.2: Zur komplexen Differenzierbarkeit

Um vom Verhalten der Funktionen u und v auf Differenzierbarkeitseigenschaften von f schließen zu können, sind also zusätzliche Voraussetzungen nötig. Dies zeigt der folgende

Satz 2.4:
   Die Funktionen u und v seien in einem Gebiet D des $\mathbb{R}^2$ erklärt. Besitzen u und v in D stetige partielle Ableitungen erster Ordnung und genügen diese dort den Cauchy-

Riemannschen Differentialgleichungen (2.7), so ist die Funktion

$$f(z) = f(x + \mathrm{i}\,y) = u(x, y) + \mathrm{i}\,v(x, y)$$

in D stetig differenzierbar, wobei wir D jetzt als Gebiet in $\mathbb{C}$ auffassen.

Ein einfacher Beweis dieses Satzes ergibt sich mit Hilfe des Satzes von Morera (s. Abschn. 2.2.4, Bemerkung im Anschluss an Satz 2.20), so dass wir diesen Nachweis noch zurückstellen.

Mit den obigen Resultaten gewinnen wir die folgende Charakterisierung der holomorphen Funktionen:

Satz 2.5:

Die Funktion f ist holomorph im Gebiet D, d.h. f ist in D stetig differenzierbar, genau dann, wenn Realteil u und Imaginärteil v von f stetige partielle Ableitungen erster Ordnung in D (als Gebiet in $\mathbb{R}^2$ aufgefasst) besitzen, die dort den Cauchy-Riemannschen Differentialgleichungen

$$u_x(x, y) = v_y(x, y)\,, \quad v_x(x, y) = -u_y(x, y)$$

genügen.

Beweis:

Beachten wir, dass sich die Stetigkeit von f' in D auf Real- und Imaginärteil von f' überträgt (s. Satz 1.7, Abschn. 1.2.2), so folgt aus Satz 2.3, (2.8) die Stetigkeit von u_x, u_y, v_x, v_y in D und wegen (2.7), dass auch die Cauchy-Riemannschen Differentialgleichungen erfüllt sind.
Die Umkehrung ist durch Satz 2.4 gegeben. $\square$

Bemerkung: Satz 2.5 ist in zahlreichen Fällen geeignet, die Holomorphie einer vorgegebenen Funktion zu überprüfen.

Beispiel 2.6:
Wir betrachten die Exponentialfunktion e^z, die wir mit $z = x + \mathrm{i}\,y$ wegen (1.43) (s. Abschn. 1.2.3) in der Form

$$\mathrm{e}^z = \mathrm{e}^x \cos y + \mathrm{i}\,\mathrm{e}^x \sin y =: u(x, y) + \mathrm{i}\,v(x, y)$$

darstellen können. Offensichtlich besitzen die Funktionen u und v stetige partielle Ableitungen erster Ordnung in ganz $\mathbb{R}^2$:

$$u_x(x, y) = \mathrm{e}^x \cos y\,, \quad u_y(x, y) = -\mathrm{e}^x \sin y\,, \quad v_x(x, y) = \mathrm{e}^x \sin y\,, \quad v_y(x, y) = \mathrm{e}^x \cos y\,.$$

Ferner gilt in $\mathbb{R}^2$

$$u_x(x, y) = v_y(x, y) \quad \text{und} \quad u_y(x, y) = -v_x(x, y)\,,$$

so dass aus Satz 2.5 die Holomorphie von e^z in ganz $\mathbb{C}$ folgt. Insbesondere gilt wegen Satz 2.3, (2.8)

$$\frac{d}{dz} e^z = u_x(x, y) + i\, v_x(x, y) = e^x \cos y + i\, e^x \sin y = e^x (\cos y + i \sin y)\,,$$

also

$$\frac{d}{dz} e^z = e^z \quad \text{für alle} \quad z \in \mathbb{C} \tag{2.11}$$

Beispiel 2.7:

Für die Sinus- bzw. Cosinus-Funktion haben wir in Abschnitt 1.2.3, II die Beziehungen

$$\sin z = \frac{e^{iz} - e^{-iz}}{2i} \quad \text{bzw.} \quad \cos z = \frac{e^{iz} + e^{-iz}}{2}$$

gewonnen. Wegen Satz 2.1, Abschnitt 2.1.2, und Beispiel 2.6 folgt, dass $\sin z$ und $\cos z$ in ganz $\mathbb{C}$ holomorphe Funktionen sind. Außerdem gilt wegen Satz 2.2, (2.6)

$$\frac{d}{dz} \sin z = \frac{1}{2i} \left(i\, e^{iz} + i\, e^{-iz} \right) = \frac{e^{iz} + e^{-iz}}{2}, \frac{d}{dz} \cos z = \frac{1}{2} \left(i\, e^{iz} - i\, e^{-iz} \right) = -\frac{e^{iz} - e^{-iz}}{2i}\,,$$

also für alle $z \in \mathbb{C}$

$$\frac{d}{dz} \sin z = \cos z\,; \quad \frac{d}{dz} \cos z = -\sin z\,. \tag{2.12}$$

Es stellt sich die Frage nach der *Umkehrung* von holomorphen Funktionen, insbesondere auch der elementaren Funktionen. Als *lokales* Resultat ergibt sich

Satz 2.6:

Die Funktion f sei in z_0 holomorph (d.h. in einer Umgebung von z_0 stetig differenzierbar), und es gelte $f'(z_0) \neq 0$. Dann bildet f eine Umgebung von z_0 umkehrbar eindeutig auf eine Umgebung von $w_0 = f(z_0)$ ab. Die Umkehrfunktion f^{-1} ist holomorph in w_0, und es gilt

$$\left(f^{-1} \right)'(w_0) = \frac{1}{f'(z_0)}\,. \tag{2.13}$$

Beweis:

Nach Voraussetzung ist f' stetig in einer Umgebung von z_0. Wegen $f'(z_0) \neq 0$ gilt daher $f'(z) \neq 0$ in einer (möglicherweise kleineren) Umgebung von z_0. Benutzen wir noch für

$$f(z) = f(x + i\, y) = u(x, y) + i\, v(x, y)$$

die Beziehung

$$f'(z) = u_x(x, y) + \mathrm{i}\, v_x(x, y)$$

(s. Abschn. 2.1.3, (2.8)) und die Cauchy-Riemannschen Differentialgleichungen (2.7), so erhalten wir

$$\begin{vmatrix} u_x & u_y \\ v_x & v_y \end{vmatrix} = \begin{vmatrix} u_x & -v_x \\ v_x & u_x \end{vmatrix} = u_x^2 + v_x^2 = \left| f'(z) \right|^2 \neq 0 \,.$$

Mit Satz 6.16, Abschnitt 6.4.2, Burg/Haf/Wille [12], folgt daher, dass durch f eine genügend kleine Umgebung von z_0 umkehrbar eindeutig auf eine Umgebung von w_0 abgebildet wird. Die stetige Differenzierbarkeit der Umkehrabbildung f^{-1} in dieser Umgebung folgt dann mit $w = f(z)$, $w^\star = f(z^\star)$ aus

$$\lim_{w^\star \to w} \frac{f^{-1}(w^\star) - f^{-1}(w)}{w^\star - w} = \lim_{z^\star \to z} \frac{z^\star - z}{f(z^\star) - f(z)} = \lim_{z^\star \to z} \frac{1}{\frac{f(z^\star)-f(z)}{z^\star - z}} = \frac{1}{f'(z)}\,.$$

$\square$

Bemerkung: Das Beispiel $f(z) = z^2$ macht deutlich:

(i) Die Forderung $f'(z_0) \neq 0$ ist wesentlich.

(ii) Ist $f'(z) \neq 0$ in einem Gebiet D, so folgt nicht notwendig, dass f *in ganz D* umkehrbar eindeutig ist. (Begründung!)

Diese Problematik führt in die Theorie der *Riemannschen Flächen*. Wir kommen auf diesen Punkt im Zusammenhang mit der Umkehrung der elementaren Funktionen in Abschnitt 2.1.4 zurück.

2.1.4   Umkehrung der elementaren Funktionen

In Abschnitt 1.2.3 haben wir uns in einem ersten Durchgang mit einigen elementaren Funktionen, insbesondere mit der Exponentialfunktion und den trigonometrischen Funktionen, beschäftigt und einige Eigenschaften dieser Funktionen kennengelernt. Wir wollen diese Betrachtungen im Folgenden wieder aufnehmen und erweitern, insbesondere durch Hinzunahme der Potenzfunktion. Dabei steht die Frage nach der Umkehrbarkeit der elementaren Funktionen im Mittelpunkt unserer Überlegungen.

Gestützt auf Satz 2.6, Abschnitt 2.1.3, können wir sagen, dass eine im Punkt z_0 holomorphe Funktion f mit $f'(z_0) \neq 0$ lokal umkehrbar eindeutig ist, also in einer Umgebung von z_0 eine Umkehrfunktion besitzt. Nun fragen wir nach dem natürlichen (globalen) Definitionsbereich der o.g. Umkehrfunktionen, sowie nach ihren geometrischen Eigenschaften. Wir lernen hierbei ein für die Umkehrung typisches Phänomen kennen: Die »Mehrdeutigkeit« dieser Umkehrfunktionen.

I. Potenz- und Wurzelfunktionen

In Analogie zur reellen Potenzfunktion definieren wir die *Potenzfunktion* im Komplexen:

$$w = f(z) = z^n, \quad n \in \mathbb{N}, \quad z \in \mathbb{C}. \tag{2.14}$$

Diese Funktion ist in ganz $\mathbb{C}$ holomorph und wegen

$$f'(z) = nz^{n-1}$$

für alle $z \neq 0$ lokal umkehrbar eindeutig. Im Spezialfall $n = 1$ ist f auch in $z = 0$ umkehrbar eindeutig. Es liegt dann die identische Abbildung vor, die ganz $\mathbb{C}$ umkehrbar eindeutig auf sich abbildet. Wir schließen diesen trivialen Fall im Folgenden aus und orientieren uns zunächst am Fall $n = 2$:

Wir betrachten also

$$w = f(z) = z^2, \quad z \in \mathbb{C}. \tag{2.15}$$

Verwenden wir für z die Darstellung

$$z = r\,\mathrm{e}^{\mathrm{i}\varphi}$$

so folgt aus (2.14)

$$w = r^2\,\mathrm{e}^{\mathrm{i}\,2\varphi},$$

d.h. jeder Winkel, dessen Scheitel im Nullpunkt liegt, wird verdoppelt. Insbesondere wird die obere Halbebene ohne die negative reelle Achse und ohne den Nullpunkt

$$H_1 = \{z = r\,\mathrm{e}^{\mathrm{i}\varphi} \;\big|\; 0 \leq \varphi < \pi, \; 0 < r < \infty\}$$

auf $G = \mathbb{C} - \{0\}$ abgebildet (s. Fig 2.3); ebenso die untere Halbebene ohne die positive reelle Achse und ohne den Nullpunkt

$$H_2 = \{z = r\,\mathrm{e}^{\mathrm{i}\varphi} \;\big|\; \pi \leq \varphi < 2\pi, \; 0 < r < \infty\}$$

(s. Fig. 2.4).

Wenden wir uns der Frage nach der Umkehrung von $w = f(z) = z^2$ zu. Nach Satz 1.1, Abschnitt 1.1.1, erhalten wir zu jedem $w \neq 0$ genau zwei komplexe Zahlen z_1, z_2 mit $z_1^2 = z_2^2 = w$, nämlich

$$z_1 = \sqrt{|w|}\,\mathrm{e}^{\mathrm{i}\frac{\mathrm{Arg}\,w}{2}}, \quad z_2 = \sqrt{|w|}\,\mathrm{e}^{\mathrm{i}\left(\frac{\mathrm{Arg}\,w}{2}+\pi\right)}. \quad {}^3$$

Die Abbildung f ist daher nicht umkehrbar, eine eindeutige Beschreibung der »Umkehrfunktion

---

3 Arg w bezeichnet das *Hauptargument* von w, also den w zugeordneten Winkel φ mit $-\pi < \varphi \leq \pi$ (s. Burg/Haf/-Wille [12]).

$\sqrt{w}$« somit nicht möglich. Dagegen gelangt man zu einer Beschreibung von »$\sqrt{w}$« als mehrdeutiger Funktion auf folgende Weise: Schränken wir den Definitionsbereich von f z.B. gemäß Fig. 2.3

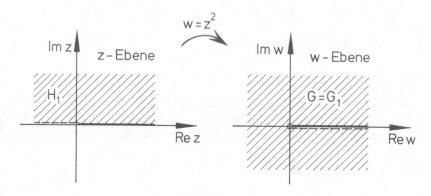

Fig. 2.3: Abbildung von H_1 durch $w = z^2$

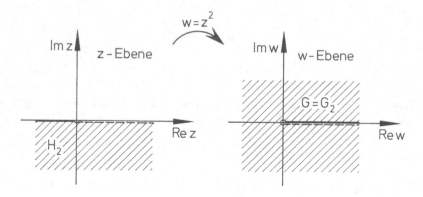

Fig. 2.4: Abbildung von H_2 durch $w = z^2$

bzw. Fig. 2.4 ein, so erhalten wir umkehrbar eindeutige Abbildungen von H_1 auf G bzw. von H_2 auf G. Damit ergeben sich zwei *Umkehrfunktionen*,

$$z_1 = \sqrt{|w|}\, \mathrm{e}^{\mathrm{i}\frac{\mathrm{Arg}\, w}{2}} \quad \text{bzw.} \quad z_2 = \sqrt{|w|}\, \mathrm{e}^{\mathrm{i}\left(\frac{\mathrm{Arg}\, w}{2} + \pi\right)}, \tag{2.16}$$

die man auch *Zweige* der Umkehrfunktion nennt; der erste dieser Zweige heißt *Hauptzweig*. Beide Zweige lassen sich durch analytische Fortsetzung (s. hierzu Abschn. 2.3.5) ineinander überführen. Wir wollen jetzt die beiden Zweige $z_1(w)$ und $z_2(w)$ durch eine entsprechende Erweiterung des Funktionsbegriffs zu *einer mehrdeutigen* Funktion $\sqrt{w}$ zusammenfassen. Dies geschieht dadurch, dass wir als Definitionsbereich der Umkehrfunktion nicht wie bisher eine Teilmenge der w-Ebene betrachten, sondern einen allgemeineren, eine sogenannte Riemannsche Fläche: Wir wissen, dass durch $w = f(z) = z^2$ die w-Ebene mit Ausnahme von $w = 0$ doppelt überdeckt wird. Wir denken uns nun zwei Exemplare von punktierten w-Ebenen: $G_1 = G_2 = G = \mathbb{C} - \{0\}$ (s. Fig. 2.3/ 2.4) übereinander gelegt. Wir schneiden dann G entlang der positiven Halbachse $x > 0$ auf und verheften den oberen Rand (——) von G_1 mit dem unteren Rand (- - -) von G_2 und den oberen Rand (——) von G_2 mit dem unteren Rand (- - -) von G_1. Ferner nehmen wir den Nullpunkt, einfach gezählt, hinzu. Auf diese Weise entsteht eine 2-*blättrige Riemannsche Fläche* $\mathfrak{R} = G_1 \cup G_2 \cup \{0\}$.

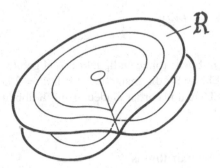

Fig. 2.5: Riemannsche Fläche $\mathfrak{R}$ von $\sqrt{w}$

Wir benutzen das 1. Blatt von $\mathfrak{R}$ als Argumentbereich für $z_1(w)$, das 2. Blatt von $\mathfrak{R}$ als Argumentbereich für $z_2(w)$. Dadurch stellt $\mathfrak{R}$ einen Argumentbereich dar, der es uns ermöglicht, die durch Zusammenfassung von $z_1(w)$ und $z_2(w)$ entstehende Funktion $\sqrt{w}$ *eindeutig* zu erklären: Jedes $w \in \mathfrak{R}$ ist in eindeutiger Weise einem der beiden Blätter von $\mathfrak{R}$ zugeordnet, und wir definieren $\sqrt{w}$ durch

$$\sqrt{w} := z_j(w) \quad \text{für} \quad w \in \mathfrak{R}. \tag{2.17}$$

Dabei ist $j = 1$ falls w auf dem ersten Blatt G_1 liegt, und $j = 2$, falls w auf dem zweiten Blatt G_2 liegt.

Insgesamt gilt:

Die Funktion $w = f(z) = z^2$ stellt eine umkehrbar eindeutige und in ganz $\mathbb{C}$ holomorphe Abbildung der z-Ebene auf die 2-blättrige Riemannsche Fläche $\mathfrak{R}$ dar.

Bemerkung 1: Üblicherweise vertauscht man noch bei Beschreibung der Umkehrfunktion die Variablen w und z (s. auch Burg/Haf/Wille [12]), und schreibt

$$w = f^{-1}(z) = \sqrt{z}. \tag{2.18}$$

Bemerkung 2: Der Punkt $w = 0$ spielt eine Sonderrolle: Wird er auf einem Kreis mit beliebig (kleinem) Radius umlaufen, so entspricht diesem Umlauf auf $\mathfrak{R}$ ein Weg, der von einem Blatt in das andere führt (s. Fig. 2.5). Man bezeichnet $w = 0$ daher auch als *Verzweigungspunkt* der Riemannschen Fläche $\mathfrak{R}$. Im gleichen Sinn ist auch ∞ ein Verzweigungspunkt, was sich besonders gut an der (»zweiblättrigen«) Riemannschen Zahlenkugel veranschaulichen lässt.

Der allgemeine Fall $w = f(z) = z^n$ ($n > 2$) lässt sich entsprechend behandeln. Hierbei werden anstelle der beiden Halbebenen H_1 und H_2 die n Winkelbereiche

$$W_n = \left\{ z = r\, e^{i\varphi} \,\Big|\, \frac{2\pi k}{n} \le \varphi < \frac{2\pi (k+1)}{n}\,, \quad 0 < r < \infty \right\} \tag{2.19}$$

jeweils durch die n Zweige der Umkehrfunktion

$$z_k(w) = \sqrt[n]{|w|}\, e^{i\left(\frac{\operatorname{Arg} w}{n} + \frac{2\pi(k-1)}{n} \right)}\,, \quad k = 1, 2, \ldots, n \tag{2.20}$$

umkehrbar eindeutig auf die w-Ebene (ohne Nullpunkt): G, abgebildet. Durch Verwendung einer n-blättrigen Riemannschen Fläche $\mathfrak{R}$, die man wie im Fall $n = 2$ konstruiert, ergibt sich dann, dass $w = f(z) = z^n$ die z-Ebene umkehrbar eindeutig auf $\mathfrak{R}$ abbildet. Die Definition von $\sqrt[n]{w}$ erfolgt entsprechend dem Fall $n = 2$.

II. Exponentialfunktion und Logarithmus

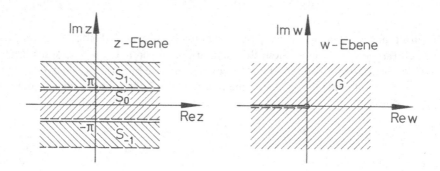

Fig. 2.6: Abbildung von Periodenstreifen durch e^z

Aus Abschnitt 2.1.3, Beispiel 2.6, bzw. Abschnitt 1.2.3 ist uns bekannt, dass die Exponentialfunktion

$$w = f(z) = e^z\,, \quad z \in \mathbb{C} \tag{2.21}$$

eine in ganz $\mathbb{C}$ holomorphe und periodische Funktion mit der (imaginären) Periode $2\pi i$ ist. Durch f wird jeder Periodenstreifen

$$S_k = \{ z = x + i\, y \,\mid\, -\infty < x < \infty\,, \ 2k\pi - \pi < y \le 2k\pi + \pi \} \quad (k \in \mathbb{Z}) \tag{2.22}$$

auf $G = \mathbb{C} - \{0\}$ umkehrbar eindeutig abgebildet (s. Fig. 2.6). Dass e^z jeden von 0 verschiedenen Wert w in jedem Periodenstreifen genau einmal annimmt, wissen wir bereits aus Abschnitt 1.2.3, I.c). Es gibt also unendlich viele Umkehrfunktionen (=Zweige der mehrdeutigen Umkehrfunktion) von e^z. Wir gewinnen diese auf folgende Weise:

Mit $w = |w| \, e^{i(\text{Arg } w + 2k\pi)}$, $w \neq 0$ und $z = x + i\,y$ folgen aus $w = e^z$ bzw. aus

$$|w| \, e^{i(\text{Arg } w + 2k\pi)} = e^{x+i\,y} = e^x \cdot e^{i\,y}$$

die Beziehungen

$$|w| = e^x \quad \text{oder} \quad x = \ln |w| \quad \text{und} \quad y = \text{Arg } w + 2k\pi \, .$$

Die gesuchten Zweige der Umkehrfunktion werden also durch

$$z_k(w) = \ln |w| + i(\text{Arg } w + 2k\pi) \, , \quad k \in \mathbb{Z} \tag{2.23}$$

gegeben. Wir verwenden für $z_k(w)$ die Schreibweise $\log_k w$. Für $k = 0$ spricht man vom *Hauptwert des Logarithmus* und benutzt die Schreibweisen

$$\text{Log } w \quad \text{und} \quad \log_0 w \, .$$

Für reelle positive Argumente w stimmt Log w mit ln w überein. Wie schon bei der Potenzfunktion lassen sich auch in diesem Fall die Funktionen $z_k(w)$ zu einer mehrdeutigen Funktion zusammenfassen. Allerdings benötigen wir dazu jetzt abzählbar unendlich viele Exemplare G von w-Ebenen ohne Nullpunkt (s. Fig. 2.7): $G_k := G(k \in \mathbb{Z})$, wobei wir wieder wie in I. verheften: Den oberen Rand von G_k mit dem unteren Rand von G_{k+1}. Dadurch entsteht eine Riemannsche Fläche $\mathfrak{R}$, die aus unendlich vielen Blättern besteht.

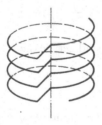

Fig. 2.7: Riemannsche Fläche der log-Funktion

Wir können uns $\mathfrak{R}$ als zusammengedrückte unendliche Wendeltreppe um den Punkt $w = 0$ vorstellen (s. Fig. 2.7). Für jedes $k \in \mathbb{Z}$ benutzen wir G_k als Argumentbereich des k-ten Zweiges $z_k(w)$, $w \neq 0$. Auf $\mathfrak{R}$ lässt sich dann log w eindeutig definieren: Zu jedem $w \in \mathfrak{R}$ gibt es ein eindeutig bestimmtes $k = k(w) \in \mathbb{Z}$ mit $w \in G_{k(w)}$, und wir erklären log w durch

$$\log w := z_k(w) \quad \text{für} \quad w \in \mathfrak{R} \, . \tag{2.24}$$

Wir kommen auf die Logarithmus-Funktion noch einmal im Zusammenhang mit der analytischen Fortsetzung von holomorphen Funktionen in Abschnitt 2.3.5 zurück.

III. Die allgemeine Potenzfunktion

Wir beschließen diesen Abschnitt mit einer Bemerkung über die allgemeine Potenzfunktion: In der reellen Analysis erklärt man die Potenz x^a, a irrational und $x > 0$, durch

$$x^a = e^{a \ln x} \; . \tag{2.25}$$

(Für rationale Exponenten s. Burg/Haf/Wille [12]) Wir benutzen (2.25) zur Übertragung auf den komplexen Fall. Für $a \in \mathbb{C}$ und $z \in \mathbb{C}$ ($z \neq 0$) definieren wir z^a durch

$$z^a = e^{a \log z} \; . \tag{2.26}$$

Je zwei Werte von z^a unterscheiden sich um einen Faktor $e^{2k\pi \, \mathrm{i} a}$ ($k \in \mathbb{Z}$), so dass für irrationales $a \in \mathbb{C}$ (abzählbar) unendlich viele Werte z^a auftreten. In diesem Fall können wir $z \mapsto z^a$ somit als Abbildung der Riemannschen Fläche aus II. in die w-Ebene auffassen.

Dagegen besitzt z^a für $a \in \mathbb{Z}$ wegen $e^{2k\pi \, \mathrm{i} a} = 1$ genau einen Wert. Im Fall $a = \frac{1}{n}$ ($n = 2, 3, \dots$) gilt $e^{\frac{2\pi k \mathrm{i}}{n}} = e^{\frac{2\pi \tilde{k} \mathrm{i}}{n}}$ genau dann, wenn $k - \tilde{k}$ ein Vielfaches von n ist. Für $k \in \mathbb{Z}$ erhalten wir daher n verschiedene Werte für $e^{\frac{2\pi k \mathrm{i}}{n}}$:

$$e^{\frac{2\pi \mathrm{i}}{n}} , \; e^{\frac{4\pi \mathrm{i}}{n}} , \dots, \; e^{\frac{2n\pi \mathrm{i}}{n}} = e^{2\pi \mathrm{i}} = 1$$

und für $z^{\frac{1}{n}}$ die n Werte

$$e^{\frac{1}{n} \log z} , \; e^{\frac{2\pi \mathrm{i}}{n}} \cdot e^{\frac{1}{n} \log z} , \dots, \; e^{\frac{2(n-1)\pi \mathrm{i}}{n}} \cdot e^{\frac{1}{n} \log z}$$

bei festem $z \in \mathbb{C}$ ($z \neq 0$). Diese Werte sind gerade die n-ten Wurzeln von a (wir beachten, dass

$$\left(e^{\frac{2k\pi \mathrm{i}}{n}} e^{\frac{1}{n} \log z} \right)^n = \left(e^{\frac{1}{n} \log z + \frac{2k\pi \mathrm{i}}{n}} \right)^n = z$$

ist!). Wie üblich erklärt man 0^a durch $0^a = 0$ für alle $a \in \mathbb{C} \setminus \{0\}$ und durch $0^0 = 1$ für $a = 0$. Je nachdem ob wir z oder a als Variable auffassen, gelangen wir zur *Potenzfunktion* $f(z) = z^a$ oder zur *Exponentialfunktion* $g(z) = b^z$. Wir verzichten auf eine weitergehende Diskussion dieser Funktionen. Diese findet sich z.B. in [20], S.123 ff.

2.1.5   Die Potentialgleichung

In Abschnitt 2.1.3 haben wir gesehen: Ist

$$f(z) = u(x, y) + \mathrm{i} \, v(x, y) \tag{2.27}$$

in einem Gebiet $D \subset \mathbb{C}$ holomorph, so existieren die partiellen Ableitungen erster Ordnung von u und v in D. Diese sind in D stetig und genügen dort den Cauchy-Riemannschen Differentialgleichungen

$$\frac{\partial u}{\partial x} = \frac{\partial v}{\partial y}, \quad \frac{\partial u}{\partial y} = -\frac{\partial v}{\partial x}. \tag{2.28}$$

Nun verlangen wir zusätzlich, dass sämtliche partiellen Ableitungen zweiter Ordnung in D existieren und stetig sind. [4] Differenzieren wir dann die erste Gleichung in (2.28) nach x, die zweite nach y und beachten wir, dass die Differentiationsreihenfolge vertauscht werden darf (s. Burg/-Haf/Wille [12]), so erhalten wir

$$\frac{\partial^2 u}{\partial x^2} = \frac{\partial^2 v}{\partial x \partial y}, \quad \frac{\partial^2 u}{\partial y^2} = -\frac{\partial^2 v}{\partial y \partial x} = -\frac{\partial^2 v}{\partial x \partial y}$$

oder

$$\frac{\partial^2 u}{\partial x^2} + \frac{\partial^2 u}{\partial y^2} = 0 \quad \text{in} \quad D. \tag{2.29}$$

Entsprechend ergibt sich für die Funktion v:

$$\frac{\partial^2 v}{\partial x^2} + \frac{\partial^2 v}{\partial y^2} = 0 \quad \text{in} \quad D. \tag{2.30}$$

Mit dem *Laplace-Operator*

$$\Delta := \frac{\partial^2}{\partial x^2} + \frac{\partial^2}{\partial y^2} \tag{2.31}$$

können wir (2.29) bzw. (2.30) kürzer schreiben; wir erhalten

Satz 2.7:

Unter den obigen Voraussetzungen genügen Realteil u und Imaginärteil v von f in D der *Potentialgleichung* (oder *Laplaceschen Differentialgleichung*)

$$\Delta u = 0 \quad \text{und} \quad \Delta v = 0. \tag{2.32}$$

Lösungen der Potentialgleichung mit stetigen partiellen Ableitungen zweiter Ordnung heißen *Potentialfunktionen* oder *harmonische Funktionen*; u und v sind also unter den obigen Voraussetzungen harmonische Funktionen; v heißt zu u *konjugiert harmonisch*, u zu v *konjugiert harmonisch*. (Beachte: u und v genügen den Cauchy-Riemannschen Differentialgleichungen.)

Wir wollen jetzt der Frage nachgehen, ob es zu jeder harmonischen Funktion u eine konjugiert harmonische Funktion v gibt. Wir beweisen

---

4 Wie wir später sehen werden, ist diese Forderung bei holomorphen Funktionen ohnehin erfüllt (s. Abschn. 2.2.3, III).

Satz 2.8:

Sei u eine im einfach zusammenhängenden Gebiet D harmonische Funktion. Dann gibt es eine in D zu u konjugiert harmonische Funktion v. Diese ist bis auf eine additive Konstante eindeutig bestimmt. Durch

$$f := u + i\,v \tag{2.33}$$

ist damit eine in D holomorphe Funktion erklärt.

Beweis:

Nach Voraussetzung gilt $\Delta u = 0$ in D, d.h.

$$\frac{\partial}{\partial y}\left(-\frac{\partial u}{\partial y}\right) = \frac{\partial}{\partial x}\left(\frac{\partial u}{\partial x}\right) \quad \text{in} \quad D\,. \tag{2.34}$$

Nun wählen wir einen festen Anfangspunkt $(x_0, y_0) \in D$. Wegen (2.34) ist das Integral

$$\int\limits_{(x_0,y_0)}^{(x,y)} \left(-\frac{\partial u}{\partial y}\mathrm{d}x + \frac{\partial u}{\partial x}\mathrm{d}y\right)$$

für $(x, y) \in D$ vom Weg, der die beiden Punkte in D verbindet, unabhängig[5] und definiert daher eine eindeutig bestimmte Funktion:

$$v(x, y) := \int\limits_{(x_0,y_0)}^{(x,y)} \left(-\frac{\partial u}{\partial y}\mathrm{d}x + \frac{\partial u}{\partial x}\mathrm{d}y\right)\,. \tag{2.35}$$

Ferner gilt in D

$$\frac{\partial v(x, y)}{\partial x} = -\frac{\partial u(x, y)}{\partial y}\,, \quad \frac{\partial v(x, y)}{\partial y} = \frac{\partial u(x, y)}{\partial x}\,. \tag{2.36}$$

Daher ist die durch (2.35) erklärte Funktion v zu u konjugiert harmonisch.[6]

Wir zeigen noch, dass jede weitere zu u konjugiert harmonische Funktion $\tilde{v}$ sich von v nur durch eine additive Konstante unterscheiden kann: Setzen wir

$$f(z) := u(x, y) + i\,v(x, y)\,, \quad \tilde{f}(z) := u(x, y) + i\,\tilde{v}(x, y)$$

für $(x, y) \in D$, dann gilt: f und $\tilde{f}$ sind in D holomorph; daher ist auch g mit

$$g(z) := f(z) - \tilde{f}(z) = i\left(v(x, y) - \tilde{v}(x, y)\right)$$

(d.h. $\operatorname{Re} g \equiv 0$) in D holomorph. Hieraus folgt aber $\frac{\partial}{\partial x}(v(x, y) - \tilde{v}(x, y)) = \frac{\partial}{\partial y}(v(x, y) -$

---

5 s. Burg/Haf/Wille [13].

6 Beachte: u besitzt nach Voraussetzung stetige partielle Ableitungen 2. Ordnung und damit, wegen (2.36), auch v.

$\tilde{v}(x, y)) = 0$ und damit

$$v = \tilde{v} + C \qquad (C = \text{const})\,.$$

$\square$

Bemerkung: Mit Hilfe dieses Satzes lassen sich wichtige Eigenschaften von harmonischen Funktionen aus entsprechenden Eigenschaften holomorpher Funktionen herleiten (s. z.B. Abschn. 2.2.5, a)).

Zwischen konjugiert harmonischen Funktionen besteht noch ein weiterer interessanter geometrischer Zusammenhang: Aus den Cauchy-Riemannschen Differentialgleichungen $u_x = v_y$, $u_y = -v_x$ folgt nämlich

$$\nabla u \cdot \nabla v = u_x v_x + u_y v_y = u_x v_x + (-v_x) u_x\,,$$

also

$$\nabla u \cdot \nabla v = 0\,. \tag{2.37}$$

Diese Beziehung besagt: Die Kurvenscharen $u(x, y) = c_1$ und $v(x, y) = c_2$ schneiden sich für beliebige Konstanten c_1 und c_2 rechtwinklig, denn: Aus $u(x, y) = c_1$ folgt mit Hilfe der Kettenregel $u_x + u_y \cdot y'_{(u)} = 0$, also $y'_{(u)} = -\frac{u_x}{u_y}$ und entsprechend $y'_{(v)} = -\frac{v_x}{v_y}$ als Tangentensteigungen dieser Kurven. Die entsprechenden Tangentenvektoren $t_{(u)} = \{-u_y, u_x\}$ und $t_{(v)} = \{-v_y, v_x\}$ erfüllen dann wegen (2.37) die Beziehung

$$t_{(u)} \cdot t_{(v)} = u_x v_x + u_y v_y = 0\,.$$

Wir können diesen Sachverhalt auch folgendermaßen ausdrücken:

Satz 2.9:

Die Funktionen u und v seien konjugiert harmonisch. Dann sind die Kurven $v(x, y) = $ const *Orthogonaltrajektorien* der Schar $u(x, y) = $ const.

Bemerkung: Potentialfunktionen (= harmonische Funktionen) spielen in den Anwendungen, etwa in der Strömungslehre und in der Elektrostatik, eine bedeutende Rolle. In zahlreichen Fällen lassen sich räumliche Probleme näherungsweise als ebene Probleme behandeln, so dass funktionentheoretische Methoden eingesetzt werden können. Wir kommen auf diese Thematik in Abschnitt 3.2 zurück.

Übungen

Übung 2.1:

Zeige: Die Funktion $f(z) = z^n$, $n \in \mathbb{N}$, ist in ganz $\mathbb{C}$ stetig differenzierbar.

Übung 2.2*:

Ist die Funktion

$$f(z) = \begin{cases} \dfrac{z^5}{|z|^4} & \text{für } z \neq 0 \\ 0 & \text{für } z = 0 \end{cases}$$

im Punkt $z = 0$ holomorph?

Übung 2.3*:

In welchen Bereichen der z-Ebene sind die Funktionen

a) $f(z) = \operatorname{Re} z$;   b) $f(z) = f(x + \mathrm{i}\,y) = xy^2 + \mathrm{i}\,x^2 y$;

c) $f(z) = \begin{cases} 1 & \text{für} \quad |z| < 1 \\ 0 & \text{für} \quad |z| \geq 1 \end{cases}$

holomorph? Benutze zur Lösung die Cauchy-Riemannschen Differentialgleichungen.

Übung 2.4:

Zeige:

a) $\dfrac{\mathrm{d}}{\mathrm{d}z} \tan z = \dfrac{1}{\cos^2 z} = 1 + \tan^2 z$;   b) $\dfrac{\mathrm{d}}{\mathrm{d}z} \cot z = -\dfrac{1}{\sin^2 z} = -(1 + \cot^2 z)$.

Wo sind die Funktionen $\tan z$ und $\cot z$ holomorph?

Übung 2.5*:

Sei $f(z) = z^3$, $z \in \mathbb{C}$ und C die Strecke, die die Punkte $z_1 = 1$ und $z_2 = \mathrm{i}$ verbindet. Beweise:

$$\frac{f(\mathrm{i}) - f(1)}{\mathrm{i} - 1} \neq f'(\zeta) \quad \text{für alle} \quad \zeta \in C.$$

(Der Mittelwertsatz der Differentialrechnung gilt also für komplexe Funktionen nicht!)

Übung 2.6:

Zeige, dass die folgenden Funktionenpaare (u, v) den Cauchy-Riemannschen Differentialgleichungen genügen:

a) $u(x, y) = x^3 - 3xy^2$; $v(x, y) = 3x^2 y - y^3$;

b) $u(x, y) = \sin x \cdot \cosh y$; $v(x, y) = \cos x \cdot \sinh y$.

Übung 2.7:

a) Zeige: Die Funktion

$$u(x, y) = e^x (x \cos y - y \sin y)$$

genügt der Potentialgleichung. b) Bestimme zu $u(x, y)$ die konjugiert harmonische Funktion $v(x, y)$ mit $v(0,0) = 0$ und bilde $f(z) = f(x + \mathrm{i}\, y) = u(x, y) + \mathrm{i}\, v(x, y)$. Wo ist f holomorph?

Übung 2.8:

Transformiere die Cauchy-Riemannschen Differentialgleichungen durch Einführung von Polarkoordinaten

$$x = r \cos \varphi, \quad y = r \sin \varphi, \qquad U = R \cos \Phi, \quad V = R \sin \Phi,$$

und leite die folgenden Gleichungen her:

a) $r U_r = V_\varphi, \qquad r V_r = -U_\varphi \quad ;$ b) $\dfrac{1}{R} R_x = \Phi_y, \quad \dfrac{1}{R} R_y = -\Phi_x ;$

c) $\dfrac{r}{R} R_r = \Phi_\varphi, \quad \dfrac{1}{R} R_\varphi = -r \Phi_r .$

2.2   Komplexe Integration

Wir haben im Abschnitt 2.1.1 holomorphe Funktionen über die Differenzierbarkeit im Komplexen definiert. Um einen tieferen Einblick in das Wesen holomorpher Funktionen zu gewinnen, ist die komplexe Integralrechnung erforderlich. Sie stellt das wichtigste Instrumentarium der Funktionentheorie dar.

2.2.1   Integralbegriff

Wir knüpfen an Abschnitt 1.1.6 an, wo wir uns mit Wegen, Kurven und Gebieten in $\mathbb{C}$ beschäftigt haben und definieren Kurvenintegrale in $\mathbb{C}$ entsprechend den Kurvenintegralen im $\mathbb{R}^n$ (s. Burg/-Haf/Wille [13]).

Definition 2.3:

Sei D ein Gebiet in $\mathbb{C}$ und $f : D \mapsto \mathbb{C}$ eine auf D stetige Funktion. Ferner sei $\gamma : [a, b] \mapsto \mathbb{C}$ ein stückweise glatter Weg mit Wertebereich $\gamma([a, b]) \subset D$. Unter dem *Kurvenintegral* von f längs γ versteht man den Ausdruck

$$\int_\gamma f(z)\mathrm{d}z := \int_a^b f\big(\gamma(t)\big)\gamma'(t)\mathrm{d}t . \tag{2.38}$$

Bemerkung 1: Der Integrand auf der rechten Seite von (2.38) ist auf $[a, b]$ stückweise stetig, da γ dort stückweise stetig differenzierbar ist. Damit ist dieser Ausdruck sinnvoll. Es zeigt sich, dass sich für äquivalente Wege dieselben Werte der Kurvenintegrale (2.38) ergeben (s. Burg/Haf/Wille [13]).

Bemerkung 2: Wird aus dem Kontext, etwa aufgrund einer gegebenen Abbildung γ oder aus einer Skizze (Kurve mit Pfeilen) klar, um welche Kurve C es sich handelt und wie diese Kurve durchlaufen wird, so verwenden wir im Folgenden für das Kurvenintegral (2.38) meist die in den Anwendungen übliche Schreibweise

$$\int_C f(z)\mathrm{d}z\,.$$

Anstelle der Voraussetzungen über γ in Definition 2.3 verwenden wir dann die entsprechenden Voraussetzungen über C: »sei C eine stückweise glatte, orientierte Kurve im Gebiet D«. Bei geschlossenen Kurven, die sich nicht überschneiden und positiv orientiert sind (s. Def. 1.10, Abschn. 1.1.6), benutzen wir auch die Schreibweise

$$\oint_C f(z)\mathrm{d}z\,.$$

Zurückführung auf reelle Kurvenintegrale

Das Kurvenintegral (2.38) lässt sich auf zwei reelle Kurvenintegrale zurückführen, die bereits in Burg/Haf/Wille [13] behandelt wurden:
Mit

$$f(z) = f(x + \mathrm{i}\,y) = u(x, y) + \mathrm{i}\,v(x, y)$$

und

$$\gamma(t) = x(t) + \mathrm{i}\,y(t)\,, \quad t \in [a, b]$$

folgt aus (2.38)

$$\int_\gamma f(z)\mathrm{d}z = \int_a^b \Big[u\big(x(t), y(t)\big) + \mathrm{i}\,v\big(x(t), y(t)\big) \Big]\Big[x'(t) + \mathrm{i}\,y'(t) \Big]\mathrm{d}t$$

$$= \int_a^b \Big[u\big(x(t), y(t)\big) \cdot x'(t) - v\big(x(t), y(t)\big) \cdot y'(t) \Big]\mathrm{d}t$$

$$+ \mathrm{i}\int_a^b \Big[u\big(x(t), y(t)\big) \cdot y'(t) + v\big(x(t), y(t)\big) \cdot x'(t) \Big]\mathrm{d}t$$

$$= \int_\gamma \Big[u(x, y)\mathrm{d}x - v(x, y)\mathrm{d}y \Big] + \mathrm{i}\int_\gamma \Big[u(x, y)\mathrm{d}y + v(x, y)\mathrm{d}x \Big]$$

oder, in der Schreibweise von Bemerkung 2,

$$\int\limits_C f(z)\mathrm{d}z = \int\limits_C \left[u\,\mathrm{d}x - v\,\mathrm{d}y \right] + \mathrm{i} \int\limits_C \left[u\,\mathrm{d}y + v\,\mathrm{d}x \right] \qquad (2.39)$$

Merkregel: Man bilde formal

$$f(z)\mathrm{d}z = (u + \mathrm{i}\,v)(\mathrm{d}x + \mathrm{i}\,\mathrm{d}y) = [u\mathrm{d}x - v\mathrm{d}y] + \mathrm{i}[u\mathrm{d}y + v\mathrm{d}x]\,.$$

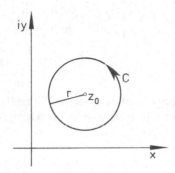

Fig. 2.8: Integration über einen positiv orientierten Kreis

Beispiel 2.8:

Sei C die positiv orientierte Kreislinie

$$\{z \mid |z - z_0| = r\} \quad \text{und} \quad f(z) = (z - z_0)^n\,, \quad n \in \mathbb{Z}\,.$$

Wir verwenden für C die Parameterdarstellung [7]

$$z(t) = z_0 + r\,\mathrm{e}^{\mathrm{i}t} = (x_0 + r\cos t) + \mathrm{i}(y_0 + r\sin t)\,, \quad 0 \le t < 2\pi\,.$$

Es gilt dann

$$z'(t) = x'(t) + \mathrm{i}\,y'(t) = (-r\sin t) + \mathrm{i}(r\cos t) = \mathrm{i}\,r(\cos t + \mathrm{i}\sin t) = \mathrm{i}\,r\,\mathrm{e}^{\mathrm{i}t}$$

und

$$f\big(z(t)\big) = \big(z(t) - z_0\big)^n = \left(r\,\mathrm{e}^{\mathrm{i}t}\right)^n = r^n\,\mathrm{e}^{\mathrm{i}nt}\,.$$

---

[7] Anstelle von $\gamma = \gamma(t)$ schreiben wir im Folgenden häufig $z = z(t)$.

Damit erhalten wir wegen (2.38)

$$\int\limits_C f(z)\mathrm{d}z = \int\limits_0^{2\pi} r^n \, \mathrm{e}^{\mathrm{i}nt} \, \mathrm{i} \, r \, \mathrm{e}^{\mathrm{i}t} \, \mathrm{d}t = \mathrm{i} \, r^{n+1} \int\limits_0^{2\pi} \mathrm{e}^{\mathrm{i}(n+1)t} \, \mathrm{d}t$$

$$= \mathrm{i} \, r^{n+1} \int\limits_0^{2\pi} \big(\cos(n+1)t + \mathrm{i}\sin(n+1)t \big)\mathrm{d}t \, ,$$

woraus sich die Beziehung

$$\int\limits_C f(z)\mathrm{d}z = \oint\limits_{|z-z_0|=r} (z-z_0)^n \mathrm{d}z = \begin{cases} 0 \, , & \text{für } n \in \mathbb{Z}, n \neq -1 \\ 2\pi\,\mathrm{i} \, , & \text{für } n = -1 \end{cases}$$

ergibt.

Aufgrund der Tatsache, dass sich komplexe Integrale auf reelle Kurvenintegrale zurückführen lassen, übertragen sich die bekannten Integrationsregeln im Reellen auch auf den komplexen Fall. Wir fassen einige zusammen.

Satz 2.10:

Sei D ein Gebiet in $\mathbb{C}$ und C eine stückweise glatte, orientierte Kurve in D. Ferner seien f und g in D stetige Funktionen.

(i) Für beliebige $\alpha, \beta \in \mathbb{C}$ gilt

$$\int\limits_C \big(\alpha f(z) + \beta g(z)\big)\mathrm{d}z = \alpha \int\limits_C f(z)\mathrm{d}z + \beta \int\limits_C g(z)\mathrm{d}z \quad .$$

(ii) Die Kurve C sei in die beiden orientierten Teilkurven C_1 und C_2 zerlegt: $C = C_1 + C_2$. Dann gilt

$$\int\limits_C f(z)\mathrm{d}z = \int\limits_{C_1+C_2} f(z)\mathrm{d}z = \int\limits_{C_1} f(z)\mathrm{d}z + \int\limits_{C_2} f(z)\mathrm{d}z \quad .$$

(iii) Sei $-C$ die in umgekehrtem Sinn durchlaufene Kurve, dann gilt

$$\int\limits_C f(z)\mathrm{d}z = -\int\limits_{-C} f(z)\mathrm{d}z \quad .$$

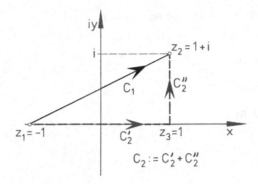

Fig. 2.9: Verschiedene Integrationswege

Beispiel 2.9:

Wir berechnen $\int_C \bar{z}\,dz$, wobei wir für C zwei verschiedene Kurven mit gleichem Anfangspunkt $z_1 = -1$ und gleichem Endpunkt $z_2 = 1 + i$ wählen:

(i) Die Strecke, die $z_1 = -1$ und $z_2 = 1 + i$ verbindet;

(ii) Den Streckenzug von $z_1 = -1$ über $z_3 = 1$ nach $z_2 = 1 + i$ (s. Fig. 2.9)

Zu (i): Für C_1 nehmen wir die Parameterdarstellung

$$z(t) = -1 + t(1 + i + 1) = (-1 + 2t) + it, \quad 0 \le t \le 1.$$

Dann gilt

$$z'(t) = 2 + i$$

und $f\big(z(t)\big) = \bar{z}(t) = (-1 + 2t) - it.$
Formel (2.38) liefert dann

$$\int_{C_1} \bar{z}\,dz = \int_0^1 \big[(-1 + 2t) - it\big](2 + i)\,dt = \frac{1}{2} - i\,.$$

Zu (ii): Wir berechnen zunächst das Integral, das die Punkte $z_1 = -1$ und $z_3 = 1$ geradlinig verbindet: $C_2' : z(t) = -1 + 2t, 0 \le t \le 1$. Damit ist $z'(t) = 2$, $f(z(t)) = -1 + 2t$, und wir erhalten

$$\int_{C_2'} \bar{z}\,dz = \int_0^1 (-1 + 2t) \cdot 2\,dt = 0\,.$$

Für die Verbindungsstrecke der Punkte z_3 und z_2 nehmen wir die Parameterdarstellung

$$C_2'' : z(t) = 1 + it, \quad 0 \le t \le 1\,.$$

Damit ist $z'(t) = \mathrm{i}$, $f(z(t)) = 1 - \mathrm{i}\,t$, und wir erhalten

$$\int\limits_{C_2''} \bar{z}\mathrm{d}z = \int\limits_0^1 (1 - \mathrm{i}\,t)\,\mathrm{i}\,\mathrm{d}t = \frac{1}{2} + \mathrm{i}\,.$$

Nach Satz 2.10 (b) folgt dann

$$\int\limits_{C_2} \bar{z}\mathrm{d}z = \int\limits_{C_2'} \bar{z}\mathrm{d}z + \int\limits_{C_2''} \bar{z}\mathrm{d}z = \frac{1}{2} + \mathrm{i}\,.$$

Wir beachten

- das obige Integral über $f(z) = \bar{z}$ ist vom Weg, der z_1 und z_2 verbindet, abhängig;
- der Integrand ist in keinem Punkt $z \in \mathbb{C}$ komplex differenzierbar (warum?), also nirgends holomorph.

Die folgende Abschätzung für komplexe Integrale ist häufig von Nutzen:

Satz 2.11:

Sei $D \subset \mathbb{C}$ ein Gebiet, C eine stückweise glatte, orientierte Kurve in D und $L(C)$ die Länge von C. Ist dann f eine in D stetige Funktion, so gilt

$$\left| \int\limits_C f(z)\mathrm{d}z \right| \leq L(C) \cdot \max_{z \in C} |f(z)|\,. \tag{2.40}$$

Beweis:

Wir verwenden zum Beweis die Schwarzsche Ungleichung für Integrale:

$$\left(\int\limits_a^b f(t)g(t)\mathrm{d}t \right)^2 \leq \left(\int\limits_a^b f^2(t)\mathrm{d}t \right) \left(\int\limits_a^b g^2(t)\mathrm{d}t \right)\,, \tag{2.41}$$

die man aus der entsprechenden Ungleichung im $\mathbb{R}^n$ (s. Burg/Haf/Wille [12]) gewinnt, wenn man die Integrale als Grenzwerte von Riemannschen Summen (s. Burg/Haf/Wille [12]) auffasst.

Für die Darstellung von C wählen wir die Parameterdarstellung mit der Bogenlänge s als Parameter:

$$z(s) = x(s) + \mathrm{i}\,y(s)\,, \quad 0 \leq s \leq L(C)\,.$$

Es gilt dann (s. Burg/Haf/Wille [13])

$$(x'(s))^2 + (y'(s))^2 = 1\,. \tag{2.42}$$

Mit (2.39) und (2.41) gewinnen wir die Abschätzung

$$\left| \int_C f(z)dz \right|^2 = \left(\int_C (udx - vdy) \right)^2 + \left(\int_C (udy + vdx) \right)^2$$

$$= \left(\int_0^{L(C)} (ux' - vy') \cdot 1 ds \right)^2 + \left(\int_0^{L(C)} (uy' + vx') \cdot 1 ds \right)^2$$

$$\leq \int_0^{L(C)} (ux' - vy')^2 ds \cdot \int_0^{L(C)} 1^2 ds + \int_0^{L(C)} (uy' + vx')^2 ds \cdot \int_0^{L(C)} 1^2 ds$$

$$= L(C) \int_0^{L(C)} \left[(ux' - vy')^2 + (uy' + vx')^2 \right] ds .$$

Wegen (2.42) folgt daher

$$\left| \int_C f(z)dz \right|^2 \leq L(C) \int_0^{L(C)} (u^2 + v^2) ds \leq L(C) \int_0^{L(C)} |f(z(s))|^2 ds \leq L(C) \cdot L(C) \left(\max_{z \in C} |f(z)| \right)^2$$

und damit die Behauptung. $\qquad\qquad\qquad\qquad\qquad\qquad\qquad\qquad\qquad\qquad$ $\square$

2.2.2   Der Cauchysche Integralsatz

Komplexe Integrale sind im Allgemeinen abhängig vom Integrationsweg. Dies hat uns Beispiel 2.9, Abschnitt 2.2.1, verdeutlicht. Es stellt sich nun die Frage, für welche Funktionenklasse komplexe Integrale wegunabhängig sind.

Die Antwort darauf gewinnen wir aus dem folgenden Satz, der im Mittelpunkt der Funktionentheorie steht:

Satz 2.12:

(*Cauchyscher Integralsatz*) Sei $D \subset \mathbb{C}$ ein einfach zusammenhängendes Gebiet und f eine in D holomorphe Funktion. Dann gilt für jede ganz in D verlaufende stückweise glatte, geschlossene Kurve[8] C (s. Fig. 2.10)

$$\int_C f(z)dz = 0 .$$ (2.43)

---

8 Die Orientierung von C spielt hierbei keine Rolle.

Beweis:

Bezeichne u den Realteil und v den Imaginärteil von f. Nach (2.39) gilt dann

$$\int_C f(z)\mathrm{d}z = \int_C (u\mathrm{d}x - v\mathrm{d}y) + \mathrm{i} \int_C (u\mathrm{d}y + v\mathrm{d}x).$$

Nach Voraussetzung ist f holomorph in D. Daher besitzen die Funktionen u und v nach Satz 2.5, Abschnitt 2.1.3, stetige partielle Ableitungen u_x, u_y, v_x, v_y in D, die dort den Cauchy-Riemannschen Differentialgleichungen

$$u_x = v_y, \quad u_y = -v_x$$

genügen. Bilden wir das Vektorfeld $K(x, y) := \{v(x, y), u(x, y)\}$, so folgt nach Burg/Haf/Wille [13]:

$$\int_C (v\mathrm{d}x + u\mathrm{d}y) = 0$$

und entsprechend, falls wir $K(x, y) := \{u(x, y), -v(x, y)\}$ setzen

$$\int_C (u\mathrm{d}x - v\mathrm{d}y) = 0.$$

Damit ergibt sich die Behauptung von Satz 2.12.   □

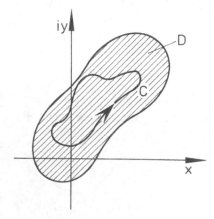

Fig. 2.10: Zum Cauchyschen Integralsatz

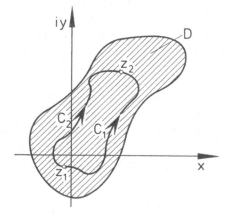

Fig. 2.11: Wegunabhängigkeit bei Integration holomorpher Funktionen

Folgerung 2.1:

Sei $D \subset \mathbb{C}$ ein einfach zusammenhängendes Gebiet, seien z_1 und z_2 beliebige Punkte in D und sei f eine in D holomorphe Funktion. Dann gilt für alle ganz in D verlaufenden stückweise glatten Kurven C_1, C_2, die z_1 (Anfangspunkt) und z_2 (Endpunkt) verbinden (s. Fig. 2.11)

$$\int_{C_1} f(z)\mathrm{d}z = \int_{C_2} f(z)\mathrm{d}z \tag{2.44}$$

d.h. das Integral über holomorphe Funktionen ist *unabhängig vom Weg*, der z_1 und z_2 verbindet.

Beweis:

Aus den Sätzen 2.12 und 2.10 gewinnen wir

$$0 = \int_{C_1+(-C_2)} f(z)\mathrm{d}z = \int_{C_1} f(z)\mathrm{d}z + \int_{-C_2} f(z)\mathrm{d}z = \int_{C_1} f(z)\mathrm{d}z - \int_{C_2} f(z)\mathrm{d}z \,.$$

$\square$

Bemerkung 1: Auf die Forderung in Satz 2.12 bzw. in der anschließenden Folgerung, dass das Gebiet D einfach zusammenhängend ist, kann nicht verzichtet werden. Dies zeigt Beispiel 2.8 in Abschnitt 2.2.1: Wählen wir für D die punktierte komplexe Ebene $\mathbb{C} - \{z_0\}$ und für C die positiv orientierte Kreislinie $|z - z_0| = r$, so gilt

$$\oint_{|z-z_0|=r} \frac{\mathrm{d}z}{z - z_0} = 2\pi \mathrm{i} \,.$$

Die Funktion $f(z) = \frac{1}{z-z_0}$ ist zwar in D holomorph, jedoch ist D kein einfach zusammenhängendes Gebiet.

Bemerkung 2: Durch geeignete Wahl des Integrationsweges lässt sich die Berechnung von komplexen Integralen aufgrund von (2.44) in vielen Fällen erheblich vereinfachen.

2.2.3 Folgerungen aus dem Cauchyschen Integralsatz

Aus dem Cauchyschen Integralsatz ergeben sich eine Reihe von Konsequenzen. Wir behandeln einige in diesem, weitere im nachfolgenden Abschnitt.

I. Cauchyscher Integralsatz für mehrfach zusammenhängende Gebiete

Wir betrachten zunächst ein zweifach zusammenhängendes Gebiet D. Durch C_1 und C_2 seien geschlossene, doppelpunktfreie, stückweise glatte, positiv orientierte Kurven gegeben, die ganz in D verlaufen; C_2 liege im Inneren von C_1, und das Ringgebiet G zwischen C_1 und C_2 gehöre ganz zu D (s. Fig. 2.12). Wir zeigen: Ist f eine in D holomorphe Funktion, so gilt

$$\int_{C_1} f(z)\mathrm{d}z = \int_{C_2} f(z)\mathrm{d}z \tag{2.45}$$

d.h. der Wert des Integrals (2.45) ist unabhängig von der speziellen Wahl des Integrationsweges.

Nach Satz 2.12 ist (2.45) trivial, wenn das Innere von C_1 ganz zu D gehört. (Beide Integrale verschwinden dann.) Liege jetzt die in Figur 2.12 dargestellte Situation vor. Wir verbinden nun C_1 und C_2 durch zwei in G verlaufende stückweise glatte, doppelpunktfreie Kurven S' und S'', die sich nicht schneiden; wir schlitzen das Ringgebiet G gewissermaßen längs S' und S'' auf. Auf diese Weise wird G in zwei *einfach* zusammenhängende Gebiete G_1 und G_2 zerlegt. Orientieren wir S' und S'' so, dass die Randkurven ∂G_1 und ∂G_2 von G_1 und G_2 positiv orientiert sind (s. Fig. 2.13), so lässt sich Satz 2.12 anwenden, da sich ∂G_1 und ∂G_2 in einfach zusammenhängende Gebiete von D einbetten lassen:

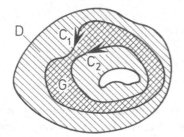
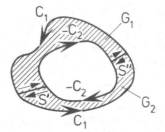

Fig. 2.12: Zum Cauchyschen Integralsatz bei zwei- Fig. 2.13: Zerlegung in zwei einfach zusammenhän-
fach zusammenhängenden Gebieten   gende Gebiete

$$\int_{\partial G_1} f(z)\mathrm{d}z = \int_{\partial G_2} f(z)\mathrm{d}z = 0\,. \tag{2.46}$$

Andererseits gilt, da sich die Integrale über die Verbindungswege S' und S'' wegkürzen:

$$\int_{\partial G_1} f(z)\mathrm{d}z + \int_{\partial G_2} f(z)\mathrm{d}z = \int_{C_1} f(z)\mathrm{d}z + \int_{-C_2} f(z)\mathrm{d}z\,,$$

woraus mit (2.46)

$$\int_{C_1} f(z)\mathrm{d}z = \int_{C_2} f(z)\mathrm{d}z$$

folgt. Damit ist (2.45) nachgewiesen.

Beispiel 2.10:

Wir berechnen das Integral

$$\oint_C (z - z_0)^n \mathrm{d}z\,, \quad n \in \mathbb{Z}\,,$$

wobei C irgendeine geschlossene, doppelpunktfreie, stückweise glatte, positiv orientierte Kurve ist, für die z_0 im Inneren liegt. Daneben betrachten wir die positiv orientierte Kreislinie um z_0 mit Radius r : $K_r(z_0)$, wobei wir r so wählen, dass C im Inneren von $K_r(z_0)$ liegt (s. Fig. 2.14). Wegen (2.45) gilt dann

$$\int_C (z - z_0)^n \mathrm{d}z = \int_{K_r(z_0)} (z - z_0)^n \mathrm{d}z$$

und Beispiel 2.8, Abschnitt 2.2.1 liefert uns

$$\oint_C (z - z_0)^n \mathrm{d}z = \begin{cases} 0 & \text{für } n \in \mathbb{Z}\,, \quad n \neq -1 \\ 2\pi\,\mathrm{i} & \text{für } n = -1\,. \end{cases}$$

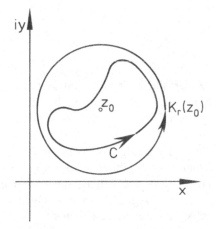

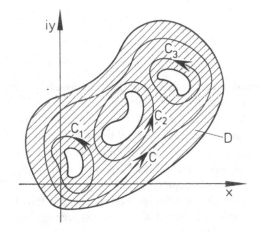

Fig. 2.14: Zweckmäßig gewählter Integrationsweg   Fig. 2.15: Integrale über mehrfach zusammenhän-
$K_r(z_0)$ gende Gebiete

Wenden wir uns nun ganz allgemeinen mehrfach zusammenhängenden Gebieten zu. [9] Die oben entwickelten Gedankengänge lassen sich dann analog übertragen und wir gelangen zu

---

9 In Fig. 2.15 ist ein 4-fach zusammenhängendes Gebiet dargestellt.

Satz 2.13:

Es seien $C, C_1, \ldots, C_n$ geschlossene doppelpunktfreie, stückweise glatte, positiv orientierte Kurven, die ganz in einem Gebiet D verlaufen. Sämtliche Kurven C_k ($k = 1, \ldots, n$) sollen im Inneren der Kurve C liegen und jede Kurve C_k im Äußeren jeder Kurve C_j ($k \neq j$). Ferner liege das durch C und die Kurven C_k gebildete Ringgebiet ganz in D (für $n = 3$ s. Fig. 2.15). Ist dann f eine in D holomorphe Funktion, so gilt

$$\int_C f(z)\mathrm{d}z = \sum_{k=1}^{n} \int_{C_k} f(z)\mathrm{d}z . \tag{2.47}$$

Wir überlassen den Nachweis dem Leser.

Bemerkung: Kurven C_k, deren Inneres ganz in D enthalten ist, liefern nach dem Cauchyschen Integralsatz in (2.47) keinen Beitrag. Der Wert des Integrals auf der linken Seite von (2.47) wird also nur von solchen Kurven C_k beeinflusst, die Bereiche umschließen, die nicht zu D gehören.

II. Stammfunktionen im Komplexen

Wir betrachten das komplexe Integral

$$F(z) := \int_{z_0}^{z} f(\zeta)\mathrm{d}\zeta . \tag{2.48}$$

Sind die Voraussetzungen des Cauchyschen Integralsatzes erfüllt, so ist dieses Integral unabhängig von der Kurve C, die die Punkte z_0 und z in D verbindet. Wir weisen nach, dass die durch (2.48) erklärte Funktion F in D differenzierbar ist und dort $F' = f$ erfüllt. Wie im Reellen nennen wir eine solche Funktion eine *Stammfunktion* von f in D.

Zum Nachweis, dass F eine Stammfunktion ist, gehen wir wie folgt vor: D ist ein Gebiet in $\mathbb{C}$ und somit eine offene Punktmenge in $\mathbb{C}$. Zu jedem Punkt $z \in D$ gibt es daher ein $\tau > 0$, so dass das Kreisgebiet $K_\tau(z) = \{\zeta \,|\, |z - \zeta| \leq \tau\}$ in D liegt. Sei nun $h \in \mathbb{C}$ beliebig mit $|h| < \tau$ und sei $C(h)$ die geradlinige Verbindung der Punkte z und $z + h$ (s. Fig. 2.16). Wir beachten, dass wir die Verbindungskurve in (2.48) wegen Satz 2.12, Folgerung, frei wählen können! Parameterdarstellung von $C(h)$:

$$\zeta = \zeta(t) = z + th , \quad 0 \leq t \leq 1 .$$

Wegen

$$F(z + h) = \int_{z_0}^{z+h} f(\zeta)\mathrm{d}\zeta = \int_{z_0}^{z} f(\zeta)\mathrm{d}\zeta + \int_{C(h)} f(\zeta)\mathrm{d}\zeta = F(z) + \int_{C(h)} f(\zeta)\mathrm{d}\zeta$$

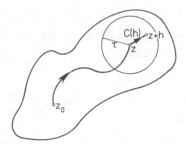

Fig. 2.16: Wahl des Integrationsweges

gilt

$$\frac{F(z+h)-F(z)}{h} = \frac{1}{h}\int\limits_{C(h)} f(\zeta)\mathrm{d}\zeta\,,$$

woraus sich mit der obigen Parameterdarstellung für $C(h)$

$$\frac{F(z+h)-F(z)}{h} = \frac{1}{h}\int\limits_{0}^{1} f(z+th)\zeta'(t)\mathrm{d}t = \int\limits_{0}^{1} f(z+th)\mathrm{d}t$$

ergibt. Nun führen wir die Zerlegung

$$\int\limits_{0}^{1} f(z+th)\mathrm{d}t = \int\limits_{0}^{1} \big[f(z+th) - f(z) + f(z)\big]\mathrm{d}t = f(z) + \int\limits_{0}^{1}\big[f(z+th) - f(z)\big]\mathrm{d}t$$

durch und beachten, dass der Integrand des letzten Integrals für $h \to 0$ gleichmäßig gegen 0 strebt (warum?). Damit erhalten wir

$$\frac{F(z+h)-F(z)}{h} \longrightarrow f(z) \quad \text{für} \quad h \to 0\,,$$

also: $F'(z) = f(z)$ in D. Durch (2.48) ist also eine Stammfunktion von f gegeben.

Gibt es noch andere Stammfunktionen von f? Zur Beantwortung dieser Frage nehmen wir an, G sei eine weitere Stammfunktion von f, d.h. es gelte $G' = f$ in D. Mit

$$u(x, y) := \mathrm{Re}(F - G)\,, \qquad v(x, y) := \mathrm{Im}(F - G)$$

ergibt sich dann aus Satz 2.3, Abschnitt 2.1.3

$$u_x(x, y) = u_y(x, y) = 0\,, \qquad v_x(x, y) = v_y(x, y) = 0$$

in D, so dass u und v in D konstant sind. Dies bedeutet aber, dass sich G nur durch eine Konstante von F unterscheiden kann. Damit ist gezeigt:

Satz 2.14:

Sei D ein einfach zusammenhängendes Gebiet, und f sei eine in D holomorphe Funktion. Dann ist für festes $z_0 \in D$ durch

$$F(z) = \int_{z_0}^{z} f(\zeta)\mathrm{d}\zeta \qquad (2.49)$$

eine Stammfunktion von f in D gegeben, wobei der Integrationsweg irgendeine ganz in D verlaufende stückweise glatte Kurve ist, die z_0 mit z verbindet. Ist G eine weitere Stammfunktion von f in D, so gilt

$$G(z) = F(z) + c \qquad (2.50)$$

mit einer geeigneten Konstanten c.

In der »Reellen Analysis« haben wir gesehen, dass sich Stammfunktionen zur Berechnung von bestimmten Integralen benutzen lassen. Dies ist auch im Komplexen möglich, wie der folgende Satz zeigt:

Satz 2.15:

Unter den Voraussetzungen von Satz 2.14 gilt für beliebige $z_1, z_2 \in D$

$$\int_{z_1}^{z_2} f(\zeta)\mathrm{d}\zeta = F(z_2) - F(z_1), \qquad (2.51)$$

falls F eine Stammfunktion von f in D ist.

Beweis:

Nach Satz 2.14 gilt

$$F(z) = \int_{z_1}^{z} f(\zeta)\mathrm{d}\zeta + c \qquad (c = \text{const}).$$

Setzen wir $z = z_1$, so folgt hieraus

$$F(z_1) = c$$

und, wenn wir nun $z = z_2$ setzen, die Behauptung. $\qquad\qquad\qquad\qquad\qquad\qquad$ $\square$

Beispiel 2.11:

Wir berechnen $\int_C \mathrm{e}^z \, dz$ längs der Strecke 1 nach i. Diese Strecke lässt sich in ein einfach zusammenhängendes Gebiet D einbetten (s. Fig. 2.17), in dem $f(z) = \mathrm{e}^z$ holomorph ist. (Nach

Beisp. 2.6, Abschn. 2.1.3, ist f in ganz $\mathbb{C}$ holomorph.) Nach Satz 2.15 gilt daher mit $F(z) = e^z$

$$\int_C e^z \, dz = F(i) - F(1) = e^i - e = (\cos 1 - e) + i \sin 1 \, .$$

Beispiel 2.12:

Es soll $\int_C \frac{dz}{z^2}$ längs des Streckenzuges C von 1 über $1 + i$ und $-1 + i$ nach -1 berechnet werden. Da $f(z) = \frac{1}{z^2}$ in $z = 0$ nicht differenzierbar ist, wählen wir ein einfach zusammenhängendes Gebiet D so, dass $z = 0 \notin D$, aber C ganz in D enthalten ist (s. Fig. 2.18). Mit $F(z) = -\frac{1}{z}$ und Satz 2.15 folgt dann

$$\int_C \frac{dz}{z^2} = F(-1) - F(1) = 1 - (-1) = 2 \, .$$

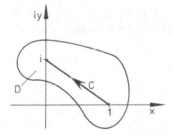
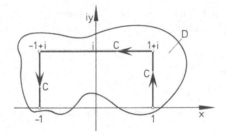

Fig. 2.17: Integration längs der Strecke C Fig. 2.18: Integration längs des Streckenzuges C

III. Die Cauchysche Integralformel

Der Cauchysche Integralsatz liefert uns die Möglichkeit, eine Integraldarstellung für die Funktionswerte holomorpher Funktionen herzuleiten. Wir zeigen

Satz 2.16:

(*Cauchysche Integralformel*) Sei f eine in einem einfach zusammenhängenden Gebiet D holomorphe Funktion. Ferner sei C eine ganz in D verlaufende geschlossene, doppelpunktfreie, stückweise glatte und positiv orientierte Kurve. Dann gilt für jedes z aus dem Inneren von C

$$f(z) = \frac{1}{2\pi i} \int_C \frac{f(\zeta)}{\zeta - z} d\zeta \, , \tag{2.52}$$

d.h. f ist im Inneren von C bereits durch die Funktionswerte auf dem Rand C eindeutig bestimmt.

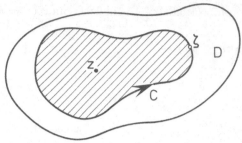

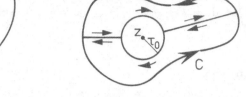

Fig. 2.19: Zur Cauchyschen Integralformel   Fig. 2.20: Zum Beweis von Satz 2.16

Beweis:

Für $z \in \text{In}(C)$ ist $\frac{f(\zeta)}{\zeta - z}$ in $D - \{z\}$ holomorph. Wir wählen nun ein $\tau_0 > 0$, so dass der Kreis $|\zeta - z| \leq \tau_0$ in $\text{In}(C)$ liegt (s. Fig. 2.20). Nach I, Formel (2.45) gilt dann für alle τ mit $0 < \tau < \tau_0$

$$\int\limits_{C} \frac{f(\zeta)}{\zeta - z} d\zeta = \int\limits_{K_\tau(z)} \frac{f(\zeta)}{\zeta - z} d\zeta \,,$$

wobei K_τ die positiv orientierte Kreislinie $K_\tau(z) = \{\zeta \mid |\zeta - z| = \tau\}$ ist. Mit

$$f(\zeta) = f(z) + \big[f(\zeta) - f(z)\big]$$

und

$$\int\limits_{K_\tau(z)} \frac{1}{\zeta - z} d\zeta = 2\pi\,\text{i} \qquad (\text{s. Beisp. 2.8, Abschn. 2.2.1})$$

folgt daher

$$\int\limits_{C} \frac{f(\zeta)}{\zeta - z} d\zeta = f(z) \int\limits_{K_\tau(z)} \frac{1}{\zeta - z} d\zeta + \int\limits_{K_\tau(z)} \frac{f(\zeta) - f(z)}{\zeta - z} d\zeta = 2\pi\,\text{i}\; f(z) + \int\limits_{K_\tau(z)} \frac{f(\zeta) - f(z)}{\zeta - z} d\zeta \,.$$

$$(2.53)$$

Da f holomorph (d.h. stetig differenzierbar) in D ist, ist der Integrand des letzten Integrals in einer Umgebung von z beschränkt, etwa durch die Konstante k, und wir erhalten mit Satz 2.11, Abschnitt 2.2.1, die Abschätzung

$$\left| \int\limits_{K_\tau(z)} \frac{f(\zeta) - f(z)}{\zeta - z} d\zeta \right| \leq k \cdot L\big(K_\tau(z)\big) = k \cdot 2\pi\tau \longrightarrow 0 \quad \text{für } \tau \to 0.$$

Damit folgt aus (2.53) für $\tau \to 0$

$$\int\limits_C \frac{f(\zeta)}{\zeta - z}\mathrm{d}\zeta = 2\pi\,\mathrm{i}\,f(z)\,,$$

wodurch unser Satz bewiesen ist. $\qquad\qquad\qquad\qquad\qquad\qquad\qquad\qquad\qquad$ □

Bemerkung 1: Die Cauchysche Integralformel zeigt, dass die Eigenschaft »stetige Differenzierbarkeit in D« (= Holomorphie in D) im Komplexen bedeutend restriktiver ist, als dies im Reellen der Fall ist: Dort sind die Funktionswerte etwa im Inneren eines Intervalls keineswegs durch die Funktionswerte an den Intervallenden festgelegt.

Bemerkung 2: Die Cauchysche Integralformel bleibt auch für mehrfach zusammenhängende Gebiete gültig, wenn C ganz in einem einfach zusammenhängenden Teilgebiet von D liegt.

Aus Satz 2.16 gewinnen wir sehr einfach die sogenannte *Mittelwertformel* für holomorphe Funktionen:

Satz 2.17:

Sei f holomorph im Gebiet D, $z \in D$ und $K_r(z)$ ein positiv orientierter Kreis um z mit Radius r, der zusammen mit seinem Inneren ganz in D liegt. Dann gilt

$$f(z) = \frac{1}{2\pi}\int\limits_0^{2\pi} f(z + r\,\mathrm{e}^{\mathrm{i}t})\mathrm{d}t\,. \qquad\qquad (2.54)$$

(Der Funktionswert im Mittelpunkt des Kreises $K_r(z)$ ist gleich dem »arithmetischen Mittel« der Funktionswerte auf $K_r(z)$.)

Beweis:

Mit der Parameterdarstellung

$$\zeta = \zeta(t) = z + r\,\mathrm{e}^{\mathrm{i}t}\,, \quad 0 \le t \le 2\pi$$

für $K_r(z)$ folgt aus (2.52)

$$f(z) = \frac{1}{2\pi\,\mathrm{i}}\int\limits_{K_r(z)} \frac{f(\zeta)}{\zeta - z}\mathrm{d}\zeta = \frac{1}{2\pi\,\mathrm{i}}\int\limits_0^{2\pi} \frac{f(z + r\,\mathrm{e}^{\mathrm{i}t})}{r\,\mathrm{e}^{\mathrm{i}t}}r\,\mathrm{i}\,\mathrm{e}^{\mathrm{i}t}\,\mathrm{d}t = \frac{1}{2\pi}\int\limits_0^{2\pi} f(z + r\,\mathrm{e}^{\mathrm{i}t})\mathrm{d}t\,.$$

$\qquad\qquad\qquad\qquad\qquad\qquad\qquad\qquad\qquad\qquad\qquad\qquad\qquad\qquad\qquad$ □

Die Cauchysche Integralformel besitzt eine interessante Erweiterung:

Satz 2.18:

(*Cauchysche Integralformel für die n-te Ableitung*) Seien die Voraussetzungen von Satz 2.16 erfüllt. Dann gilt für alle $z \in \text{In}(C)$ und für alle $n \in \mathbb{N}$

$$f^{(n)}(z) = \frac{n!}{2\pi \, \mathrm{i}} \int_C \frac{f(\zeta)}{(\zeta - z)^{n+1}} \mathrm{d}\zeta \,. \tag{2.55}$$

Bemerkung 1: Dieser Satz besagt, dass die stetige Differenzierbarkeit (= Holomorphie) einer Funktion f im Gebiet D bereits nach sich zieht, dass f in D sogar *beliebig oft differenzierbar* ist. Auch dieses überraschende Resultat macht deutlich: Differenzierbarkeit im Komplexen ist wesentlich folgenschwerer als im Reellen.

Bemerkung 2: In Verschärfung der Aussage des Satzes 2.16 gilt: Nicht nur die holomorphe Funktion f selbst, sondern auch jede ihrer Ableitungen, ist im Inneren von C bereits durch die Funktionswerte von f auf dem Rand C eindeutig bestimmt.

Beweis:

Wir führen diesen zunächst für $n = 1$: Sei $z_0 \in \text{In}(C)$ beliebig, fest. Nun wählen wir $h \in \mathbb{C}$ so, dass $z_0 + h \in \text{In}(C)$ ist. Setzen wir

$$F_1(z_0) := \frac{1}{2\pi \, \mathrm{i}} \int_C \frac{f(\zeta)}{(\zeta - z_0)^2} \mathrm{d}\zeta \,,$$

so folgt mit Satz 2.16

$$\frac{f(z_0 + h) - f(z_0)}{h} - F_1(z_0) = \frac{1}{2\pi \, \mathrm{i}} \int_C \left\{ \frac{1}{h} \left[\frac{1}{\zeta - z_0 - h} - \frac{1}{\zeta - z_0} \right] - \frac{1}{(\zeta - z_0)^2} \right\} f(\zeta) \mathrm{d}\zeta$$

$$= \frac{h}{2\pi \, \mathrm{i}} \int_C \frac{f(\zeta)}{(\zeta - z_0 - h)(\zeta - z_0)^2} \mathrm{d}\zeta \,.$$

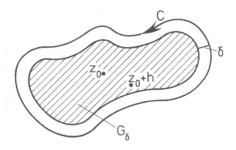

Fig. 2.21: Zum Beweis von Satz 2.18

Sei nun $G_\delta := \{z \in \text{In}\,(C) | \, |z - \zeta| \geq \delta \text{ für alle } \zeta \in C\}$, wobei wir $\delta > 0$ so wählen, dass z_0

aus G_δ ist, also $|\zeta - z_0| \geq \delta$ gilt. Wählen wir $h \in \mathbb{C}$ mit $|h| < \delta/2$, so folgt $|\zeta - z_0 - h| \geq \delta/2$. Setzen wir noch $M := \max_{z \in C} |f(z)|$, so ergibt sich aus Satz 2.11, Abschnitt 2.2.1

$$\left| \frac{f(z_0 + h) - f(z_0)}{h} - F_1(z_0) \right| \leq L(C) \frac{|h|}{2\pi} \frac{2M}{\delta \cdot \delta^2} \to 0$$

für $h \to 0$ gleichmäßig in G_δ. Damit erhalten wir

$$f'(z_0) = F_1(z_0) \quad \text{für } z_0 \in \text{In}(C) \text{ beliebig,}$$

so dass Satz 2.18 für den Fall $n = 1$ bewiesen ist.

Für $n > 1$ führen wir den Beweis mittels vollständiger Induktion: Wir setzen

$$F_n(z_0) := \frac{n!}{2\pi\, \mathrm{i}} \int\limits_C \frac{f(\zeta)}{(\zeta - z_0)^{n+1}} \mathrm{d}\zeta \tag{2.56}$$

und haben zu zeigen, dass für alle $n \in \mathbb{N}$ und $z_0 \in \text{In}(C)$

$$\frac{f^{(n)}(z_0 + h) - f^{(n)}(z_0)}{h} - F_{n+1}(z_0) \xrightarrow[h \to 0]{} 0 \tag{2.57}$$

gilt. Wie wir bereits gezeigt haben, ist dies für $n = 0$ richtig. Wir nehmen nun an, (2.57) gelte für $n = k - 1$ ($k \in \mathbb{N}$ fest), d.h. es sei

$$f^{(k)}(z_0) = F_k(z_0) \quad \text{für } z_0 \in \text{In}(C) \text{ beliebig}$$

erfüllt. Dann folgt mit

$$\frac{f^{(k)}(z_0 + h) - f^{(k)}(z_0)}{h} - F_{k+1}(z_0)$$

$$= \frac{k!}{2\pi\, \mathrm{i}} \int\limits_C \frac{1}{h} \left[\frac{1}{(\zeta - z_0 - h)^{k+1}} - \frac{1}{(\zeta - z_0)^{k+1}} \right] f(\zeta) \mathrm{d}\zeta - \frac{(k+1)!}{2\pi\, \mathrm{i}} \int\limits_C \frac{f(\zeta)}{(\zeta - z_0)^{k+2}} \mathrm{d}\zeta$$

$$= \frac{k!}{2\pi\, \mathrm{i}} \int\limits_C \left\{ \frac{1}{h} \left[\frac{1}{(\zeta - z_0 - h)^{k+1}} - \frac{1}{(\zeta - z_0)^{k+1}} \right] - \frac{(k+1)}{(\zeta - z_0)^{k+2}} \right\} f(\zeta) \mathrm{d}\zeta \,.$$

Nun benutzen wir für $\{ \dots \}$ die Beziehung

$$\frac{b^{-n} - a^{-n}}{b - a} + n a^{-n-1} = (b - a) \left[a^{-2} b^{-n} + 2 a^{-3} b^{-n+1} + \dots + n a^{-n-1} b^{-1} \right]$$

die für alle $n \in \mathbb{N}, a, b \in \mathbb{C}$ ($a \neq b$) gilt. (Mittels vollständiger Induktion zeigen!) Dazu setzen wir

$$a := \zeta - z_0, \quad b := \zeta - z_0 - h \quad \text{und} \quad n := k + 1$$

und erhalten

$$- F_{k+1}(z_0) + \frac{f^{(k)}(z_0 + h) - f^{(k)}(z_0)}{h}$$

$$= \frac{k!}{2\pi i} \int_C h \Big\{ 1 \cdot (\zeta - z_0)^{-2}(\zeta - z_0 - h)^{-k-1}$$

$$+ 2 \cdot (\zeta - z_0)^{-3}(\zeta - z_0 - h)^{-k} + \dots$$

$$+ (k+1) \cdot (\zeta - z_0)^{-k-2}(\zeta - z_0 - h)^{-1} \Big\} \cdot f(\zeta) \mathrm{d}\zeta .$$

Seien G_δ und M wie oben erklärt. Wegen $|\zeta - z_0| \geq \delta$, $|\zeta - z_0 - h| \geq \frac{\delta}{2}$ (s.o.) und

$$1 + 2 + \dots + (k+1) = \frac{(k+1)(k+2)}{2}$$

erhalten wir unter Beachtung von Satz 2.11, Abschnitt 2.2.1

$$\left| \frac{f^{(k)}(z_0 + h) - f^{(k)}(z_0)}{h} - F_{k+1}(z_0) \right| \leq L(C) \cdot \frac{k!|h|}{2\pi} \frac{2^{k+1}}{\delta^{3+k}} \frac{(k+1)(k+2)}{2} M \to 0$$

für $h \to 0$ gleichmäßig in G_δ. Damit ist gezeigt:

$$f^{(k+1)}(z_0) = F_{k+1}(z_0) \quad \text{für } z_0 \in \text{In}(C) \text{ beliebig,}$$

so dass nach dem Induktionsprinzip die Aussage von Satz 2.18 folgt. $\square$

Bemerkung: Da eine im Gebiet D holomorphe Funktion f dort beliebig oft differenzierbar ist, zeigt sich im Rückblick auf Abschnitt 2.1.5 (s. 1. Fußnote), dass sowohl Realteil, als auch Imaginärteil von f in D der Potentialgleichung genügen.

Aus Satz 2.18 gewinnen wir sehr einfach eine Abschätzung für die Ableitungen von f, falls eine Abschätzung für f bekannt ist:

Satz 2.19:

(*Cauchy-Ungleichung*) Sei f holomorph in einem Gebiet D, z ein beliebiger Punkt in D und die Kreislinie $K_r(z)$ sowie ihr Inneres ganz in D enthalten. Gilt dann

$$|f(\zeta)| \leq M \quad \text{für alle } \zeta \in K_r(z)$$

mit einer Konstanten $M > 0$, so gilt für alle $n \in \mathbb{N}_0$

$$\left| f^{(n)}(z) \right| \leq \frac{n! M}{r^n} .$$

$$\tag{2.58}$$

Beweis:

Nach Satz 2.18 und Satz 2.11, Abschnitt 2.2.1, gilt

$$\left| f^{(n)}(z) \right| = \left| \frac{n!}{2\pi \, \mathrm{i}} \int\limits_{K_r(z)} \frac{f(\zeta)}{(\zeta - z)^{n+1}} \mathrm{d}\zeta \right| \leq \frac{n!}{2\pi} \cdot 2\pi r \frac{M}{r^{n+1}} = \frac{n!M}{r^n} \, .$$

$\square$

2.2.4   Umkehrung des Cauchyschen Integralsatzes

Wir erinnern daran, dass wir mit Hilfe des Cauchyschen Integralsatzes aus der Holomorphie von f in D die Beziehung

$$\int\limits_C f(z)\mathrm{d}z = 0$$

für jede in D verlaufende stückweise glatte, geschlossene Kurve C erhalten (s. Abschn. 2.2.2). Es stellt sich nun die Frage nach der Umkehrung dieses Sachverhaltes. Der folgende Satz ermöglicht uns eine weitere Charakterisierung holomorpher Funktionen:

Satz 2.20:

(*Morera*[10]) Es sei D ein einfach zusammenhängendes Gebiet und f eine in D stetige Funktion. Ferner gelte

$$\int\limits_C f(z)\mathrm{d}z = 0 \tag{2.59}$$

für jede in D verlaufende stückweise glatte, geschlossene Kurve C. Dann ist f in D holomorph.

Beweis:

Wegen (2.59) ist das durch

$$\int\limits_{z_0}^{z} f(\zeta)\mathrm{d}\zeta =: F(z)$$

erklärte Integral unabhängig vom Weg, der z_0 und z verbindet. Der Beweis von Satz 2.14, Abschnitt 2.2.3, zeigt uns, dass dann F eine Stammfunktion von f ist:

$$F'(z) = f(z) \, .$$

---

10 G. Morera (1856-1909), italienischer Mathematiker.

(Wir beachten, dass der Beweis an dieser Stelle nur die Stetigkeit von f verlangt.) F ist also in D stetig differenzierbar und damit holomorph in D. Nach Satz 2.18, Abschnitt 2.2.3, ist F folglich beliebig oft differenzierbar in D und wegen $F' = f$ auch f. Damit ist die Holomorphie von f in D nachgewiesen. □

Bemerkung: Der Satz von Morera ermöglicht uns einen besonders einfachen Beweis von Satz 2.4, Abschnitt 2.1.3: Nach Voraussetzung besitzen u und v in D stetige partielle Ableitungen erster Ordnung, die den Cauchy-Riemannschen DGln (s. (2.7)) genügen. Wie im Beweis von Satz 2.12 (Cauchyscher Integralsatz) ergibt sich daraus:

$$\int_C f(z)\mathrm{d}z = 0\,,$$

für alle geschlossenen, stückweise glatten Kurven C, die in einem einfach zusammenhängenden Teilgebiet G von D verlaufen. Nach dem Satz von Morera ist damit f in jedem einfach zusammenhängenden Teilgebiet von D – und somit in D selbst – holomorph.

2.2.5   Anwendungen der komplexen Integralrechnung

Die »Cauchyschen Sätze«, die wir in den vorhergehenden Abschnitten kennengelernt haben, besitzen zahlreiche Anwendungen. Wir behandeln im Folgenden:

(a) das *Maximumprinzip*, das z.B. bei Eindeutigkeitsnachweisen für die Lösung von Randwertproblemen der Potentialtheorie eine Rolle spielt;

(b) eine *Dirichletsche Randwertaufgabe* der Potentialtheorie;

(c) den *Fundamentalsatz der Algebra*, der sich mit den o.g. Hilfsmitteln einfach und elegant beweisen lässt.

(a) Das Maximumprinzip

Wir betrachten die im Gebiet D holomorphe Funktion

$$f(z) = f(x + \mathrm{i}\,y) = u(x, y) + \mathrm{i}\,v(x, y)\,.$$

Die Holomorphie von f in D zieht die Stetigkeit von f und $|f|$ in D nach sich. Dabei ist

$$|f(z)| = \sqrt{u^2(x, y) + v^2(x, y)}\,.$$

Wir zeigen zunächst

Satz 2.21:

Die Funktion f sei im Gebiet D holomorph und nicht konstant. Dann besitzt die (reellwertige) Funktion $|f|$ in D kein Maximum.

Beweis:

Wir führen den Beweis indirekt und nehmen hierzu an, es existiere ein $z_0 \in D$ mit

$$|f(z_0)| \geq |f(z)| \quad \text{für alle } z \in D. \tag{2.60}$$

Sei $K_r(z_0)$ ein (positiv orientierter) Kreis, der zusammen mit seinem Inneren ganz in D liege. Nach der Mittelwertformel (s. Satz 2.17, Abschn. 2.2.3) gilt dann

$$f(z_0) = \frac{1}{2\pi} \int_0^{2\pi} f(z_0 + r\,\mathrm{e}^{\mathrm{i}t})\mathrm{d}t \,, \tag{2.61}$$

woraus die Abschätzung

$$|f(z_0)| \leq \frac{1}{2\pi} \int_0^{2\pi} |f(z_0 + r\,\mathrm{e}^{\mathrm{i}t})|\mathrm{d}t$$

folgt. Hieraus erhalten wir mit der Identität

$$|f(z_0)| = \frac{1}{2\pi} \int_0^{2\pi} |f(z_0)|\mathrm{d}t$$

die Beziehung

$$\frac{1}{2\pi} \int_0^{2\pi} \left\{ |f(z_0)| - |f(z_0 + r\,\mathrm{e}^{\mathrm{i}t})| \right\} \mathrm{d}t \leq 0 \,.$$

Andererseits gilt wegen (2.60): $|f(z_0)| \geq |f(z_0 + r\,\mathrm{e}^{\mathrm{i}t})|$, so dass $|f(z_0)| = |f(z_0 + r\,\mathrm{e}^{\mathrm{i}t})|$ und damit

$$f(z_0 + r\,\mathrm{e}^{\mathrm{i}t}) = \mathrm{e}^{\mathrm{i}\varphi}\, f(z_0) \,, \quad 0 \leq \varphi < 2\pi \tag{2.62}$$

folgt. Hierbei hängt φ von t ab. Setzen wir (2.62) in (2.61) ein, so ergibt sich

$$f(z_0) = \frac{1}{2\pi} \int_0^{2\pi} \mathrm{e}^{\mathrm{i}\varphi(t)}\, f(z_0)\mathrm{d}t = f(z_0)\frac{1}{2\pi} \int_0^{2\pi} \mathrm{e}^{\mathrm{i}\varphi(t)}\, \mathrm{d}t$$

oder

$$1 = \frac{1}{2\pi} \int_0^{2\pi} \Big(\cos\varphi(t) + \mathrm{i}\sin\varphi(t) \Big)\mathrm{d}t \,.$$

Da die linke Seite dieser Gleichung reell ist, muss notwendig

$$1 = \frac{1}{2\pi} \int\limits_0^{2\pi} \cos\varphi(t)\, dt$$

gelten. Dies ist aber nur für $\cos\varphi(t) \equiv 1$, also für $\varphi(t) \equiv 0$ möglich. Aus (2.62) folgt dann $f(z_0 + r\, e^{it}) = f(z_0)$ bzw. $f(z_0 + \rho\, e^{it}) = f(z_0)$ für alle ρ mit $0 \le \rho \le r$ und damit

$$f(z) = f(z_0) \quad \text{für alle } z \in K_r(z_0) \cup \text{In}(K_r(z_0)),$$

so dass f in einer Umgebung von z_0 konstant ist.

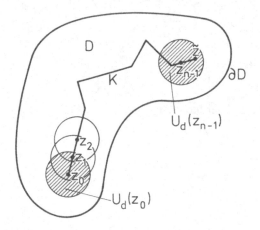

Fig. 2.22: Zum Kreiskettenverfahren

Sei nun $\tilde{z}$ ein beliebiger Punkt aus D. Da D zusammenhängend ist (D ist ein Gebiet!), gibt es einen in D verlaufenden Polygonzug K, der z_0 mit $\tilde{z}$ verbindet. Da $K \subset D$ kompakt ist, gibt es nach Hilfssatz 1.1, Abschnitt 1.1.4, ein $d > 0$ mit $|z - \zeta| \ge d$ für alle $z \in K$ und $\zeta \in \partial D$. Nun zerlegen wir K durch endlich viele Teilpunkte $z_0, z_1, \ldots, z_n = \tilde{z}$ in n Teile mit einer Länge jeweils kleiner als d. Die Kreisgebiete

$$U_d(z_i) = \{z \mid |z - z_i| < d\,, \quad i = 0, 1, \ldots, n\} \subset D$$

bilden eine Kreiskette in D (man spricht daher auch von einem *Kreiskettenverfahren*): jedes Kreisgebiet $U_d(z_i)$ enthält den Mittelpunkt des nachfolgenden Kreisgebietes

$$z_i \in U_d(z_{i-1})\,, \quad i = 1, \ldots, n$$

(s. Fig. 2.22). Nach unseren obigen Überlegungen gilt $f(z) = f(z_0)$ für $z \in U_d(z_0)$ und nach dem Identitätssatz [11] auch für $z \in U_d(z_1)$. Durch $(n-2)$-fache Wiederholung folgt dies auch für

---

11 s. Abschn 2.3.5, Satz 2.39.

$z \in U_d(z_{n-1})$. Insbesondere gilt also $f(\tilde{z}) = f(z_0)$. Da $\tilde{z} \in D$ beliebig ist, ergibt sich $f = \text{const}$ in D, im Widerspruch zu den Voraussetzungen des Satzes.   □

Aus diesem Satz ergibt sich nunmehr sofort

Satz 2.22:

(*Maximumprinzip*) Sei D ein beschränktes Gebiet mit dem Rand ∂D. Die Funktion f sei holomorph in D und stetig in $\bar{D} = D \cup \partial D$. Dann nimmt die Funktion $|f|$ ihr Maximum auf dem Rand ∂D von D an, d.h. es gibt ein $z_0 \in \partial D$ mit

$$\left| f(z_0) \right| = \max_{z \in \bar{D}} \left| f(z) \right| . \tag{2.63}$$

Beweis:

Mit f ist auch $|f|$ stetig auf $\bar{D}$. Da $\bar{D}$ kompakt ist, nimmt die reellwertige Funktion $|f|$ in $\bar{D}$ ihr Maximum an [12]. Nach Satz 2.21 liegt die Maximumstelle auf dem Rand ∂D oder es ist $f \equiv \text{const}$ in $\bar{D}$.   □

Bemerkung: Unter der Voraussetzung, dass f in D keine Nullstelle hat, lässt sich entsprechend ein *Minimumprinzip* beweisen (s. Üb. 2.14).

Für die Anwendungen ist es nützlich, ein Maximum- bzw. Minimumprinzip für harmonische Funktionen zu besitzen. Wir erinnern daran, dass harmonische Funktionen u Lösungen der Potentialgleichung $\Delta u = 0$ sind, mit stetigen partiellen Ableitungen zweiter Ordnung (s. Abschn. 2.1.5). Wir zeigen

Satz 2.23:

(*Maximumprinzip für harmonische Funktionen*) Sei D ein beschränktes Gebiet in $\mathbb{R}^2$ mit Rand ∂D. Ferner sei u eine in D harmonische und in $\bar{D} = D \cup \partial D$ stetige Funktion. Dann nimmt die Funktion u ihr Maximum auf dem Rand ∂D von D an. Entsprechendes gilt für das Minimum.

Beweis:

Zu u gibt es nach Satz 2.8, Abschnitt 2.1.5, eine konjugiert harmonische Funktion v, so dass $f(z) = f(x + \mathrm{i}y) = u(x, y) + \mathrm{i}v(x, y)$ in D (jetzt als Gebiet in $\mathbb{C}$ aufgefasst) holomorph ist. Ist dann $K_r(z_0)$ ein positiv orientierter Kreis, der zusammen mit seinem Inneren ganz in D liegt, so gilt nach der Mittelwertformel (s. Satz 2.17, Abschn. 2.2.3)

$$f(z_0) = \frac{1}{2\pi} \int_0^{2\pi} f(z_0 + r\,\mathrm{e}^{\mathrm{i}t})\mathrm{d}t .$$

---

12 Satz 1.25, Abschn. 1.6.5, Bd. I gilt entsprechend auch im $\mathbb{R}^2$.

Durch Realteilbildung folgt hieraus die Mittelwertformel

$$u(x_0, y_0) = \frac{1}{2\pi} \int\limits_0^{2\pi} u(x_0 + r\cos t, y_0 + r\sin t)\mathrm{d}t \qquad (2.64)$$

für die harmonische Funktion u. Der weitere Beweis verläuft wie der von Satz 2.21 bzw. Satz 2.22. Im Falle des Minimumprinzips entfällt die Forderung $u \neq 0$ in D (s.o. Bemerkung). Die beiden auf (2.61) folgenden Ungleichungen für $|f|$ gehen in Gleichungen für u über. □

Wir zeigen nun, wie wir mit Hilfe des Maximum- bzw. Minimumprinzips die *Eindeutigkeitsfrage* für Lösungen von Randwertaufgaben der Potentialtheorie behandeln können: Hierzu sei D ein beschränktes Gebiet mit dem Rand ∂D. Ferner sei g eine vorgegebene auf ∂D stetige Funktion. Die *Dirichletsche* [13] *Randwertaufgabe* der Potentialtheorie besteht darin, eine in D harmonische und in $\bar{D} = D \cup \partial D$ stetige Funktion zu finden, die auf ∂D mit g übereinstimmt, für die also gilt:

$$\Delta u = 0 \quad \text{in} \quad D\,; \qquad u = g \quad \text{auf} \quad \partial D\,. \qquad (2.65)$$

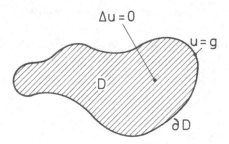

Fig. 2.23: Dirichletsche Randwertaufgabe

Probleme dieser Art treten z.B. in der Elektrostatik auf: Man gibt auf ∂D ein elektrostatisches Potential vor und fragt nach der Potentialverteilung im Innern (bzw. im Äußeren) von ∂D (s. auch Abschn. 4.2).

Falls überhaupt eine Lösung von Problem (2.65) existiert, gilt

Satz 2.24:
   Die Lösung der Dirichletschen Randwertaufgabe (2.65) ist *eindeutig* bestimmt.

---

13 P.G.L. Dirichlet (1805-1859), deutscher Mathematiker.

Beweis:

Wir nehmen an, es seien zwei Lösungen u_1 und u_2 von (2.65) vorhanden und setzen $u := u_1 - u_2$. Dann genügt u dem *homogenen* Randwertproblem mit

$$\left.\begin{array}{ll} \Delta u = 0 & \text{in } D; \\ u = 0 & \text{auf } \partial D. \end{array}\right\} \tag{2.66}$$

Nach dem Maximumprinzip für harmonische Funktionen gilt: $u(x, y) \leq 0$ für $(x, y) \in D$ bzw. nach dem Minimumprinzip $u(x, y) \geq 0$ für $(x, y) \in D$. Hieraus folgt aber $u(x, y) = 0$ bzw. $u_1(x, y) = u_2(x, y)$ für alle $(x, y) \in D$. $\qquad\square$

Bemerkung: Ist der Rand ∂D von D »gutartig«, so lässt sich zeigen, dass die Dirichletsche Randwertaufgabe (2.65) stets eine Lösung besitzt (s. Abschn. 4.2.1).

Im nachfolgenden Abschnitt behandeln wir den Spezialfall eines Kreisgebiets.

(b) Eine Dirichletsche Randwertaufgabe

Wir benutzen die Cauchysche Integralformel (Satz 2.16) zur Lösung der folgenden Dirichletschen Randwertaufgabe der Potentialtheorie: Sei G das Kreisgebiet

$$G = \left\{(x, y) \mid x^2 + y^2 < R^2, \quad R > 0\right\}$$

und ∂G der Rand von G (also der Kreis $x^2 + y^2 = R^2$). Gesucht ist eine in G harmonische Funktion u, die bei Annäherung an den Rand in die vorgegebene stetige Funktion g übergeht, die also die Dirichletsche Randwertaufgabe mit

$$\left.\begin{array}{ll} \Delta u = 0 & \text{in } G; \\ u = g & \text{auf } \partial G \end{array}\right\} \tag{2.67}$$

löst. Wir zeigen zunächst

Satz 2.25:

(*Poissonsche Integralformel*) Sei u eine im Gebiet D harmonische Funktion. Das Gebiet $\bar{G} = \{(x, y) \mid x^2 + y^2 \leq R^2, R > 0\}$ liege ganz in D. Dann gilt für $r < R$ und $0 \leq \psi < 2\pi$

$$u(r\cos\psi, r\sin\psi)$$

$$= \frac{1}{2\pi} \int_0^{2\pi} u(R\cos\varphi, R\sin\varphi) \frac{R^2 - r^2}{R^2 - 2Rr\cos(\varphi - \psi) + r^2} \, d\varphi \tag{2.68}$$

Beweis:

Wir fassen $\bar{G}$ als Gebiet in $\mathbb{C}$ auf: $\bar{G} = \{z \mid |z| = |x + \mathrm{i}\,y| \le R\}$. Nach Satz 2.8, Abschnitt 2.1.5, gibt es eine zu u konjugiert harmonische Funktion v, so dass

$$f(z) = u(x, y) + \mathrm{i}\,v(x, y)$$

in $\bar{G}$ holomorph ist. Nun benutzen wir die Cauchysche Integralformel (Satz 2.16, Abschn. 2.2.3) und erhalten (∂G orientieren wir positiv!)

$$f(z) = \frac{1}{2\pi\,\mathrm{i}} \int\limits_{\partial G} \frac{f(\zeta)}{\zeta - z}\,\mathrm{d}\zeta, \quad z \in G. \tag{2.69}$$

Wir stellen z bzw. ζ in der Form

$$z = r\,\mathrm{e}^{\mathrm{i}\,\psi} \quad \text{bzw.} \quad \zeta = R\,\mathrm{e}^{\mathrm{i}\,\varphi}$$

dar und »spiegeln z am Kreis ∂G« (s. Abschn. 4.1.3), d.h. wir erhalten den »Spiegelpunkt«

$$\tilde{z} = \frac{R^2}{\bar{z}} = \frac{R^2}{r}\,\mathrm{e}^{\mathrm{i}\,\psi}.$$

Für $\tilde{z}$ gilt $|\tilde{z}| > R$, so dass $\frac{f(\zeta)}{\zeta - \tilde{z}}$ in G holomorph ist. Daher folgt mit dem Cauchyschen Integralsatz (Satz 2.12, Abschn. 2.2.2)

$$\int\limits_{\partial G} \frac{f(\zeta)}{\zeta - \tilde{z}}\,\mathrm{d}\zeta = 0. \tag{2.70}$$

Nach (2.69) und (2.70) gilt

$$f(z) = \frac{1}{2\pi\,\mathrm{i}} \int\limits_{\partial G} f(\zeta) \left(\frac{1}{\zeta - z} - \frac{1}{\zeta - \tilde{z}} \right)\,\mathrm{d}\zeta.$$

Benutzen wir für z, ζ, $\tilde{z}$ Polarkoordinaten, so ergibt sich

$$f(z) = \frac{1}{2\pi\,\mathrm{i}} \int\limits_0^{2\pi} f(R\,\mathrm{e}^{\mathrm{i}\,\varphi}) \left\{ \frac{1}{R\,\mathrm{e}^{\mathrm{i}\,\varphi} - r\,\mathrm{e}^{\mathrm{i}\,\psi}} - \frac{1}{R\,\mathrm{e}^{\mathrm{i}\,\varphi} - \frac{R^2}{r}\,\mathrm{e}^{\mathrm{i}\,\psi}} \right\} \mathrm{i}\,R\,\mathrm{e}^{\mathrm{i}\,\varphi}\,\mathrm{d}\varphi$$

oder, nach einfacher Umformung

$$f(z) = \frac{1}{2\pi} \int\limits_0^{2\pi} f(R\,\mathrm{e}^{\mathrm{i}\,\varphi}) \frac{R^2 - r^2}{R^2 - 2Rr\cos(\varphi - \psi) + r^2}\,\mathrm{d}\varphi. \tag{2.71}$$

Mit $f(z) = u(x, y) + \mathrm{i}\,v(x, y)$ folgt dann durch Realteilbildung die Behauptung. $\qquad\square$

Bemerkung: Mit diesem Ergebnis ist noch nicht die Existenz einer Lösung des Dirichletschen Problems für das Kreisgebiet gezeigt. Man erhält lediglich eine Darstellung unter der Annahme, dass es eine Lösung $u(x, y)$ gibt. Satz 2.25 liefert uns dann die Möglichkeit, die harmonische Funktion u im Inneren eines Kreises durch ihre Randwerte zu beschreiben.

Wir wenden uns jetzt der Frage zu: Gibt es zu beliebig vorgegebenen stetigen Randwerten immer eine im Kreisgebiet harmonische Funktion, die diese Randwerte besitzt? Dass dies zutrifft zeigt

Satz 2.26:

Die Funktion $\tilde{g}(\varphi) := g(R \cos \varphi, R \sin \varphi)$ sei im Intervall $[0, 2\pi]$ stetig. Dann besitzt das Dirichletsche Randwertproblem (2.67) genau eine Lösung. Diese ist durch

$$u(r \cos \psi, r \sin \psi) = \frac{1}{2\pi} \int\limits_0^{2\pi} \tilde{g}(\varphi) \frac{R^2 - r^2}{R^2 - 2Rr \cos(\varphi - \psi) + r^2} d\varphi \qquad (2.72)$$

gegeben.

Beweis:

Wegen

$$\frac{\zeta + z}{\zeta - z} = \frac{R^2 - r^2 + 2 i \, Rr \sin(\psi - \varphi)}{R^2 - 2Rr \cos(\psi - \varphi) + r^2} \qquad (2.73)$$

lässt sich (2.72) auch in der Form

$$u(r \cos \psi, r \sin \psi) = \frac{1}{2\pi} \operatorname{Re} \left(\int\limits_0^{2\pi} \tilde{g}(\varphi) \frac{\zeta + z}{\zeta - z} d\varphi \right) \qquad (2.74)$$

schreiben. Damit ist u (als Realteil einer in G holomorphen Funktion) in G harmonisch.

Wir weisen jetzt nach, dass u auch das gewünschte Randverhalten besitzt. Hierzu zeigen wir

$$u(r \cos \psi, r \sin \psi) \longrightarrow \tilde{g}(\varphi_0) \quad \text{für } (r, \psi) \to (R, \varphi_0). \qquad (2.75)$$

Wir benutzen die Beziehung

$$\frac{1}{2\pi} \int\limits_0^{2\pi} \frac{R^2 - r^2}{R^2 + r^2 - 2Rr \cos(\varphi - \psi)} d\varphi = 1, \quad r < R, \qquad (2.76)$$

die aus der Poissonschen Integralformel (2.68) folgt, wenn man für u die konstante (harmonische) Funktion $u \equiv 1$ setzt. Wir beachten, dass der Integrand in (2.76) positiv ist. Aus der Stetigkeit von $\tilde{g}$ folgt: Zu jedem $\varepsilon > 0$ existiert ein $\delta > 0$ mit

$$\left| \tilde{g}(\varphi) - \tilde{g}(\varphi_0) \right| < \varepsilon \quad \text{für } |\varphi - \varphi_0| < \delta.$$

Mit (2.72), (2.76) und $A := \max\limits_{\varphi \in [0, 2\pi]} |\tilde{g}(\varphi) - \tilde{g}(\varphi_0)|$ ergibt sich

$$
\left| u(r\cos\psi, r\sin\psi) - \tilde{g}(\varphi_0) \right|
$$

$$
= \frac{1}{2\pi} \left| \int_0^{2\pi} \frac{(R^2 - r^2)|\tilde{g}(\varphi) - \tilde{g}(\varphi_0)|}{R^2 + r^2 - 2Rr\cos(\varphi - \psi)} \, d\varphi \right|
$$

$$
\leq \frac{1}{2\pi} \left| \int\limits_{|\varphi - \varphi_0| < \delta} \cdots \right| + \frac{1}{2\pi} \left| \int\limits_{|\varphi - \varphi_0| \geq \delta} \cdots \right| \tag{2.77}
$$

$$
\leq \varepsilon + \frac{A}{2\pi} \int\limits_{|\varphi - \varphi_0| \geq \delta} \frac{R^2 - r^2}{R^2 + r^2 - 2Rr\cos(\varphi - \psi)} \, d\varphi \, .
$$

Nun benutzen wir die Abschätzung

$$
\frac{R^2 - r^2}{R^2 + r^2 - 2Rr\cos(\varphi - \psi)} \leq \frac{R^2 - r^2}{4Rr\sin^2\frac{\delta}{4}} \leq \frac{R - r}{R\sin^2\frac{\delta}{4}} \, ,
$$

die für $|\psi - \varphi_0| \leq \delta/2$ und $r \geq R/2$ gilt. Für das letzte Integral in (2.77) ergibt sich dann

$$
\frac{A}{2\pi} \int\limits_{|\varphi - \varphi_0| \geq \delta} \cdots \quad \leq \frac{A}{R} \frac{R - r}{\sin^2\frac{\delta}{4}} \, , \quad r < R \, .
$$

Wählen wir noch $r \geq 0$ so, dass $R - r \leq \left(\frac{R}{A} \sin^2 \frac{\delta}{4} \right) \varepsilon$ ist, so erhalten wir

$$
\left| u(r\cos\psi, r\sin\psi) - \tilde{g}(\varphi_0) \right| \leq \varepsilon + \varepsilon = 2\varepsilon \, ,
$$

woraus (2.75) folgt.

Die Eindeutigkeit der Lösung ergibt sich aus Satz 2.24. $\square$

Bemerkung: Mit Hilfe von Satz 2.26 und dem Riemannschen Abbildungssatz (s. Abschn. 4.1.2) lässt sich das Dirichletsche Randwertproblem für *beliebige* einfach zusammenhängende Gebiete mit »gutartiger« Berandung lösen. Wir zeigen dies in Abschnitt 4.2.1.

(c) Der Fundamentalsatz der Algebra

Die Frage nach den Nullstellen von Polynomen wurde bereits in Burg/Haf/Wille [12] untersucht. Die Bedeutung dieser Frage wird z.B. bei der Konstruktion von Fundamentallösungen linearer Differentialgleichungen mit konstanten Koeffizienten deutlich (s. Burg/Haf/Wille [10]). Auch bei der Operatorenmethode zur Lösung inhomogener Differentialgleichungsprobleme erweist sich der Fundamentalsatz der Algebra als sehr nützlich (s. Burg/Haf/Wille [10]). Sein Beweis beruht auf dem folgenden

Satz 2.27:

(*Satz von Liouville*[14]) Sei f in ganz $\mathbb{C}$ holomorph und beschränkt. Dann ist f konstant.

Beweis:

Sei $M > 0$ eine Schranke für $|f|$ in $\mathbb{C}$:

$$|f(z)| < M \quad \text{für alle } z \in \mathbb{C}.$$

Nach der Cauchy-Ungleichung (s. Abschn. 2.2.3, Satz 2.19) gilt dann für jedes $r > 0$ und jedes $z \in \mathbb{C}$

$$|f'(z)| \leq \frac{M}{r}.$$

Hieraus folgt durch Grenzübergang $r \to \infty$

$$f'(z) = 0 \quad \text{für alle } z \in \mathbb{C}.$$

Daraus ergibt sich (s. Beweis von Satz 2.14, Abschn. 2.2.3), dass $f \equiv \text{const}$ in $\mathbb{C}$ ist. $\qquad \square$

Bemerkung: Man nennt Funktionen, die in der ganzen komplexen Zahlenebene holomorph sind, *ganze Funktionen*. Beispiele für ganze Funktionen sind: Polynome, e^z, $\sin z$ und $\cos z$. Der Satz von Liouville besagt dann, dass die Konstanten die einzigen ganzen Funktionen sind, die in ganz $\mathbb{C}$ beschränkt sind.

Nun zeigen wir:

Satz 2.28:

(*Fundamentalsatz der Algebra*) Jedes Polynom vom Grad n in z

$$P_n(z) = z^n + a_{n-1} z^{n-1} + \ldots + a_0$$

mit komplexen Koeffizienten a_i ($i = 0, 1, \ldots, n-1$) und $n \geq 1$ besitzt mindestens eine Nullstelle in $\mathbb{C}$.

Beweis:

(indirekt) Wir nehmen an:

$$P_n(z) \neq 0 \quad \text{für alle } z \in \mathbb{C}.$$

Dann ist durch

$$f(z) := \frac{1}{P_n(z)}$$

14 J. Liouville (1809-1882), französischer Mathematiker.

eine in ganz $\mathbb{C}$ holomorphe Funktion f erklärt. Wegen

$$\left|P_n(z)\right| = \left|z^n\right| \left|1 + a_{n-1}\frac{1}{z} + \ldots + a_0\frac{1}{z^n}\right|$$

und

$$\left|a_{n-1}\frac{1}{z} + \ldots + a_0\frac{1}{z^n}\right| < \frac{1}{2}$$

für hinreichend großes $|z|$ folgt

$$\left|P_n(z)\right| \geq |z|^n \left(1 - \frac{1}{2}\right) = \frac{|z|^n}{2} \longrightarrow \infty \quad \text{für} \quad |z| \to \infty.$$

Hieraus ergibt sich

$$\left|f(z)\right| \to 0 \quad \text{für} \quad |z| \to \infty,$$

f ist also in ganz $\mathbb{C}$ beschränkt. Nach Satz 2.27 folgt daher: f und damit P_n sind konstante Funktionen. Dies ist ein Widerspruch, so dass Satz 2.28 bewiesen ist. $\qquad\square$

Folgerung:
Jedes Polynom $P_n(z)$ vom Grad $n \geq 1$ lässt sich in der Form

$$P_n(z) = (z - z_1)(z - z_2)\ldots(z - z_n) \tag{2.78}$$

darstellen, besitzt also genau n Nullstellen. Diese können in (2.78) auch mehrfach auftreten.

Beweis:

Für $n = 1$ gilt $P_n(z) = z - (-a_0)$, so dass (2.78) trivialerweise erfüllt ist. Für $n > 1$ besitzt $P_n(z)$ nach Satz 2.28 mindestens eine Nullstelle z_n, so dass sich P_n in der Form

$$P_n(z) = (z - z_n)P_{n-1}(z)$$

mit einem Polynom P_{n-1} vom Grad $n - 1$ darstellen lässt. Dies folgt wie in Burg/Haf/Wille [12]. Nun wendet man auf P_{n-1} Satz 2.28 an usw. $\qquad\square$

Wir schließen diesen Abschnitt ab mit der folgenden

Bemerkung: Sowohl der Cauchysche Integralsatz als auch die Cauchyschen Integralformeln stellen ein wertvolles Hilfsmittel bei der Berechnung von *reellen uneigentlichen Integralen* dar. Wir behandeln solche Anwendungen in Abschnitt 3.2.3, (a).

Übungen

Übung 2.9:

Bestimme den Wert des Integrals

$$\int\limits_0^{1+i} z\,dz \quad \text{bzw.} \quad \int\limits_0^{1+i} \bar{z}\,dz$$

a) längs einer Geraden; b) längs der Parabel $\operatorname{Im} z = (\operatorname{Re} z)^2$. Sind die Integrale unabhängig vom Weg ?

Übung 2.10:

Berechne $\int\limits_{1-2i}^{1+2i} \dfrac{dz}{z^2}$ a) mittels Stammfunktion; b) durch Integration längs der positiv orientierten Kreislinie um den Nullpunkt, die die Punkte $z_1 = 1 - 2i$ und $z_2 = 1 + 2i$ verbindet.

Übung 2.11*:

Das Integral $\int\limits_C \dfrac{z^2-1}{z}\,dz$ ist längs der folgenden geschlossenen, positiv orientierten Kurven zu berechnen: a) $|z-2| = 1$;   b) $|z| = 1$ für $\operatorname{Im} z \geq 0$, $2\operatorname{Im} z = (\operatorname{Re} z)^2 - 1$ für $\operatorname{Im} z \leq 0$.

Übung 2.12*:

Bestimme durch Verwendung der Cauchyschen Integralformeln den Wert der Integrale

a) $\int\limits_{|z-2i|=2} \dfrac{dz}{(z-i)(z+i)^2}$,   b) $\int\limits_{|z|=\frac{1}{2}} \dfrac{\sin z}{z^3(1-z)}\,dz$,

wenn die entsprechenden Kurven positiv orientiert sind.

Übung 2.13:

Beweise: Ist die Funktion f holomorph im Gebiet D, so ist f genau dann konstant, wenn

$$f'(z) = 0 \quad \text{für alle } z \in D$$

gilt.

Übung 2.14*:

Beweise das folgende Minimumprinzip: Sei D ein beschränktes Gebiet mit dem Rand ∂D. Die Funktion f sei holomorph in D, stetig in $\bar{D} = D \cup \partial D$ und es gelte $f(z) \neq 0$ in D. Dann nimmt die Funktion $|f|$ ihr Minimum auf dem Rand ∂D an, d.h. es gibt ein $z_0 \in \partial D$ mit

$$\left| f(z_0) \right| = \min_{z \in \bar{D}} \left| f(z) \right| .$$

Übung 2.15*:

Bestimme das Maximum von $|f|$ im Kreisgebiet $|z| \le 1$, wenn $f(z) = z^2 - 1$ ist.

Übung 2.16:

Weise anhand der Funktion $f(z) = \sin z$ nach, dass das Maximumprinzip im Falle unbeschränkter Gebiete nicht gilt.

Übung 2.17:

Sei $f(z) = f(x + \mathrm{i}\, y) = u(x, y) + \mathrm{i}\, v(x, y)$ im Gebiet D holomorph. Zeige, es gilt

$$\Delta \left(|f|^2 \right) = 4|f'|^2 \qquad \left(\Delta := \frac{\partial^2}{\partial x^2} + \frac{\partial^2}{\partial y^2} \right) .$$

2.3   Erzeugung holomorpher Funktionen durch Grenzprozesse

Wir wollen aufzeigen, dass sich jede holomorphe Funktion durch eine (komplexe) Potenzreihe darstellen lässt. Auf diese Weise gewinnen wir eine weitere Charakterisierung holomorpher Funktionen mit interessanten Konsequenzen.

2.3.1   Folgen von Funktionen

In diesem Abschnitt beschäftigt uns insbesondere die Frage, unter welchen Bedingungen eine Folge von holomorphen Funktionen eine holomorphe Grenzfunktion besitzt. Außerdem sind wir an einer Klärung der Fragen interessiert, unter welchen Voraussetzungen eine Vertauschung von Grenzübergang und Integration bzw. Differentiation erlaubt ist. Wir benötigen hierzu

---

Definition 2.4:

(a) Die komplexwertigen Funktionen f_n $(n \in \mathbb{N})$ seien auf einer Menge $D \subset \mathbb{C}$ erklärt. Die Folge $\{f_n\}$ heißt *konvergent im Punkt* $z_0 \in D$, falls die (komplexe) Punktfolge $\{f_n(z_0)\}$ konvergent ist. Wir sagen, $\{f_n\}$ ist *punktweise konvergent in* D, falls $\{f_n\}$ für jedes $z \in D$ konvergiert. Man nennt dann die durch

$$f(z) = \lim_{n \to \infty} f_n(z), \quad z \in D \tag{2.79}$$

erklärte Funktion f *Grenzfunktion* der Folge $\{f_n\}$

(b) $\{f_n\}$ heißt *gleichmäßig konvergent in* D mit Grenzfunktion f, wenn es zu jedem $\varepsilon > 0$ eine natürliche Zahl $n_0 = n_0(\varepsilon)$ gibt, so dass

$$\left| f_n(z) - f(z) \right| < \varepsilon \quad \text{für alle} \quad n \geq n_0 \quad \text{und für alle} \quad z \in D \tag{2.80}$$

gilt.

Diese Definition entspricht völlig dem reellen Fall (s. Burg/Haf/Wille [12]). Wie im Reellen ergibt sich auch

Satz 2.29:

(*Cauchy-Konvergenzkriterium*) Die Funktionenfolge $\{f_n\}$ konvergiert gleichmäßig auf D gegen eine Funktion f genau dann, wenn es zu jedem $\varepsilon > 0$ eine natürliche Zahl $n_0 = n_0(\varepsilon)$ gibt, so dass

$$\left| f_n(z) - f_m(z) \right| < \varepsilon \quad \text{für alle } n, m \geq n_0 \text{ und für alle } z \in D \tag{2.81}$$

gilt.

Der Begriff der gleichmäßigen Konvergenz spielt im Zusammenhang mit den oben angesprochenen Vertauschungsfragen dieselbe Rolle, wie uns das schon aus dem Reellen (s. Burg/Haf/Wille [12]) bekannt ist. Wir zeigen:

Satz 2.30:

Sei $\{f_n\}$ eine Folge auf einem Gebiet D holomorpher Funktionen. Ferner sei $\{f_n\}$ auf jeder kompakten Teilmenge G von D gleichmäßig konvergent gegen f. Dann gilt

(i) Die Grenzfunktion f ist holomorph in D.

(ii) Für jede stückweise glatte, orientierte Kurve C in D gilt

$$\int_C f(z)\mathrm{d}z = \int_C \lim_{n \to \infty} f_n(z)\mathrm{d}z = \lim_{n \to \infty} \int_C f_n(z)\mathrm{d}z \,. \tag{2.82}$$

Beweis:

Wir zeigen zunächst (ii): Seien $z_0 \in D$ und $\varepsilon > 0$ beliebig. Da D ein Gebiet ist, gibt es ein $r > 0$, so dass

$$K_r(z_0) := \left\{ z \in D \,|\, |z - z_0| \leq r \right\} \subset D \,.$$

Aus der gleichmäßigen Konvergenz von $\{f_n\}$ gegen f folgt: Es existiert eine natürliche Zahl $n_0 = n_0(\varepsilon)$, so dass

$$\left| f_n(z) - f(z) \right| < \varepsilon \quad \text{für alle } n \geq n_0 \text{ und für alle } z \in K_r(z_0) \tag{2.83}$$

gilt. Aus der Holomorphie der Funktionen f_n in D ergibt sich insbesondere ihre Stetigkeit in D. Zu dem oben gewählten $\varepsilon > 0$ gibt es daher ein $\delta \in (0, r)$ mit

$$\left| f_n(z) - f_n(z_0) \right| < \varepsilon \quad \text{für alle } z \in K_\delta(z_0) \text{ und für jedes feste } n. \tag{2.84}$$

Mit Hilfe der Dreiecksungleichung und den Abschätzungen (2.83) und (2.84) folgt dann

$$\left| f(z) - f(z_0) \right| \leq \left| f(z) - f_n(z) \right| + \left| f_n(z) - f_n(z_0) \right| + \left| f_n(z_0) - f(z_0) \right|$$
$$< 3\varepsilon \quad \text{für alle } n \geq n_0 \text{ und für alle } z \in K_\delta(z_0).$$

Daraus erhalten wir, da $z_0 \in D$ beliebig ist, die Stetigkeit von f in D. Damit existiert $\int_C f(z)dz$ und mit Satz 2.11, Abschnitt 2.2.1, folgt

$$\left| \int_C f(z)\mathrm{d}z - \int_C f_n(z)\mathrm{d}z \right| = \left| \int_C \left[f(z) - f_n(z) \right] \mathrm{d}z \right| \leq L(C) \max_{z \in C} \left| f(z) - f_n(z) \right|. \tag{2.85}$$

Da C eine kompakte Teilmenge von D ist (warum?) und $\{f_n\}$ nach Voraussetzung in jeder kompakten Teilmenge von D gleichmäßig gegen f konvergiert, gibt es zu $\varepsilon > 0$ eine natürliche Zahl $N_0 = N_0(\varepsilon)$, so dass für alle $n \geq N_0$ und für alle $z \in C$

$$\left| f(z) - f_n(z) \right| < \frac{\varepsilon}{L(C)}$$

bzw.

$$\max_{z \in C} \left| f(z) - f_n(z) \right| \leq \frac{\varepsilon}{L(C)}$$

gilt. Aus (2.85) ergibt sich dann (ii).

Zum Nachweis von (i) sei $z_0 \in D$ beliebig und $K_r(z_0) \subset D$ wie oben. Wegen (ii) gilt dann für jede geschlossene, stückweise glatte, orientierte Kurve C in $K_r(z_0)$

$$\int_C f(z)\mathrm{d}z = \lim_{n \to \infty} \int_C f_n(z)\mathrm{d}z .$$

Da f_n holomorph ist für alle $n \in \mathbb{N}$, verschwindet das letzte Integral für jedes n, und der Satz von Morera ergibt, dass f holomorph in $K_r(z_0)$ ist. Da wir $z_0 \in D$ beliebig gewählt haben, folgt (i), so dass Satz 2.30 bewiesen ist. $\qquad \square$

Die gliedweise Differentiation von Funktionenfolgen regelt

Satz 2.31:

Sei $\{f_n\}$ eine Folge auf einem Gebiet D holomorpher Funktionen. Ferner sei $\{f_n\}$ auf jeder kompakten Teilmenge G von D gleichmäßig konvergent gegen f. Dann gilt für jede natürliche Zahl k

$$f^{(k)}(z) = \lim_{n \to \infty} f_n^{(k)}(z) \qquad (2.86)$$

gleichmäßig auf jeder kompakten Teilmenge G von D.

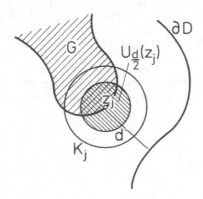

Fig. 2.24: Überdeckung von G

Beweis:

Sei G irgendeine kompakte Teilmenge von D. Da D offen ist, gilt $G \cap \partial D = \emptyset$ (∂D: Rand von D; $\emptyset$: leere Menge). Nach Hilfssatz 1.1, Abschnitt 1.1.4, gibt es ein $d > 0$, so dass

$$|z - w| \geq d \quad \text{für alle } z \in G \text{ und alle } w \in \partial D$$

gilt. Die Mengen

$$U_{\frac{d}{2}}(z) = \left\{ \zeta \in D \mid |z - \zeta| < \frac{d}{2}, \quad z \in G \right\}$$

bilden eine offene Überdeckung von G. Da G kompakt ist, gibt es eine endliche Teilüberdeckung von G, d.h. es gibt endlich viele Punkte $z_1, \ldots, z_m \in G$, so dass

$$G \subset \bigcup_{j=1}^{m} U_{\frac{d}{2}}(z_j). \qquad (2.87)$$

Nun setzen wir $K_j = \left\{ z \in D \mid |z - z_j| = \frac{3}{4}d \right\}$, $j = 1, \ldots, m$. K_j und In (K_j) liegen im Holomorphiebereich D der Funktionen f_n und damit nach Satz 2.30 auch im Holomorphiebereich von f. Nun benutzen wir die Cauchysche Integralformel für die k-te Ableitung von f (s. Satz 2.18,

Abschn. 2.2.3), wobei wir K_j positiv orientieren:

$$\left| f^{(k)}(z) - f_n^{(k)}(z) \right| = \left| \frac{k!}{2\pi i} \int\limits_{K_j} \frac{f(\zeta) - f_n(\zeta)}{(\zeta - z)^{k+1}} d\zeta \right|, \quad z \in U_{\frac{d}{2}}(z_j).$$

Das letzte Integral schätzen wir mit Hilfe von Satz 2.11 ab und erhalten für festes j:

$$\left| f^{(k)}(z) - f_n^{(k)}(z) \right| \le \frac{k!}{2\pi} L(K_j) \max_{\zeta \in K_j} |f(\zeta) - f_n(\zeta)| \cdot \left(\frac{d}{4} \right)^{-k-1}$$

$$\le 3k! \left(\frac{d}{4} \right)^{-k} \max_{\zeta \in K_j} |f(\zeta) - f_n(\zeta)|.$$

Da $\{f_n\}$ in jeder kompakten Teilmenge von D gleichmäßig gegen f konvergiert, K_j eine kompakte Teilmenge von D ist, gibt es zu jedem $\varepsilon > 0$ ein $n_j = n_j(\varepsilon) \in \mathbb{N}$, so dass für alle $n > n_j$ und alle $\zeta \in K_j$

$$|f(\zeta) - f_n(\zeta)| < \left[3k! \left(\frac{d}{4} \right)^{-k} \right]^{-1} \varepsilon$$

gilt. Damit folgt für alle $n > n_j$

$$\left| f^{(k)}(z) - f_n^{(k)}(z) \right| < \varepsilon \quad \text{für alle } z \in U_{\frac{d}{2}}(z_j) \quad (j = 1, \dots, m).$$

Setzen wir noch $n_0 = \max_{j=1,\dots,m} n_j$, so erhalten wir

$$\left| f^{(k)}(z) - f_n^{(k)}(z) \right| < \varepsilon$$

für alle $n \ge n_0$ und alle $z \in G$ (wir beachten (2.87)). $\qquad\qquad\square$

2.3.2　Reihen von Funktionen

Die Untersuchung einer Funktionenreihe

$$\left[\sum_{k=1}^{\infty} f_k(z) \right] \tag{2.88}$$

im Komplexen, kann – wie im Reellen – durch Betrachtung der *Teilsummen* von (2.88):

$$s_n(z) := \sum_{k=1}^{n} f_k(z) \tag{2.89}$$

auf Abschnitt 2.3.1 zurückgeführt werden. Wir sagen, *die Reihe* (2.88) konvergiert punktweise (bzw. gleichmäßig) auf einer Menge $D \subset \mathbb{C}$, falls die Folge $\{s_n\}$ der Teilsummen von (2.88) auf D punktweise (bzw. gleichmäßig) konvergiert.

Das Cauchy-Konvergenzkriterium (s. Satz 2.29) gilt entsprechend auch für Reihen von Funktionen. Aus der reellen Analysis (s. Burg/Haf/Wille [12]) kann der Beweis des folgenden wichtigen Kriteriums zum Nachweis der gleichmäßigen Konvergenz einer Funktionenreihe direkt übernommen werden:

Satz 2.32:

(*Weierstrass'sches Majorantenkriterium*) Die Funktionen f_k ($k = 1, 2, \ldots$) seien auf einer Menge $D \subset \mathbb{C}$ erklärt. Es gelte

(a) $|f_k(z)| \leq M_k$ für alle $k \in \mathbb{N}$ und alle $z \in D$;

(b) $\left[\sum_{k=1}^{\infty} M_k \right]$ sei konvergent.

Dann folgt: Die Funktionenreihe $\left[\sum_{k=1}^{\infty} f_k(z) \right]$ konvergiert gleichmäßig auf D.

Wir wenden uns nun der Betrachtung von Reihen von Funktionen zu, bei denen die Summanden *holomorphe* Funktionen sind. Die Übertragung der Vertauschungssätze aus Abschnitt 2.3.1 führt zu

Satz 2.33:

Die Funktionen f_k ($k \in \mathbb{N}$) seien auf einem Gebiet D holomorph. Ferner sei die Funktionenreihe $\left[\sum_{k=1}^{\infty} f_k \right]$ auf jeder kompakten Teilmenge G von D gleichmäßig konvergent gegen f. Dann gilt:

(i) Die Funktion f ist holomorph in D.

(ii) Für jede stückweise glatte, orientierte Kurve C in D gilt

$$\int_C f(z)\mathrm{d}z = \sum_{k=1}^{\infty} \int_C f_k(z)\mathrm{d}z . \tag{2.90}$$

(iii) Für jede natürliche Zahl l gilt

$$f^{(l)}(z) = \sum_{k=1}^{\infty} f_k^{(l)}(z) , \tag{2.91}$$

gleichmäßig auf jeder kompakten Teilmenge G von D.

2.3.3 Potenzreihen

Zwischen holomorphen Funktionen und Potenzreihen bestehen sehr enge Zusammenhänge, die wir im Folgenden herausarbeiten wollen.

Wie im Reellen (s. Burg/Haf/Wille [12]) versteht man unter einer *Potenzreihe* eine spezielle Funktionenreihe der Gestalt

$$\left[\sum_{k=0}^{\infty} a_k (z - z_0)^k \right] . \tag{2.92}$$

Die komplexen Zahlen a_k $(k = 0, 1, \ldots)$ sind die *Koeffizienten*, $z_0 \in \mathbb{C}$ ist der *Entwicklungspunkt* der Potenzreihe (2.92).

Die Resultate über reelle Potenzreihen, die wir in Burg/Haf/Wille [12]gewonnen haben, lassen sich unmittelbar auf den komplexen Fall übertragen; ebenso die entsprechenden Beweise. Es ergibt sich

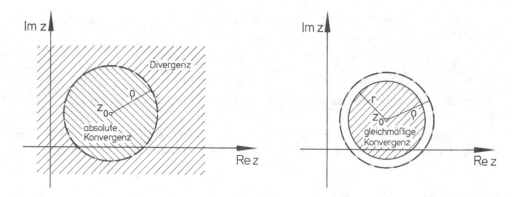

Fig. 2.25: Konvergenz- bzw. Divergenzbereich einer   Fig. 2.26: Bereich der gleichmäßigen Konvergenz
Potenzreihe

Satz 2.34:

Zu jeder Potenzreihe (2.92) gibt es ein ρ mit $0 \leq \rho \leq \infty$, den sogenannten *Konvergenzradius*, so dass diese Potenzreihe

(i)   absolut konvergiert im Kreisgebiet $\{z| \, |z - z_0| < \rho\}$;

(ii)   gleichmäßig konvergiert auf $\{z| \, |z - z_0| \leq r < \rho$ für alle r mit $0 < r < \rho\}$;

(iii)   divergiert auf $\{z| \, |z - z_0| > \rho\}$.

(s. Fig. 2.25 und 2.26). Der Konvergenzradius ρ lässt sich aus den Koeffizienten der Potenzreihe mit der Formel

$$\rho = \frac{1}{\overline{\lim}_{k \to \infty} \sqrt[k]{|a_k|}} \qquad (2.93)$$

bzw., falls der folgende Grenzwert existiert, aus

$$\rho = \frac{1}{\lim_{k \to \infty} \left| \frac{a_{k+1}}{a_k} \right|} \qquad (2.94)$$

berechnen.

Bemerkung: Ist $\rho = 0$, so konvergiert die Potenzreihe (2.92) nur im Punkt z_0; ist $\rho = \infty$ so konvergiert (2.92) in ganz $\mathbb{C}$.

Welcher Zusammenhang besteht nun eigentlich zu holomorphen Funktionen? Wir zeigen zunächst

Satz 2.35:

Besitzt die Potenzreihe

$$\left[\sum_{k=0}^{\infty} a_k (z - z_0)^k \right]$$

einen von Null verschiedenen Konvergenzradius ρ, so wird durch sie eine auf dem Kreisgebiet $\{z \,|\, |z - z_0| < \rho\}$ holomorphe Funktion erklärt.

Beweis:

Nach Satz 2.34 (ii) ist $\left[\sum_{k=0}^{\infty} a_k (z - z_0)^k \right]$ gleichmäßig konvergent auf $\{z \,|\, |z - z_0| \leq r < \rho\}$ für alle r mit $0 < r < \rho$, also nach Satz 2.33 (i) dort holomorph. Da r beliebig ist mit $0 < r < \rho$, ergibt sich die Holomorphie auch in $\{z \,|\, |z - z_0| < \rho\}$. $\qquad\square$

Hilfssatz 2.1:

Sei f die durch $\sum_{k=0}^{\infty} a_k (z - z_0)^k$ definierte Funktion und sei $\rho > 0$. Dann gilt in $\{z \,|\, |z - z_0| < \rho\}$

$$f^{(n)}(z) = \sum_{k=n}^{\infty} a_k \frac{k!}{(k - n)!} (z - z_0)^{k-n} .$$

Beweis:

Wegen Satz 2.33 (iii) dürfen wir die Potenzreihe gliedweise differenzieren. Wir erhalten

$$f^{(n)}(z) = \sum_{k=n}^{\infty} a_k \cdot k(k - 1) \cdot \ldots \cdot (k - n + 1)(z - z_0)^{k-n}$$

und mit

$$k(k - 1) \ldots (k - n + 1) = \frac{k!}{(k - n)!}$$

die Behauptung. $\qquad\square$

Wir zeigen nun, dass auch die Umkehrung von Satz 2.35 gilt:

Satz 2.36:

Jede in $U_\rho(z_0) = \{z \,|\, |z - z_0| < \rho, 0 < \rho \leq \infty\}$ holomorphe Funktion f lässt sich dort durch eine Potenzreihe darstellen:

$$f(z) = \sum_{k=0}^{\infty} a_k (z - z_0)^k \tag{2.95}$$

Beweis:

Sei $|z - z_0| \leq r < r_0 < \rho$ und $K_{r_0}(z_0) = \{z \mid |z - z_0| = r_0\}$. Nach Satz 2.16, Abschnitt 2.2.3, gilt bei positiver Orientierung von $K_{r_0}(z_0)$

$$f(z) = \frac{1}{2\pi \, \mathrm{i}} \int\limits_{K_{r_0}(z_0)} \frac{f(\zeta)}{\zeta - z} \mathrm{d}\zeta \,. \tag{2.96}$$

Nun entwickeln wir den Integranden nach Potenzen von $z - z_0$: Für $|\zeta - z_0| = r_0$ gilt

$$\frac{1}{\zeta - z} = \frac{1}{\zeta - z_0} \left(\frac{1}{1 - \frac{z - z_0}{\zeta - z_0}} \right) = \frac{1}{\zeta - z_0} \sum_{k=0}^{\infty} \left(\frac{z - z_0}{\zeta - z_0} \right)^k \,. \tag{2.97}$$

Wegen

$$\left| \left(\frac{z - z_0}{\zeta - z_0} \right)^k \right| \leq \left(\frac{r}{r_0} \right)^k < 1$$

konvergiert die geometrische Reihe $\left[\sum_{k=0}^{\infty} \left(\frac{z - z_0}{\zeta - z_0} \right)^k \right]$ nach Satz 2.32 gleichmäßig bezüglich ζ auf dem Kreis $|\zeta - z_0| = r_0$ (und gleichmäßig bezüglich z in $|z - z_0| \leq r$). Nach Voraussetzung ist f holomorph in $U_\rho(z_0)$, also insbesondere stetig auf $K_{r_0}(z_0)$. Daher ist f auf $K_{r_0}(z_0)$ auch beschränkt. Dies ergibt zusammen mit unseren obigen Überlegungen:

$$\frac{f(\zeta)}{\zeta - z} = \sum_{k=0}^{\infty} \frac{f(\zeta)}{\zeta - z_0} \left(\frac{z - z_0}{\zeta - z_0} \right)^k = \sum_{k=0}^{\infty} f(\zeta) \frac{(z - z_0)^k}{(\zeta - z_0)^{k+1}} \,,$$

wobei diese Reihe gleichmäßig bezüglich ζ für $|\zeta - z_0| = r_0$ konvergiert. Nach Satz 2.33 (ii) dürfen wir in

$$f(z) = \frac{1}{2\pi \, \mathrm{i}} \int\limits_{K_{r_0}(z_0)} \left\{ \sum_{k=0}^{\infty} f(\zeta) \frac{(z - z_0)^k}{(\zeta - z_0)^{k+1}} \right\} \mathrm{d}\zeta$$

die Integration mit der Summation vertauschen, und wir erhalten

$$f(z) = \sum_{k=0}^{\infty} \left\{ \frac{1}{2\pi \, \mathrm{i}} \int\limits_{K_{r_0}(z_0)} \frac{f(\zeta)}{(\zeta - z_0)^{k+1}} \mathrm{d}\zeta \right\} (z - z_0)^k \,,$$

also mit

$$a_k = \frac{1}{2\pi \, \mathrm{i}} \int\limits_{K_{r_0}(z_0)} \frac{f(\zeta)}{(\zeta - z_0)^{k+1}} \mathrm{d}\zeta \tag{2.98}$$

die gewünschte Potenzreihenentwicklung

$$f(z) = \sum_{k=0}^{\infty} a_k (z - z_0)^k \, .$$

Die Koeffizienten a_k sind unabhängig davon, wie wir r_0 wählen (warum?). Ferner konvergiert die Potenzreihe für alle z mit $|z - z_0| < \rho$, woraus sich die Behauptung von Satz 2.36 ergibt. $\square$

Bemerkung 1: Dieser Beweis unterstreicht erneut die Bedeutung der Cauchyschen Integralformel.

Bemerkung 2: Formel (2.98) im Beweis von Satz 2.36 ermöglicht es uns, die Koeffizienten a_k der Potenzreihenentwicklung von f aus der Funktion f zu berechnen. Nehmen wir außerdem noch Satz 2.18, Abschnitt 2.2.3, hinzu, so ergibt sich

$$a_k = \frac{f^{(k)}(z_0)}{k!}, \quad k = 0, 1, \ldots, \tag{2.99}$$

d.h. die a_k sind die Koeffizienten der *Taylorentwicklung* von f um z_0.

Wir lösen uns nun von dem speziellen Kreisgebiet $U_\rho(z_0)$ in Satz 2.36 und beweisen

Satz 2.37:

Sei f eine im Gebiet D holomorphe Funktion. Dann lässt sich f um jeden Punkt $z_0 \in D$ in eine Taylorreihe

$$f(z) = \sum_{k=0}^{\infty} \frac{f^{(k)}(z_0)}{k!} (z - z_0)^k \tag{2.100}$$

entwickeln, die in jedem Kreisgebiet um z_0, das ganz in D liegt, konvergiert. Die Darstellung (2.100) ist eindeutig.

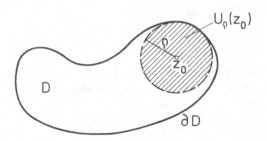

Fig. 2.27: Zum Beweis von Satz 2.37

Beweis:

Sei ρ der Abstand des Punktes z_0 vom Rand ∂D von D. Dann ist $U_\rho(z_0) = \{z \in \mathbb{C} \mid |z - z_0| < \rho\}$ ganz in D enthalten (s. Fig. 2.27). Nach Satz 2.37 und Bemerkung 2 gilt daher (2.100) in $U_\rho(z_0)$.

Wir haben noch die Eindeutigkeit dieser Darstellung zu zeigen: Hierzu nehmen wir an, f besitzt eine weitere Darstellung durch eine Potenzreihe:

$$f(z) = \sum_{k=0}^{\infty} b_k (z - z_0)^k \, ,$$

in einer Umgebung von z_0. Nach Hilfssatz 2.1 gilt dann

$$f^{(n)}(z) = \sum_{k=n}^{\infty} b_k \frac{k!}{(k-n)!} (z - z_0)^{k-n} \, ,$$

woraus für $z = z_0$ und für beliebige $n \in \mathbb{N}_0$

$$f^{(n)}(z_0) = b_n \cdot n!$$

folgt. Die b_n sind also notwendig die Taylorkoeffizienten von f. $\square$

Bemerkung: Jede holomorphe Funktion besitzt also nur eine Potenzreihenentwicklung: Die Taylorentwicklung.

2.3.4   Charakterisierung holomorpher Funktionen

Aus den in den Abschnitten 2.1 bis 2.3 gewonnenen Resultaten ergeben sich vier verschiedene Möglichkeiten, die Holomorphie einer Funktion zu erklären. Es gilt nämlich

Satz 2.38:

Sei D ein beliebiges Gebiet in $\mathbb{C}$. Dann sind die folgenden Aussagen äquivalent:

(a) f ist holomorph in D, d.h. f ist in D stetig differenzierbar;

(b) ist $f(z) = f(x + \mathrm{i}\, y) = u(x, y) + \mathrm{i}\, v(x, y)$, so sind die Funktionen u und v in D (als Gebiet im $\mathbb{R}^2$ aufgefasst) stetig differenzierbar und genügen den Cauchy-Riemannschen Differentialgleichungen

$$u_x(x, y) = v_y(x, y) \, , \quad u_y(x, y) = -v_x(x, y)$$

(c) ist G ein einfach zusammenhängendes Teilgebiet von D und C eine beliebige geschlossene ganz in G verlaufende stückweise glatte Kurve, so gilt der Cauchysche Integralsatz

$$\int_C f(z)\mathrm{d}z = 0 \, ,$$

(d) f besitzt um jeden Punkt z_0 von D eine (eindeutig bestimmte) Potenzreihenentwicklung, deren Konvergenzradius positiv ist.

Der Beweis ergibt sich durch Kombination der Sätze aus den vorausgehenden Abschnitten.

2.3.5 Analytische Fortsetzung

Ziel dieses Abschnittes ist es, die Grundideen der analytischen Fortsetzung von holomorphen Funktionen, also der Erweiterung dieser Funktionen auf größere Holomorphiegebiete, zu verdeutlichen. Zunächst zeigen wir

Satz 2.39:

(*Identitätssatz für holomorphe Funktionen*) Die beiden Funktionen f und g seien im Gebiet D holomorph. Ferner sei $\{z_n\}$ eine Folge von verschiedenen komplexen Zahlen in D mit mindestens einem Häufungspunkt z_0 in D. Gilt außerdem

$$f(z_n) = g(z_n) \quad \text{für alle } n \in \mathbb{N},$$

so folgt

$$f(z) = g(z) \quad \text{für alle } z \in D.$$

Bemerkung: Dieser Satz hat eine interessante Konsequenz: Holomorphe Funktionen sind bereits durch ihre Funktionswerte an unendlich vielen verschiedenen Punkten, die sich an mindestens einem Punkt im Holomorphiegebiet häufen, eindeutig bestimmt. Diese Aussage ist weitergehend als die in Abschnitt 2.2.3, III, gewonnene, wo wir gezeigt haben, dass holomorphe Funktionen durch ihre »Randwerte« bestimmt sind. Insbesondere ist also eine in D holomorphe Funktion in D eindeutig festgelegt, wenn sie in beliebig kleinen Umgebungen eines Punktes $z \in D$ bekannt ist.

Beweis:
Wir nehmen ohne Beschränkung der Allgemeinheit an, dass die Folge $\{z_n\}$ gegen z_0 konvergiert (sonst Verwendung einer gegen z_0 konvergenten Teilfolge). Setzen wir: $h = f - g$, so folgt: Die Funktion h ist holomorph in D, und es gilt $h(z_n) = 0$ für alle $n \in \mathbb{N}$. Nach Satz 2.36 gibt es dann ein $\rho > 0$, so dass $U_\rho(z_0) \subset D$ ist und h sich in $U_\rho(z_0)$ durch eine Potenzreihe darstellen lässt

$$h(z) = \sum_{k=0}^{\infty} a_k (z - z_0)^k.$$

Aus der Stetigkeit von h in z_0 folgt, da $h(z_n) = 0$ für alle $n \in \mathbb{N}$ ist,

$$a_0 = h(z_0) = \lim_{n \to \infty} h(z_n) = 0$$

d.h.

$$h(z) = \sum_{k=1}^{\infty} a_k (z - z_0)^k.$$

Durch gliedweise Differentiation dieser Reihe (nach Satz 2.33 (iii), Abschn. 2.3.2, erlaubt!) gewinnen wir

$$h'(z) = a_1 + 2a_2(z - z_0) + \ldots$$

und hieraus, da $h(z_0) = 0$, $h(z_n) = 0$ für alle $n \in \mathbb{N}$ und h' stetig in z_0 ist,

$$h'(z_0) = a_1 = \lim_{n \to \infty} \frac{h(z_n) - h(z_0)}{z_n - z_0} = 0.$$

Mittels vollständiger Induktion erhalten wir so $a_k = 0$ für alle $k \in \mathbb{N}$ und damit

$$h(z) = 0 \quad \text{in } U_\rho(z_0) \text{ bzw. } f(z) = g(z) \text{ in } U_\rho(z_0).$$

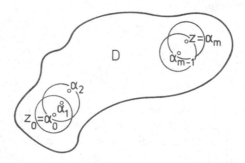

Fig. 2.28: Kreiskettenverfahren

Sei nun $z \in D$ beliebig. Wir zeigen: $f(z) = g(z)$. Hierzu benutzen wir das Kreiskettenverfahren aus dem Beweis von Satz 2.21, Abschnitt 2.2.5: Demnach gibt es endlich viele Punkte $\alpha_0 = z_0, \alpha_1, \ldots, \alpha_m = z$ und Kreisgebiete $U_d(\alpha_0), U_d(\alpha_1), \ldots, U_d(\alpha_m)$ mit

$$U_d(\alpha_i) \subset D \quad (i = 0, 1, \ldots, m), \quad \alpha_i \in U_d(\alpha_{i-1}) \quad (i = 1, \ldots, m).$$

Da α_1 innerer Punkt von $U_d(\alpha_0)$ ist, gilt insbesondere $f(z) = g(z)$ in einer Umgebung von α_1. Nun können wir den obigen ersten Beweisschritt erneut anwenden und erhalten $f(z) = g(z)$ in $U_d(\alpha_1)$ und – nach m-facher Wiederholung – $f(z) = g(z)$ in $U_d(\alpha_m)$, woraus sich insbesondere $f(\alpha_m) = g(\alpha_m)$ ergibt. Wegen $\alpha_m = z$ ist dies die Behauptung.   □

Bemerkung: Ist der Punkt z_0 in Satz 2.39 ein Randpunkt von D, so gilt die Aussage dieses Satzes im Allgemeinen nicht. Nehmen wir z.B. für D das Gebiet $\mathbb{C} - \{0\}$ und wählen wir

$$f(z) = \sin \frac{1}{z}, \quad g(z) = 0.$$

Mit $z_0 = 0 \in \partial D$ erhalten wir dann für die Folge $\{z_n\}$ mit $z_n = \frac{1}{\pi n}$: $z_n \to z_0 = 0$ für $n \to \infty$ und $f(z_n) = g(z_n)$. Dennoch ist $f \not\equiv g$ in D.

Eine andere Fassung des Identitätssatzes, die nur die Funktionen und sämtliche Ableitungen dieser Funktionen an *einer* Stelle heranzieht, ist gegeben durch

Satz 2.40:

Die Funktionen f und g seien im Gebiet D holomorph. Ferner gelte in einem Punkt $z_0 \in D$

$$f^{(k)}(z_0) = g^{(k)}(z_0) \quad \text{für} \quad k = 0, 1, \dots . \tag{2.101}$$

Dann gilt

$$f(z) = g(z) \quad \text{für alle} \quad z \in D . \tag{2.102}$$

Beweis:

Da z_0 innerer Punkt von D ist, gibt es nach Satz 2.37, Abschnitt 2.3.3, eine Umgebung von z_0, in der sich f und g durch Taylorentwicklungen darstellen lassen:

$$f(z) = \sum_{k=0}^{\infty} \frac{f^{(k)}(z_0)}{k!} (z - z_0)^k \quad \text{bzw.}$$

$$g(z) = \sum_{k=0}^{\infty} \frac{g^{(k)}(z_0)}{k!} (z - z_0)^k .$$

Wegen (2.101) stimmen diese Reihen dort – und daher nach Satz 2.39 in ganz D – überein. Damit sind die Funktionen f und g in D identisch. $\qquad\square$

Der Identitätssatz liefert uns die Möglichkeit, das »Nullstellenverhalten« von holomorphen Funktionen besser zu verstehen. Wir wenden uns nun diesem Anliegen zu:

Definition 2.5:

Die Funktion f sei holomorph im Punkt z_0 (d.h. stetig differenzierbar in einer Umgebung von z_0!). Der Punkt z_0 heißt *Nullstelle der Ordnung m* der Funktion f, falls es eine in z_0 holomorphe Funktion g gibt, mit $g(z_0) \neq 0$ und

$$f(z) = (z - z_0)^m \, g(z) . \tag{2.103}$$

Es gilt dann

Satz 2.41:

Die Funktion f sei im Punkt z_0 holomorph. Der Punkt z_0 ist eine Nullstelle der Ordnung m von f genau dann, falls

$$f(z_0) = f'(z_0) = \dots = f^{(m-1)}(z_0) = 0 \quad \text{und} \quad f^{(m)}(z_0) \neq 0$$

erfüllt ist.

Beweis:

Die eine Richtung ist trivial (Produktregel), die andere folgt aus der Potenzreihenentwicklung von f. □

Satz 2.42:

(*Isoliertheit der Nullstellen und ihre Ordnung*) Die Funktion f sei holomorph im Kreisgebiet $K_\rho(z_0) = \{z \mid |z - z_0| < \rho\}$, nicht identisch Null und erfülle $f(z_0) = 0$. Dann gilt

(a) Es gibt eine natürliche Zahl m mit

$$f(z_0) = f'(z_0) = \ldots = f^{(m-1)}(z_0) = 0 \quad \text{und} \quad f^{(m)}(z_0) \neq 0$$

(d.h. z_0 ist eine Nullstelle der Ordnung m von f).

(b) Es gibt ein $r_0 \in (0, \rho]$ mit

$$f(z) \neq 0 \quad \text{in} \quad 0 < |z - z_0| < r_0$$

(d.h. die Nullstelle z_0 von f ist isoliert.)

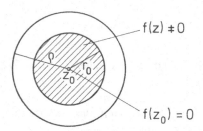

Fig. 2.29: Isoliertheit der Nullstellen

Beweis:

(1) Aus der Holomorphie von f in $K_\rho(z_0)$ folgt mit Satz 2.37, Abschnitt 2.3.3,

$$f(z) = \sum_{k=0}^{\infty} a_k (z - z_0)^k \quad \text{in } K_\rho(z_0),$$

mit $a_k = \frac{f^{(k)}(z_0)}{k!}$. Wegen $a_0 = f(z_0) = 0$ gibt es, da f nicht identisch verschwindet, eine kleinste natürliche Zahl m, so dass $a_m \neq 0$, also $f^{(m)}(z_0) \neq 0$ ist.

(2) Nach dem Identitätssatz (Satz 2.39) kann z_0 nicht Häufungspunkt von Nullstellen von f sein. Es gibt daher ein $r_0 \in (0, \rho]$ mit

$$f(z) \neq 0 \quad \text{für alle } z \text{ mit } 0 < |z - z_0| < r_0.$$

□

Der Identitätssatz erschließt uns noch eine weitere wichtige Thematik: Die Frage nach der »Fortsetzbarkeit«

(i) von reellen Funktionen ins Komplexe;

(ii) von komplexen Funktionen auf »größere« Gebiete.

Zu (i): Wir erinnern an Abschnitt 1.2.3, wo wir einige elementare Funktionen (e^z, $\sin z$ usw.) ausgehend von ihren reellen Reihendarstellungen mit Hilfe der entsprechenden komplexen Reihe eingeführt haben.

Dabei blieb die Frage offen, ob diese Erweiterungen eindeutig sind. Wir wollen unser Anliegen präzisieren. Hierzu führen wir die folgende Begriffsbildung ein (s. auch Fig. 2.30):

Definition 2.6:

Die reellwertige Funktion f sei auf dem offenen Intervall $I \subset \mathbb{R}$ erklärt. Ferner sei F eine auf einem Gebiet $D \subset \mathbb{C}$ holomorphe Funktion. Gilt dann $I \subset D$ und

$$F(x) = f(x), \quad \text{für alle} \quad x \in I, \tag{2.104}$$

so heißt F *holomorphe Ergänzung* von f auf D.

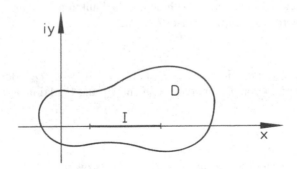

Fig. 2.30: Holomorphe Ergänzung auf D

Aus Satz 2.39 (Identitätssatz) ergibt sich unmittelbar

Satz 2.43:

Es gibt höchstens eine holomorphe Ergänzung F von f auf $D \supset I$.

Damit ist unsere Vorgehensweise bei der Einführung der elementaren Funktionen e^z, $\sin z$, $\cos z$ (s. Abschn. 1.2.3) voll legitimiert: Für

$$f(x) = e^x = \sum_{k=0}^{\infty} \frac{x^k}{k!}, \quad x \in \mathbb{R} \quad \text{ist} \quad F(z) = \sum_{k=0}^{\infty} \frac{z^k}{k!}, \quad z \in \mathbb{C}$$

die (eindeutig bestimmte) holomorphe Ergänzung von f auf $D = \mathbb{C}$; entsprechend für

$$f(x) = \sin x = \sum_{k=0}^{\infty} \frac{(-1)^k}{(2k+1)!} x^{2k+1}, \quad x \in \mathbb{R}$$

die Funktion

$$F(z) = \sin z = \sum_{k=0}^{\infty} \frac{(-1)^k}{(2k+1)!} z^{2k+1}, \quad z \in \mathbb{C}$$

und für

$$f(x) = \cos x = \sum_{k=0}^{\infty} \frac{(-1)^k}{(2k)!} x^{2k}, \quad x \in \mathbb{R}$$

die Funktion

$$F(z) = \cos z = \sum_{k=0}^{\infty} \frac{(-1)^k}{(2k)!} z^{2k}, \quad z \in \mathbb{C}.$$

Zu (ii): Wir lassen jetzt anstelle des offenen Intervalls $I \subset \mathbb{R}$ allgemein ein Gebiet $D \subset \mathbb{C}$ zu und behandeln die Frage, ob sich eine in D holomorphe Funktion f zu einer in einem größeren Gebiet $\tilde{D} \supset D$ holomorphen Funktion fortsetzen lässt.

Definition 2.7:

Es seien D_1 und D_2 zwei Gebiete mit $D_1 \cap D_2 \neq \emptyset$ ($D_1 \subset D_2$ oder $D_2 \subset D_1$ ist zugelassen). Die Funktion f_1 sei holomorph auf D_1, die Funktion f_2 holomorph auf D_2. Gilt dann

$$f_1(z) = f_2(z) \quad \text{auf } D_1 \cap D_2,$$

so heißt f_1 *analytische Fortsetzung von* f_2 *auf* D_1 (bzw. f_2 analytische Fortsetzung von f_1 auf D_2).

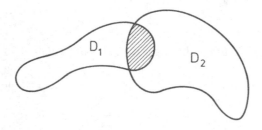

Fig. 2.31: Analytische Fortsetzung auf D_1 bzw. D_2

Insbesondere ist die holomorphe Ergänzung einer Funktion (im Sinne von Def. 2.6) auch analytische Fortsetzung dieser Funktion ($D_1 = I \subset \mathbb{R}$).

Beispiel 2.13:

Es seien

$$f_1(z) = \frac{1}{1-z} \quad \text{und} \quad D_1 = \mathbb{C} - \{1\};$$

$$f_2(z) = \sum_{k=0}^{\infty} z^k \quad \text{und} \quad D_2 = \{z \mid |z| < 1\}.$$

Dann gilt auf $D_1 \cap D_2$: $f_1 = f_2$. Daher ist f_1 eine analytische Fortsetzung von f_2 auf D_1. Wir zeigen jetzt

Satz 2.44:

Seien D_1 und D_2 Gebiete mit $D_1 \cap D_2 \neq \emptyset$ und sei f eine auf D_1 holomorphe Funktion. Ist dann F eine analytische Fortsetzung von f auf D_2, so ist sie *eindeutig* bestimmt.

Beweis:

Seien F_1 und F_2 zwei analytische Fortsetzungen von f auf D_2. Wir setzen dann

$$\tilde{F} := F_1 - F_2.$$

Die Funktion $\tilde{F}$ ist holomorph auf D_2, und es gilt

$$\tilde{F}(z) = F_1(z) - F_2(z) = f(z) - f(z) = 0$$

für alle $z \in D_1 \cap D_2$. Nach Satz 2.39 (Identitätssatz) gilt daher $\tilde{F} = 0$ auf D_2, d.h. $F_1 = F_2$ auf D_2.   □

Analytische Fortsetzung der Logarithmus-Funktion

Um einige mit Fortsetzungsfragen zusammenhängende Probleme aufzuzeigen, greifen wir eine konkrete Situation auf: Wir wenden uns erneut der Logarithmus-Funktion zu, die wir schon in Abschnitt 2.1.4 kennengelernt haben. Wir wollen die Fortsetzbarkeit der Funktion $\ln x$, $x > 0$, untersuchen. Der naheliegendste Weg der Erweiterung besteht in der Verwendung der Potenzreihenentwicklung dieser Funktion. Wegen

$$\ln x = \ln \left\{ x_0 \left(1 + \frac{x - x_0}{x_0} \right) \right\} = \ln x_0 + \ln \left(1 + \frac{x - x_0}{x_0} \right)$$

gewinnen wir die Potenzreihendarstellung von $\ln x$ um einen Punkt x_0 ($x_0 > 0$), indem wir $\ln \left(1 + \frac{x - x_0}{x_0} \right)$ in eine Potenzreihe entwickeln (s. hierzu Burg/Haf/Wille [12]). Dadurch ergibt sich

$$\ln x = \ln x_0 + \sum_{k=1}^{\infty} \frac{(-1)^{k+1}}{k} \left(\frac{x - x_0}{x_0} \right)^k = \ln x_0 + \sum_{k=1}^{\infty} \frac{(-1)^{k+1}}{k x_0^k} (x - x_0)^k . \tag{2.105}$$

Die Reihe in (2.105) besitzt den Konvergenzradius x_0 (Konvergenz liegt ja für $\left| \frac{x - x_0}{x_0} \right| < 1$, also für $|x - x_0| < x_0$ vor!). Die holomorphe Ergänzung von $\ln x$ auf das Kreisgebiet $\{z \mid |z - x_0| < x_0\}$ ist durch

$$F(z) = \ln x_0 + \sum_{k=1}^{\infty} \frac{(-1)^{k+1}}{k x_0^k} (z - x_0)^k , \quad |z - x_0| < x_0 \tag{2.106}$$

gegeben. Dieses Resultat ist noch unbefriedigend. Bei der stetigen Fortsetzung von Funktionen möchte man zu »möglichst großen« Gebieten D gelangen. Zur Realisierung dieses Anliegens für die Logarithmus-Funktion gehen wir jetzt von der Integraldarstellung

$$\ln x = \int_1^x \frac{dt}{t} \tag{2.107}$$

aus. Für D wählen wir die längs der negativen reellen Achse aufgeschnittene z-Ebene: $\tilde{D} = \mathbb{C} - \{x \in \mathbb{R} \mid x \leq 0\}$ (vgl. Abschn. 2.1.4, Fig. 2.6). Nun setzen wir

$$\tilde{F}(z) = \int_1^z \frac{d\zeta}{\zeta} , \quad z \in \tilde{D} . \tag{2.108}$$

Ist der Integrationsweg C in (2.108) ganz in $\tilde{D}$ enthalten, so hängt der Wert des Integrals nur von z, nicht aber von C, ab. Ferner gilt: $\tilde{F}$ ist holomorph in $\tilde{D}$ (der Nullpunkt gehört nicht zu $\tilde{D}$!) und erfüllt $\tilde{F}'(z) = 1/z$. Ist $I \subset \mathbb{R}^+$ ein beliebiges, offenes Intervall, so folgt wegen $\tilde{F}(x) = \ln x$ für $x \in I$, dass $\tilde{F}$ die holomorphe Ergänzung von $\ln x$ auf $\tilde{D}$ ist. Da die Funktionen F (s. (2.106)) und $\tilde{F}$ für $x > 0$ übereinstimmen, stimmen sie nach dem Identitätssatz auch im Kreisgebiet $\{z \mid |z - x_0| < x_0\}$ überein, d.h. $\tilde{F}$ ist die analytische Fortsetzung von F auf $\tilde{D}$.

Wir wollen das Integral in (2.108) berechnen. Hierzu wählen wir den in Figur 2.32 skizzierten (bequemen) Integrationsweg. Mit der Parameterdarstellung für C'':

$$\zeta = |z| e^{it} , \quad 0 \leq t \leq \varphi$$

ergibt sich

$$\tilde{F}(z) = \int_{C'} \frac{d\zeta}{\zeta} + \int_{C''} \frac{d\zeta}{\zeta} = \int_1^{|z|} \frac{dt}{t} + i \int_0^{\varphi} dt = \ln |z| + i \varphi = \ln |z| + i \operatorname{Arg} z , \quad z \in \tilde{D} .$$

Bei Überquerung der negativen reellen Achse springt $\tilde{F}$ um $2\pi i$ (warum?). $\tilde{F}$ kann also nicht

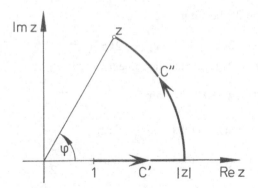

Fig. 2.32: Integrationsweg für $\int_1^z \frac{d\zeta}{\zeta}$

stetig und damit auch nicht analytisch auf die punktierte Ebene $\mathbb{C} \setminus \{0\}$ fortgesetzt werden.

Wir haben bei unseren bisherigen Überlegungen das Gebiet $\tilde{D}$ ziemlich willkürlich gewählt. Ebenso hätten wir auch das Gebiet $D^\star = \mathbb{C} - \{i\,y | y \leq 0\}$, also die längs der negativen imaginären Achse aufgeschnittene z-Ebene, verwenden können. Falls z in der oberen Halbebene oder im 4. Quadranten liegt, lässt sich derselbe Integrationsweg für die Gebiete $\tilde{D}$ und $D^\star$ benutzen, und wir erhalten entsprechend die analytische Fortsetzung $F^\star$ von $\ln x$ auf das Gebiet $D^\star$. Liegt z jedoch im 3. Quadranten $\{z | \operatorname{Re} z < 0, \operatorname{Im} z < 0\}$, so müssen wir zur Berechnung von $\tilde{F}(z)$ und $F^\star(z)$ unterschiedliche Integrationswege benutzen.

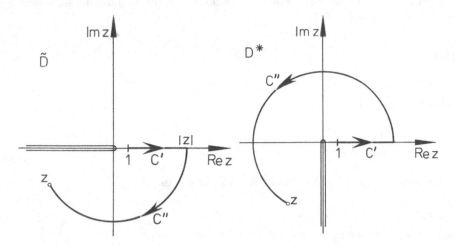

Fig. 2.33: Zur Berechnung von $\tilde{F}(z)$ bzw. $F^\star(z)$

Um ein Überqueren der herausgenommenen Halbgeraden zu vermeiden, orientieren wir die Integrationswege für $\tilde{F}$ und $F^\star$ in diesem Fall gemäß Figur 2.33, also unterschiedlich. Beachten wir noch, dass in der Polarkoordinatendarstellung von z das Argument von z nur bis auf ganzzahlige Vielfache von 2π bestimmt ist:

$$z = |z|\, \mathrm{e}^{\mathrm{i}\arg_k z} \quad \text{mit} \quad 2k\pi - \pi < \arg_k z \le 2k\pi + \pi \,,$$

$$(k \in \mathbb{Z}; \quad \arg_0 z = \operatorname{Arg} z \,:\, \text{Hauptargument})$$

so ergibt sich für die Fortsetzung $F^\star$ von $\ln x$

$$F^\star(z) = \begin{cases} \ln|z| + \mathrm{i}\operatorname{Arg} z\,, & \text{falls} \quad -\dfrac{\pi}{2} < \operatorname{Arg} z \le \pi \\[2mm] \ln|z| + \mathrm{i}\arg_1 z\,, & \text{falls} \quad -\pi < \operatorname{Arg} z < -\dfrac{\pi}{2}\,. \end{cases}$$

Insgesamt erhalten wir

$$F^\star(z) - \tilde{F}(z) = 2\pi\,\mathrm{i}\,, \tag{2.109}$$

wenn $-\pi < \operatorname{Arg} z < -\pi/2$ ist. Für alle z, die im 3. Quadranten liegen, führt die analytische Fortsetzung der Logarithmus-Funktion $\ln x$ auf die Gebiete $\tilde{D}$ und $D^\star$ zu unterschiedlichen Werten $\tilde{F}(z)$ und $F^\star(z)$. Zusammen mit unseren Überlegungen aus Abschnitt 2.1.4, (Teil (ii)) erhalten wir: Die dort betrachteten Zweige $\log_k z$ lassen sich durch analytische Fortsetzung ineinander überführen: $\log_k z$ entsteht aus $\log_0 z$ bei $|k|$-fachem Umlauf um den Nullpunkt (positive Orientierung für $k > 0$, negative für $k < 0$), und zu einer einzigen mehrdeutigen Funktion $\log z$ auf der Riemannschen Fläche $\mathfrak{R}$ zusammenfassen; $\log z$ ist die analytische Fortsetzung von $\ln x$, $x > 0$, auf $\mathfrak{R}$.

Weitere Beispiele für die analytische Fortsetzung von Funktionen lernen wir im Zusammenhang mit der Eulerschen Gammafunktion (s. Abschn. 3.2.3, (b)) und mit der Besselschen Differentialgleichung (s. Abschn. 5) kennen.

Übungen

Übung 2.18*:

Zeige, dass die Funktion

$$f(z) := \sum_{k=1}^{\infty} \frac{z^k}{1 + z^{2k}}$$

im Inneren und im Äußeren des Einheitskreises holomorph ist.

Übung 2.19*:

Gegeben sei die Funktion

$$\zeta(z) := \sum_{k=1}^{\infty} k^{-z}\,, \quad z \in D := \{z \in \mathbb{C}\,|\, \operatorname{Re} z > 1\} \quad \text{(Riemannsche Zeta-Funktion)}\,.$$

a) Zeige: ζ ist holomorph in D.

b) Leite eine Reihendarstellung für die p-te Ableitung von $\zeta(z)$ in D her.

Übung 2.20:

Entwickle die Funktionen

$$f(z) = \frac{1}{z - \alpha}, \quad g(z) = \frac{1}{(z - \alpha)^2}, \quad h(z) = \frac{1}{(z - \alpha)^3}$$

in Potenzreihen um z_0 mit $z_0 \neq \alpha$. Welche Ausdrücke ergeben sich bei höheren Potenzen von $\frac{1}{z-\alpha}$? (Hinweis: Beachte $f'(z) = -g(z)$ usw., sowie Hilfssatz 2.1, Abschnitt 2.3.3).

Übung 2.21*:

Entwickle die folgenden Funktionen in Potenzreihen um die angegebenen Punkte z_0:

a) $f(z) = -\dfrac{1}{(z - 1)^2(z - 2)}, \quad z_0 = 0$;   b) $f(z) = \dfrac{e^z}{1 - z}, \quad z_0 = 0$;

c) $f(z) = e^{-z}, \quad z_0 = i\pi$;   d) $f(z) = e^z \sin z, \quad z_0 = 0$;

e) $f(z) = \dfrac{2i + 3z}{1 + z}, \quad z_0 = i$.

Übung 2.22*:

Bestimme die maximalen analytischen Fortsetzungen der Funktionen

a) $f_1(z) := \displaystyle\sum_{k=0}^{\infty}(-1)^k z^{2k}, \quad |z| < 1$;   b) $f_2(z) := \displaystyle\int_0^{\infty} e^{-zt}\, dt, \quad \text{Re } z > 0$.

2.4   Asymptotische Abschätzungen

In zahlreichen Anwendungssituationen ist man am Verhalten von Funktionen $f(z)$ bei *großen* (bzw. kleinen) *Argumenten* z interessiert, also an Informationen über das *asymptotische Verhalten* dieser Funktionen. Solche Probleme treten z.B. im Zusammenhang mit stationären Systemen auf (s. [35], Kap. VI, Nr. 86-87). Auch ist es von Interesse, für die Lösungen gewisser Differentialgleichungen (z.B. der Besselschen Differentialgleichung) asymptotische Darstellungen zu besitzen (etwa für die Hankel- und Besselfunktionen, s. Abschn. 5.2.3). Aktuelle Anwendungen hierfür ergeben sich bei der Untersuchung von Resonanzphänomenen in akustischen und elektromagnetischen Wellenleitern. Wir verweisen auf Arbeiten von P. Werner [49], [50].

Wir wollen im Folgenden zeigen, wie sich funktionentheoretische Methoden zur Gewinnung von asymptotischen Formeln bei großen Argumenten heranziehen lassen.

2.4.1   Asymptotische Entwicklungen

Die Grundidee bei asymptotischen Untersuchungen besteht darin, die entsprechenden Funktionen durch solche von einfacherer »Bauart« zu ersetzen. Dabei sollen die wesentlichen Eigenschaften der ursprünglichen Funktion nicht verloren gehen, wenn die Argumente dieser Funktion groß sind.

Wir präzisieren dies und führen hierzu den Begriff der asymptotischen Entwicklung einer Funktion ein. Dazu betrachten wir eine Reihendarstellung der Form

$$s(z) = a_0 + \frac{a_1}{z} + \frac{a_2}{z^2} + \dots .$$ (2.110)

Die Summe der ersten $(n + 1)$ Glieder der Reihe (2.110) bezeichnen wir mit $s_n(z)$:

$$s_n(z) = a_0 + \frac{a_1}{z} + \dots + \frac{a_n}{z^n} .$$ (2.111)

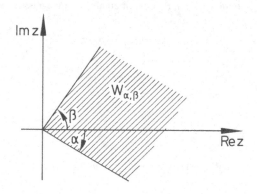

Fig. 2.34: Winkelbereich $W_{\alpha,\beta}$

Definition 2.8:

Sei f eine vorgegebene Funktion, $n \in \mathbb{N}_0$ beliebig und z aus dem *Winkelbereich*

$$W_{\alpha,\beta} := \{z \mid \arg z \in [\alpha, \beta]\} \quad \text{(s. Fig 2.34).}$$

Gilt dann

$$\left| z^n [f(z) - s_n(z)] \right| \to 0 \quad \text{für } z \to \infty, z \in W_{\alpha,\beta},$$ (2.112)

so nennt man die Reihe in (2.110) *asymptotische Entwicklung* von f nach Potenzen von $1/z$ im Winkelbereich $W_{\alpha,\beta}$ und schreibt: $f(z) \sim s(z)$.

Bemerkung: Mit dem Landau-Symbol [15] o lässt sich (2.112) auch in der Form

$$f(z) - s_n(z) = o\left(\frac{1}{z^n} \right) \quad \text{für } z \to \infty \text{ in } W_{\alpha,\beta}$$ (2.113)

schreiben.

---

15 Die Landau-Symbole o und $\mathcal{O}$ sind wie folgt erklärt: $f(z) = o(g(z))$ für $z \to \infty$ bedeutet: $\frac{f(z)}{g(z)} \to 0$ für $z \to \infty$;

$f(z) = \mathcal{O}(g(z))$ für $z \to \infty$ bedeutet: $\frac{f(z)}{g(z)} \to K \neq 0$ für $z \to \infty$.

Falls es eine asymptotische Entwicklung von f in $W_{\alpha,\beta}$ gibt, so ist diese eindeutig bestimmt: Aus (2.112) folgt nämlich für $n = 0$: $f(z) - a_0 \to 0$ für $z \to \infty$ und daher

$$a_0 = \lim_{z \to \infty} f(z).$$

$n = 1$: $z\left[f(z) - a_0 - \frac{a_1}{z}\right] \to 0$ für $z \to \infty$ und daher

$$a_1 = \lim_{z \to \infty} z\left[f(z) - a_0\right]$$

und allgemein für beliebige $n \in \mathbb{N}_0$:

$$a_n = \lim_{z \to \infty} z^n \left[f(z) - s_{n-1}(z)\right]$$

(vollständige Induktion!).

Für die Summe $f + g$ und das Produkt $f \cdot g$ von asymptotischen Entwicklungen

$$f(z) \sim \sum_{n=0}^{\infty} \frac{a_n}{z^n}, \quad g(z) \sim \sum_{n=0}^{\infty} \frac{b_n}{z^n}$$

bestehen die Beziehungen

$$f(z) + g(z) \sim \sum_{n=0}^{\infty} \frac{a_n + b_n}{z^n}$$

bzw.

$$f(z) \cdot g(z) \sim \sum_{n=0}^{\infty} \frac{a_0 b_n + a_1 b_{n-1} + \ldots + a_n b_0}{z^n}$$

(s. Üb. 2.23).

Beispiel 2.14:

Das *Gaußsche Fehlerintegral* ist durch

$$\frac{2}{\sqrt{\pi}} \int_0^z e^{-\zeta^2} \, d\zeta =: \mathrm{erf}\, z \tag{2.114}$$

(erf: Abkürzung für error function) definiert. Diese Funktion stellt eine in ganz $\mathbb{C}$ holomorphe Funktion dar, für die

$$\mathrm{erf}\, z = \frac{2}{\sqrt{\pi}} \sum_{n=0}^{\infty} \frac{(-1)^n}{n!} \frac{z^{2n+1}}{2n+1}, \quad z \in \mathbb{C}$$

gilt (s. Üb. 2.24). Wir wollen eine asymptotische Darstellung für erf z für den Fall $z = x > 0$ herleiten. Hierzu betrachten wir die durch

$$f(x) := \int_{x}^{\infty} e^{x^2 - t^2}\, dt$$

erklärte Funktion f. Diese lässt sich auch in der Form

$$f(x) = -\frac{1}{2} \int_{x}^{\infty} \frac{1}{t} \frac{d\left(e^{x^2 - t^2}\right)}{dt}\, dt$$

darstellen. Mittels partieller Integration (wir beachten das Konvergenzverhalten dieses uneigentlichen Integrals!) erhalten wir

$$f(x) = \frac{1}{2x} - \frac{1}{2} \int_{x}^{\infty} \frac{1}{t^2} e^{x^2 - t^2}\, dt$$

und durch entsprechende Wiederholungen

$$f(x) = \frac{1}{2x} - \frac{1}{2^2 x^3} + \frac{1 \cdot 3}{2^3 x^5} \mp \ldots (-1)^{n-1} \frac{1 \cdot 3 \cdot \ldots \cdot (2n-3)}{2^n x^{2n-1}}$$
$$+ (-1)^n \frac{1 \cdot 3 \cdot \ldots \cdot (2n-1)}{2^n} \int_{x}^{\infty} \frac{1}{t^{2n}} e^{x^2 - t^2}\, dt\ .$$

Das letzte Integral lässt sich wie folgt abschätzen: Aus

$$0 < \int_{x}^{\infty} \frac{1}{t^{2n}} e^{x^2 - t^2}\, dt = -\frac{1}{2} \int_{x}^{\infty} \frac{1}{t^{2n+1}} \frac{d\left(e^{x^2 - t^2}\right)}{dt}\, dt = \frac{1}{2x^{2n+1}} - \frac{2n+1}{2} \int_{x}^{\infty} \frac{1}{t^{2n+2}} e^{x^2 - t^2}\, dt$$

ergibt sich

$$\int_{x}^{\infty} \frac{1}{t^{2n}} e^{x^2 - t^2}\, dt < \frac{1}{2x^{2n+1}}\ .$$

Mit

$$s_{2n-1}(x) = \frac{1}{2x} - \frac{1}{2^2 x^3} \pm \ldots (-1)^{n-1} \frac{1 \cdot 3 \cdot 5 \cdot \ldots \cdot (2n-3)}{2^n x^{2n-1}}$$

gewinnen wir daher die Abschätzung

$$\left| x^{2n-1} \left[f(x) - s_{2n-1}(x) \right] \right| = \left| x^{2n-1} \frac{1 \cdot 3 \cdot \ldots \cdot (2n-1)}{2^n} \int\limits_{x}^{\infty} \frac{1}{t^{2n}} \, \mathrm{e}^{x^2-t^2} \, \mathrm{d}t \right|$$

$$\leq x^{2n-1} \frac{1 \cdot 3 \cdot \ldots \cdot (2n-1)}{2^{n+1} x^{2n+1}} = \frac{1 \cdot 3 \cdot \ldots \cdot (2n-1)}{2^{n+1}} \frac{1}{x^2} \to 0 \quad \text{für } x \to \infty.$$

Damit ist mit Definition 2.8

$$\int\limits_{x}^{\infty} \mathrm{e}^{x^2-t^2} \, \mathrm{d}t \sim \frac{1}{2x} - \frac{1}{2^2 x^3} + \frac{1 \cdot 3}{2^3 x^5} \mp \cdots.$$

Wegen

$$\int\limits_{0}^{\infty} \mathrm{e}^{-t^2} \, \mathrm{d}t = \frac{\sqrt{\pi}}{2}$$

(s. Burg/Haf/Wille [12]) folgt

$$\int\limits_{0}^{\infty} \mathrm{e}^{x^2-t^2} \, \mathrm{d}t = \mathrm{e}^{x^2} \cdot \frac{\sqrt{\pi}}{2},$$

und wir erhalten

$$\int\limits_{0}^{x} \mathrm{e}^{x^2-t^2} \, \mathrm{d}t = \mathrm{e}^{x^2} \cdot \frac{\sqrt{\pi}}{2} - \int\limits_{x}^{\infty} \mathrm{e}^{x^2-t^2} \, \mathrm{d}t \sim \mathrm{e}^{x^2} \cdot \frac{\sqrt{\pi}}{2} - \frac{1}{2x} + \frac{1}{2^2 x^3} - \frac{1 \cdot 3}{2^3 x^5} \pm \cdots.$$

Insgesamt ergibt sich die asymptotische Entwicklung

$$\operatorname{erf} x = \frac{2}{\sqrt{\pi}} \int\limits_{0}^{x} \mathrm{e}^{-t^2} \, \mathrm{d}t \sim 1 - \frac{2 \, \mathrm{e}^{-x^2}}{\sqrt{\pi}} \left(\frac{1}{2x} - \frac{1}{2^2 x^3} \pm \cdots \right)$$

oder

$$\operatorname{erf} x = 1 - \frac{\mathrm{e}^{-x^2}}{\sqrt{\pi} x} \left(1 + \mathcal{O}\left(\frac{1}{x^2} \right) \right) \quad \text{für } x \to \infty \tag{2.115}$$

Bemerkung: Wir weisen darauf hin, dass

$$s(z) = a_0 + \frac{a_1}{z} + \frac{a_2}{z^2} + \cdots$$

durchaus eine asymptotische Entwicklung von verschiedenen Funktionen f, g sein kann:

$$f \sim s \quad \text{und} \quad g \sim s \quad (f \not\equiv g) \, .$$

Das folgende Beispiel verdeutlicht dies: Sei $f(x) \equiv 0$ und $g(x) = e^{-x}$, $x > 0$. Für alle $n \in \mathbb{N}_0$ ist dann $s(x) \equiv 0$ die asymptotische Entwicklung von f und g (wir beachten $x^n e^{-x} \to 0$ für $x \to \infty$).

2.4.2 Die Sattelpunktmethode

Häufig ist die zu entwickelnde Funktion f von der Form

$$f(z) = \int_C e^{z g(\zeta)} \, d\zeta \, , \tag{2.116}$$

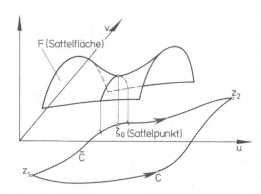

Fig. 2.35: Integrationsweg bei der Sattelpunktmethode

wobei der Integrationsweg C etwa die orientierte Verbindungskurve von zwei Punkten z_1 und z_2 aus $\bar{\mathbb{C}}$ ist (s. Fig. 2.35). In diesem Fall bietet sich die sogenannte *Sattelpunktmethode* (oder *Methode des steilsten Abstiegs*) zur asymptotischen Auswertung von f an. Für den Fall, dass z auf der positiven reellen Achse gegen ∞ strebt, liegt dem Verfahren die folgende *Idee* zugrunde:

Ist g so beschaffen, dass $\operatorname{Re} g(\zeta)$ gegen $-\infty$ strebt, wenn ζ sich den beiden Enden z_1, z_2 der Kurve C nähert, so wird für große positive z der Einfluss der »Kurvenendstücke« gering. Man bemüht sich daher nun, den Integrationsweg C unter Verwendung des Cauchyschen Integralsatzes (Wegunabhängigkeit des Integrals bei holomorphen Funktionen!) so zu verformen (s. Fig. 2.35), dass nur ein kleines Teilstück des neuen Integrationsweges $\tilde{C}$ für den Wert des Integrals (2.116) von Bedeutung ist. Dabei wird $\tilde{C}$ zweckmäßig so gewählt, dass $\operatorname{Re} g(\zeta)$ möglichst schnell abfällt, wenn man sich von einem Wert ζ_0 entfernt, für den $\operatorname{Re} g(\zeta)$ maximal wird. [16] Wir nehmen an, dass es solch ein ζ_0 gibt. Um zu erkennen wie $\tilde{C}$ verlaufen soll, stellen wir $\operatorname{Re} g(\zeta)$, $\zeta = u + i v$, als Fläche F über der u, v-Ebene dar.

---

16 Wir beachten: $|e^{z g(\zeta)}| = e^{x \operatorname{Re} g(\zeta)}$ für $z = x > 0$.

Die Kurven mit steilstem Abfall sind die Orthogonaltrajektorien der Höhenlinien

$$\operatorname{Re} g(\zeta) = \text{const}$$

(warum?), also nach Satz 2.9, Abschnitt 2.1.5, durch die Kurven

$$\operatorname{Im} g(\zeta) = \text{const}$$

gegeben (Holomorphie von g vorausgesetzt). Ist nun insbesondere ζ_0 ein *Sattelpunkt* [17] von F, so wählen wir den neuen Integrationsweg $\tilde{C}$ so, dass dieser in einer Umgebung von ζ_0 die durch ζ_0 verlaufende Kurve $\operatorname{Im} g(\zeta) = \text{const}$ enthält (s. Fig. 2.35). Bei mehreren Sattelpunkten versucht man entsprechend, $\tilde{C}$ aus mehreren solchen Teilstücken zusammenzusetzen, um auf diese Weise das gewünschte Ziel zu erreichen.

Wie gelangen wir zu Sattelpunkten von $\operatorname{Re} g(\zeta)$? Bilden wir in einem Sattelpunkt die Ableitung der Funktionen $\operatorname{Re} g(\zeta)$ und $\operatorname{Im} g(\zeta)$ längs der Kurve

$$\operatorname{Im} g(\zeta) = \text{const},$$

so besitzen diese den Wert Null. Daher verschwindet dort auch $g'(\zeta)$ (s. Satz 2.3, Abschn. 2.1.3), d.h.:

> Die Sattelpunkte sind in der Menge der Nullstellen der Funktion g' enthalten.

Diese Nullstellen gilt es also zu bestimmen. Wir verdeutlichen die Vorgehensweise anhand von

Beispiel 2.15:

Wir betrachten die durch

$$-\frac{1}{\pi} \int\limits_{C_1} e^{-\mathrm{i}z\sin\zeta + \mathrm{i}\lambda\zeta}\, d\zeta =: H_\lambda^1(z)$$

$$-\frac{1}{\pi} \int\limits_{C_2} e^{-\mathrm{i}z\sin\zeta + \mathrm{i}\lambda\zeta}\, d\zeta =: H_\lambda^2(z) \tag{2.117}$$

erklärten Funktionen[18] $H_\lambda^1(z)$, $H_\lambda^2(z)$, λ und z aus $\mathbb{C}$, mit den durch Figur 2.36 dargestellten Integrationswegen C_1 und C_2.

Unser Ziel ist es, asymptotische Formeln für $H_\lambda^1(z)$ und $H_\lambda^2(z)$ bei großen Argumenten $z = x > 0$ zu gewinnen. Wir nehmen dabei an, dass $x > \lambda$ ist und betrachten das erste Integral in (2.117). Mit der Substitution $\lambda/x =: \cos\alpha$, $0 < \alpha < \pi/2$ geht dieses in das Integral

$$\int\limits_{C_1} e^{x(-\mathrm{i}\sin\zeta + \mathrm{i}\zeta\cos\alpha)}\, d\zeta \tag{2.118}$$

---

17 zu Sattelflächen s. auch Burg/Haf/Wille [12].
18 Man nennt sie Hankelsche Funktionen (s. Abschn. 5.1.2).

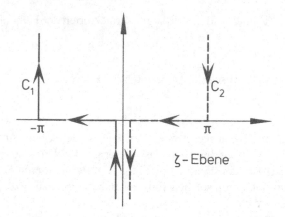

Fig. 2.36: Integrationswege für die Funktionen H_λ^1 und H_λ^2

über, ist also von der oben diskutierten Form

$$\int_{C_1} e^{xg(\zeta)}\, d\zeta\,,$$

wenn wir $g(\zeta) := -\,\mathrm{i}\sin\zeta + \mathrm{i}\,\zeta\cos\alpha$ setzen. Durch Zerlegung von g in Real- und Imaginärteil folgt mit $\zeta = u + \mathrm{i}\,v$ und (1.48), Abschnitt 1.2.3,

$$g(\zeta) = (\cos u \cdot \sinh v - v\cos\alpha) + \mathrm{i}(-\sin u \cdot \cosh v + u\cos\alpha)\,. \tag{2.119}$$

Die benötigten Sattelpunkte gewinnen wir aus der Beziehung

$$g'(\zeta) = -\,\mathrm{i}\cos\zeta + \mathrm{i}\cos\alpha = 0\,,$$

also aus der Gleichung $\cos\zeta = \cos\alpha$ zu

$$\zeta = \pm\alpha\,, \quad 0 < \alpha < \frac{\pi}{2}\,. \tag{2.120}$$

Die Begründung dafür, dass diese beiden Punkte tatsächlich Sattelpunkte sind, überlassen wir dem Leser. Nach unseren obigen Überlegungen benötigen wir jetzt die durch

$$\operatorname{Im} g(\zeta) = -\sin u \cdot \cosh v + u\cos\alpha = \text{const} \tag{2.121}$$

gegebenen Kurven. Insbesondere genügen die Kurven, die durch die Sattelpunkte $\zeta = u + \mathrm{i}\,v = \pm\alpha$ führen, den Gleichungen

$$-\sin u \cdot \cosh v + u\cos\alpha = -\sin(\pm\alpha)\cosh 0 \pm \alpha\cos\alpha$$

also

$$\cosh v = \cos\alpha\,\frac{u}{\sin u} \pm \frac{\sin\alpha - \alpha\cos\alpha}{\sin u}\,. \qquad (2.122)$$

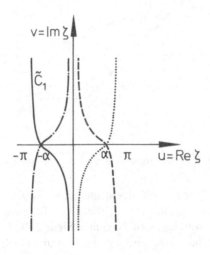

Fig. 2.37: Kurven mit $\operatorname{Im} g(\zeta) = \mathrm{const}$ durch die Sattelpunkte $\pm\alpha$

Es ergeben sich die in Figur 2.37 dargestellten Kurven, die jeweils aus zwei Zweigen durch die Sattelpunkte bestehen. Im nächsten Schritt denken wir uns den Integrationsweg C_1 unseres ursprünglichen Integrals (2.117) (s. Fig. 2.36) in die Form $\tilde{C}_1$ gemäß Figur 2.37 deformiert; $\tilde{C}_1$ wird durch

$$\cosh v = \cos\alpha\,\frac{u}{\sin u} - \frac{\sin\alpha - \alpha\cos\alpha}{\sin u} \qquad (2.123)$$

beschrieben. Nach dem Cauchyschen Integralsatz ändert sich der Wert dieses Integrals dabei nicht. (Wir beachten die Holomorphie von g in ganz $\mathbb{C}$. Die Deformation von C_1 in einer beliebig kleinen Umgebung von $\operatorname{Re}\zeta = -\pi$ bzw. von $\operatorname{Re}\zeta = 0$ liefert nur einen beliebig kleinen Beitrag für das Integral!) Es gilt also

$$\int_{C_1} e^{x(-\mathrm{i}\sin\zeta + \mathrm{i}\zeta\cos\alpha)}\,\mathrm{d}\zeta = \int_{\tilde{C}_1} e^{x(-\mathrm{i}\sin\zeta + \mathrm{i}\zeta\cos\alpha)}\,\mathrm{d}\zeta\,. \qquad (2.124)$$

Bei Annäherung von $\zeta = u + \mathrm{i}\,v$ an den Anfangs- bzw. Endpunkt von $\tilde{C}_1$ strebt

$$\operatorname{Re} g(\zeta) = \cos u \cdot \sinh v - v\cos\alpha$$

gegen $-\infty$, da aus (2.123) für den gewählten Zweig $\tilde{C}_1$ folgt: $v \to +\infty$ für $u \to +(-\pi)$ bzw. $v \to -\infty$ für $u \to -0$. Das (einzige) Maximum von $\operatorname{Re} g(\zeta)$ auf $\tilde{C}_1$ wird an der Stelle $\zeta = -\alpha$ angenommen (warum?). Der Winkel, den die Tangente an diesen Zweig durch $\zeta = -\alpha$ mit der positiven v-Achse einschließt, ist $\Theta = 3\pi/4$. In der Umgebung von $\zeta = -\alpha$ erwarten wir nun den entscheidenden Anteil des Integrationsweges.

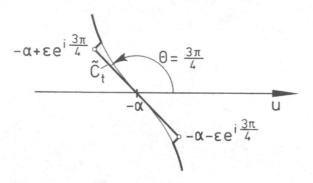

Fig. 2.38: Vereinfachung des Integrationsweges

Zur Abschätzung unseres über $\tilde{C}_1$ gebildeten Integrals ersetzen wir in einer Umgebung des Sattelpunktes $\zeta = -\alpha$ das Kurvenstück von $\tilde{C}_1$ durch das Tangentenstück $\tilde{C}_t$ durch den Sattelpunkt und durch die beiden Verbindungsstücke gemäß Figur 2.38. Der Wert des Integrals ändert sich dabei nach dem Cauchyschen Integralsatz nicht. Nun untersuchen wir den Beitrag des Tangentenstückes $\tilde{C}_t$: Mit

$$g(-\alpha) = i\sin\alpha - i\alpha\cos\alpha\,,\quad g'(-\alpha) = 0\,,\quad g''(-\alpha) = -i\sin\alpha$$

liefert die Taylorentwicklung von g um $\zeta = -\alpha$ für $\zeta \in \tilde{C}_t$ und $\varepsilon \to 0$:

$$g(\zeta) = g(-\alpha) + g'(-\alpha)(\zeta - (-\alpha)) + \frac{g''(-\alpha)}{2!}(\zeta - (-\alpha))^2 + \mathcal{O}(\varepsilon^3) \quad \text{[19]}$$

$$= i\sin\alpha - i\alpha\cos\alpha - \frac{i}{2}\sin\alpha \cdot (\zeta + \alpha)^2 + \mathcal{O}(\varepsilon^3)\,.$$

Verwenden wir noch die Beziehungen

$$e^y = 1 + \mathcal{O}(y) \quad \text{für} \quad y \to 0$$

und

$$e^{x\mathcal{O}(\varepsilon^3)} = 1 + \mathcal{O}(x\varepsilon^3) \quad \text{für } \varepsilon \to 0,$$

so folgt

$$\int\limits_{\tilde{C}_t} e^{xg(\zeta)}\,d\zeta = e^{ix(\sin\alpha - \alpha\cos\alpha)} \int\limits_{-\alpha - \varepsilon\,e^{i3\pi/4}}^{-\alpha + \varepsilon\,e^{i3\pi/4}} e^{-\frac{ix}{2}\sin\alpha\cdot(\zeta + \alpha)^2}\,d\zeta \cdot (1 + \mathcal{O}(x\varepsilon^3))\,. \tag{2.125}$$

---

[19] $\mathcal{O}$ bezeichnet das in Abschnitt 2.4.1 erklärte Landau-Symbol.

Mit der Substitution

$$\tau := \sqrt{\frac{x \sin \alpha}{2}}\, \mathrm{e}^{-\mathrm{i}\frac{3\pi}{4}} (\zeta + \alpha) \tag{2.126}$$

bzw. mit

$$\tau^2 = \frac{x \sin \alpha}{2}\, \mathrm{e}^{-\mathrm{i}\frac{3\pi}{2}} (\zeta + \alpha)^2 = \frac{\mathrm{i}\, x}{2} \sin \alpha \cdot (\zeta + \alpha)^2$$

und

$$\mathrm{d}\tau = \sqrt{\frac{x \sin \alpha}{2}}\, \mathrm{e}^{-\mathrm{i}\frac{3\pi}{4}}\, \mathrm{d}\zeta$$

ergibt sich für das Integral auf der rechten Seite von (2.125) der Ausdruck

$$\mathrm{e}^{\mathrm{i}\frac{3\pi}{4}} \sqrt{\frac{2}{x \sin \alpha}} \int\limits_{-\varepsilon\sqrt{\frac{x \sin \alpha}{2}}}^{+\varepsilon\sqrt{\frac{x \sin \alpha}{2}}} \mathrm{e}^{-\tau^2}\, \mathrm{d}\tau . \tag{2.127}$$

Setzen wir schließlich $\varepsilon := x^{-2/5}$, so geht das Integral in (2.127) für $x \to +\infty$ in $\sqrt{\pi}$ über [20], und der $\mathcal{O}$-Anteil in (2.125) strebt gegen Null. Mit $\mathrm{e}^{\mathrm{i}3\pi/4} = -\mathrm{e}^{-\mathrm{i}\pi/4}$ erhalten wir also

$$\int\limits_{\bar{C}_t} \mathrm{e}^{xg(\zeta)}\, \mathrm{d}\zeta = -\mathrm{e}^{-\mathrm{i}\pi/4} \sqrt{\frac{2}{x \sin \alpha}} \sqrt{\pi}\, \mathrm{e}^{\mathrm{i}x(\sin \alpha - \alpha \cos \alpha)} + \mathcal{O}\left(\frac{1}{x^{7/10}}\right)$$

$$= -\sqrt{\frac{2\pi}{x \sin \alpha}}\, \mathrm{e}^{\mathrm{i}x(\sin \alpha - \alpha \cos \alpha) - \mathrm{i}\pi/4} + \mathcal{O}\left(\frac{1}{x^{7/10}}\right) \quad \text{für } x \to \infty. \tag{2.128}$$

Für die restlichen Anteile des Integrationsweges lassen sich entsprechende Abschätzungen gewinnen. Dabei zeigt es sich, dass diese Anteile für $x \to \infty$ schneller gegen Null streben, als der durch (2.128) gegebene Ausdruck. Wegen (2.117) ergibt sich damit für $H_\lambda^1(x)$ – und analog für $H_\lambda^2(x)$ – die *asymptotische Formel*

$$H_\lambda^1(x) \sim \sqrt{\frac{2}{\pi x \sin \alpha}}\quad \mathrm{e}^{\mathrm{i}x(\sin \alpha - \alpha \cos \alpha) - \mathrm{i}\frac{\pi}{4}} \quad \text{bzw.} \tag{2.129}$$

$$H_\lambda^2(x) \sim \sqrt{\frac{2}{\pi x \sin \alpha}}\quad \mathrm{e}^{-\mathrm{i}x(\sin \alpha - \alpha \cos \alpha) + \mathrm{i}\frac{\pi}{4}} \tag{2.130}$$

mit $\frac{\lambda}{x} = \cos \alpha,\ 0 < \alpha < \frac{\pi}{2}$.

---

20 Nach Burg/Haf/Wille [12] gilt $\int_{-\infty}^{\infty} \mathrm{e}^{-\tau^2}\, \mathrm{d}\tau = \sqrt{\pi}$.

Bemerkung: Die hier an einem konkreten Beispiel aufgezeigte Sattelpunktmethode lässt sich zu allgemeineren Theorien ausbauen bzw. modifizieren, etwa zur Methode der *stationären Phasen*. Eine ausführliche Behandlung findet sich z.B. in [37], pp. 340-388, oder in [35], Kapitel V, §3.

Übungen

Übung 2.23:

Zeige: Für die Summe $f + g$ bzw. für das Produkt $f \cdot g$ der asymptotischen Entwicklungen

$$f(z) \sim \sum_{n=0}^{\infty} \frac{a_n}{z^n}, \quad g(z) \sim \sum_{n=0}^{\infty} \frac{b_n}{z^n}$$

gelten die Beziehungen

$$f(z) + g(z) \sim \sum_{n=0}^{\infty} \frac{a_n + b_n}{z^n}$$

bzw.

$$f(z) \cdot g(z) \sim \sum_{n=0}^{\infty} \frac{a_0 b_n + a_1 b_{n-1} + \ldots + a_n b_0}{z^n} \,.$$

Übung 2.24*:

Sei g durch

$$g(z) = \frac{2}{\sqrt{\pi}} \int_0^z e^{-\zeta^2} \, d\zeta \,, \quad z \in \mathbb{C}$$

erklärt. Zeige, dass g in ganz $\mathbb{C}$ holomorph ist und sich in der Form

$$g(z) = \frac{2}{\sqrt{\pi}} \sum_{n=0}^{\infty} \frac{(-1)^n}{n!} \frac{z^{2n+1}}{2n+1} \,, \quad z \in \mathbb{C}$$

darstellen lässt.

3 Isolierte Singularitäten, Laurent- Entwicklung

Wir haben in Abschnitt 2.3.3 den Zusammenhang zwischen Funktionen, die in einem Gebiet D holomorph sind, und ihren Potenzreihenentwicklungen um beliebige Punkte $z_0 \in D$ herausgestellt. Nun wollen wir den Fall zulassen, dass die Funktionen im Inneren von D singulär werden und für diese Funktionen Reihenentwicklungen um die Singularität, sogenannte Laurent-Entwicklungen, herleiten.

3.1 Laurentreihen

3.1.1 Holomorphe Funktionen in Ringgebieten

Wir betrachten das Ringgebiet

$$D_0 = \{z \,|\, \rho_1 < |z - z_0| < \rho_2 \quad \text{mit } 0 \le \rho_1 < \rho_2 \le \infty \},$$

also einen Kreisring (s. Fig. 3.1). Ferner sei f eine in D_0 holomorphe Funktion. Wir versuchen nun, f in eine Reihe nach Potenzen von $(z - z_0)$ zu entwickeln. Hierzu nehmen wir ein $z \in D_0$ und wählen zwei Kreislinien (kurz: Kreise)

$$K_1 = \{\zeta \,|\, |\zeta - z_0| = r_1\} \quad \text{und} \quad K_2 = \{\zeta \,|\, |\zeta - z_0| = r_2\}$$

mit $\rho_1 < r_1 < |z - z_0| < r_2 < \rho_2$ und einen Kreis $K_\varepsilon = \{\zeta \,|\, |\zeta - z| = \varepsilon\}$, der ganz in dem durch K_1 und K_2 begrenzten Gebiet liegt (s. Fig. 3.2). Die Kreise K_1, K_2 und K_ε orientieren wir positiv. Aus Satz 2.13, Abschnitt 2.2.3, I, ergibt sich dann

$$\int\limits_{K_2} \frac{f(\zeta)}{\zeta - z} \mathrm{d}\zeta = \int\limits_{K_1} \frac{f(\zeta)}{\zeta - z} \mathrm{d}\zeta + \int\limits_{K_\varepsilon} \frac{f(\zeta)}{\zeta - z} \mathrm{d}\zeta . \tag{3.1}$$

Außerdem folgt (s. Beweis von Satz 2.16, Abschn. 2.2.3, III)

$$\int\limits_{K_\varepsilon} \frac{f(\zeta)}{\zeta - z} \mathrm{d}\zeta \underset{\varepsilon \to 0}{\longrightarrow} 2\pi \mathrm{i}\, f(z) .$$

Damit erhalten wir aus (3.1)

$$f(z) = \frac{1}{2\pi \mathrm{i}} \int\limits_{K_2} \frac{f(\zeta)}{\zeta - z} \mathrm{d}\zeta - \frac{1}{2\pi \mathrm{i}} \int\limits_{K_1} \frac{f(\zeta)}{\zeta - z} \mathrm{d}\zeta . \tag{3.2}$$

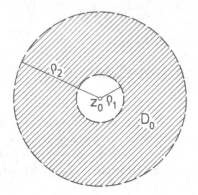 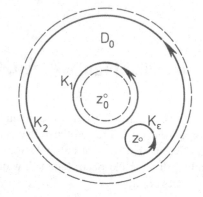

Fig. 3.1: Ringgebiet D_0 Fig. 3.2: Orientierte Kreislinien im Ringgebiet D_0

Für das erste Integral gilt (s. Beweis von Satz 2.36, Abschn. 2.3.3)

$$f_2(z) := \frac{1}{2\pi i} \int_{K_2} \frac{f(\zeta)}{\zeta - z} d\zeta = \sum_{k=0}^{\infty} \left\{ \frac{1}{2\pi i} \int_{K_2} \frac{f(\zeta)}{(\zeta - z_0)^{k+1}} d\zeta \right\} (z - z_0)^k. \tag{3.3}$$

Zur Berechnung des zweiten Integrals

$$f_1(z) := -\frac{1}{2\pi i} \int_{K_1} \frac{f(\zeta)}{\zeta - z} d\zeta \tag{3.4}$$

gehen wir ähnlich vor wie im Beweis von Satz 2.36, Abschnitt 2.3.3:
Die geometrische Reihe im Ausdruck

$$-\frac{1}{\zeta - z} = \frac{1}{(z - z_0) - (\zeta - z_0)} = \frac{1}{(z - z_0)\left(1 - \frac{\zeta - z_0}{z - z_0}\right)}$$

$$= \frac{1}{z - z_0} + \frac{\zeta - z_0}{(z - z_0)^2} + \ldots + \frac{(\zeta - z_0)^{k-1}}{(z - z_0)^k} + \ldots \tag{3.5}$$

konvergiert wegen

$$\left| \frac{\zeta - z_0}{z - z_0} \right| = \frac{r_1}{|z - z_0|} < 1 \quad (\text{da } r_1 < |z - z_0|)$$

gleichmäßig bezüglich $\zeta \in K_1$. Setzen wir (3.5) in (3.4) ein, so dürfen wir daher gliedweise integrieren (s. Satz 2.33, Abschn. 2.3.2), und es ergibt sich

$$f_1(z) = \sum_{k=1}^{\infty} \left\{ \frac{1}{2\pi i} \int_{K_1} \frac{f(\zeta) \cdot (\zeta - z_0)^{k-1}}{(z - z_0)^k} d\zeta \right\} = \sum_{k=-1}^{-\infty} \left\{ \frac{1}{2\pi i} \int_{K_1} \frac{f(\zeta)}{(\zeta - z_0)^{k+1}} d\zeta \right\} (z - z_0)^k. \tag{3.6}$$

Sei nun K ein beliebiger positiv orientierter Kreis um z_0, der im Inneren von D_0 liegt. Dann folgt wie im Beweis von Satz 2.16, Abschnitt 2.2.3, III, dass wir in (3.6) bzw. in (3.3) die Integrationswege K_1 bzw. K_2 durch K ersetzen dürfen. Setzen wir also

$$a_k := \frac{1}{2\pi \, \mathrm{i}} \int\limits_K \frac{f(\zeta)}{(\zeta - z_0)^{k+1}} \mathrm{d}\zeta \,, \quad k \in \mathbb{Z}, \tag{3.7}$$

so erhalten wir mit (3.2)

$$f(z) = f_2(z) + f_1(z) = \sum_{k=-\infty}^{\infty} a_k(z - z_0)^k \,. \tag{3.8}$$

Die Reihe $\left[\sum_{k=-\infty}^{\infty} a_k(z - z_0)^k\right]$, man nennt sie *Laurentreihe* [1], konvergiert absolut in D_0 und gleichmäßig in jeder kompakten Teilmenge von D_0. Damit ist gezeigt

Satz 3.1:

  Sei f im Ringgebiet

  $$D_0 = \{z \,|\, \rho_1 < |z - z_0| < \rho_2 \quad \text{mit} \quad 0 \le \rho_1 < \rho_2 \le \infty\}$$

  holomorph. Dann lässt sich f in D_0 in eine *Laurentreihe* um z_0 entwickeln:

  $$f(z) = \sum_{k=-\infty}^{\infty} a_k(z - z_0)^k \,, \tag{3.9}$$

  deren Koeffizienten durch

  $$a_k = \frac{1}{2\pi \, \mathrm{i}} \int\limits_K \frac{f(\zeta)}{(\zeta - z_0)^{k+1}} \mathrm{d}\zeta \,, \quad k \in \mathbb{Z} \tag{3.10}$$

  gegeben sind; K ist hierbei ein beliebiger positiv orientierter Kreis um z_0, der im Inneren von D_0 liegt. Die Laurentreihe (3.9) konvergiert absolut in D_0 und gleichmäßig in jeder kompakten Teilmenge von D_0.

Wir benutzen die Konvergenzaussage von Satz 3.1, um den folgenden Eindeutigkeitssatz zu beweisen:

Satz 3.2:

  Die Koeffizienten a_k ($k \in \mathbb{Z}$) in der Laurententwicklung (3.9) von f um z_0 sind eindeutig bestimmt.

---

1 P. Laurent (1813-1854), französischer Mathematiker.

Beweis:

Wir nehmen an, es gebe zwei Darstellungen von f durch Laurentreihen in D_0:

$$f(z) = \sum_{k=-\infty}^{\infty} a_k (z - z_0)^k = \sum_{m=-\infty}^{\infty} b_m (z - z_0)^m \, , \tag{3.11}$$

die gleichmäßig in jeder kompakten Teilmenge von D_0 konvergieren. Nach Satz 3.1 gilt

$$a_k = \frac{1}{2\pi \mathrm{i}} \int_K \frac{f(\zeta)}{(\zeta - z_0)^{k+1}} \mathrm{d}\zeta \, , \quad k \in \mathbb{Z} \, ,$$

und mit (3.11) folgt

$$a_k = \frac{1}{2\pi \mathrm{i}} \int_K \frac{\sum_{m=-\infty}^{\infty} b_m (\zeta - z_0)^m}{(\zeta - z_0)^{k+1}} \mathrm{d}\zeta \, , \quad k \in \mathbb{Z} \, .$$

Aufgrund der gleichmäßigen Konvergenz der Laurentreihe

$$\left[\sum_{m=-\infty}^{\infty} b_m (\zeta - z_0)^m \right]$$

auf K dürfen wir Summation und Integration vertauschen (s. Satz 2.33 (ii), Abschn. 2.3.2), und wir erhalten

$$a_k = \sum_{m=-\infty}^{\infty} b_m \frac{1}{2\pi \mathrm{i}} \int_K (\zeta - z_0)^{m-k-1} \mathrm{d}\zeta \, , \quad k \in \mathbb{Z} \, .$$

Nach Beispiel 2.8, Abschnitt 2.2.1, gilt

$$\int_K (\zeta - z_0)^{m-k-1} \mathrm{d}\zeta = \begin{cases} 2\pi \mathrm{i} \, , & \text{falls } m = k \\ 0 \, , & \text{falls } m \neq k \end{cases}$$

so dass sich

$$a_k = b_k \quad \text{für alle } k \in \mathbb{Z}$$

ergibt.   □

Nach dem Beweis von Satz 3.1 lässt sich f im Ringgebiet D_0 durch

$$f(z) = f_2(z) + f_1(z) = \sum_{k=0}^{\infty} a_k (z - z_0)^k + \sum_{k=-1}^{-\infty} a_k (z - z_0)^k$$

darstellen. Man nennt

$$f_2(z) = \sum_{k=0}^{\infty} a_k(z - z_0)^k \qquad\qquad \text{den } \textit{regulären Teil,}$$

$$f_1(z) = \sum_{k=-1}^{-\infty} a_k(z - z_0)^k = \sum_{k=1}^{\infty} \frac{a_{-k}}{(z - z_0)^k} \qquad \text{den } \textit{Hauptteil}$$

der Laurententwicklung von f. Die Konvergenzbereiche dieser Reihen sind aus dem o.g. Beweis ersichtlich.

Beispiel 3.1:

Für die Funktion

$$f(z) = \frac{1}{(z - 2)(z - 3)} = \frac{1}{z - 3} - \frac{1}{z - 2}$$

sollen Laurententwicklungen für die Gebiete $|z| < 2$, $2 < |z| < 3$ und $|z| > 3$ um den Punkt $z_0 = 0$ angegeben werden.

$$|z| < 2 : \qquad \frac{1}{z - 2} = -\frac{1}{2}\frac{1}{1 - \frac{z}{2}} = -\sum_{k=0}^{\infty} \frac{z^k}{2^{k+1}}$$

$$|z| > 2 : \qquad \frac{1}{z - 2} = \frac{1}{z}\frac{1}{1 - \frac{2}{z}} = \frac{1}{z}\sum_{k=0}^{\infty} \left(\frac{2}{z}\right)^k = \sum_{k=-\infty}^{-1} \frac{z^k}{2^{k+1}}$$

$$|z| < 3 : \qquad \frac{1}{z - 3} = -\frac{1}{3}\frac{1}{1 - \frac{z}{3}} = -\sum_{k=0}^{\infty} \frac{z^k}{3^{k+1}}$$

$$|z| > 3 : \qquad \frac{1}{z - 3} = \frac{1}{z}\frac{1}{1 - \frac{3}{z}} = \sum_{k=-\infty}^{-1} \frac{z^k}{3^{k+1}} \, .$$

Damit ergibt sich

$$f(z) = \frac{1}{(z - 2)(z - 3)} = \begin{cases} \displaystyle\sum_{k=0}^{\infty} \left(\frac{1}{2^{k+1}} - \frac{1}{3^{k+1}}\right) z^k, & \text{für } |z| < 2 \\[3ex] \displaystyle-\sum_{k=-\infty}^{-1} \frac{z^k}{2^{k+1}} - \sum_{k=0}^{\infty} \frac{z^k}{3^{k+1}}, & \text{für } 2 < |z| < 3 \\[3ex] \displaystyle\sum_{k=-\infty}^{-1} \left(\frac{1}{3^{k+1}} - \frac{1}{2^{k+1}}\right) z^k, & \text{für } |z| > 3 \, . \end{cases}$$

3.1.2   Singularitäten

Laurentreihen stellen ein wertvolles Hilfsmittel zur Beschreibung von holomorphen Funktionen in einer Umgebung einer »Singularität« dar. Dabei präzisieren wir diesen Begriff in folgender Weise:

Definition 3.1:

Die Funktion f sei in einer punktierten Umgebung des Punktes z_0

$$\{z \,|\, 0 < |z - z_0| < \rho\}$$

holomorph, jedoch im Punkt z_0 selbst nicht erklärt. Der Punkt z_0 heißt dann *isolierte Singularität* von f.

Liegt eine isolierte Singularität z_0 vor, so lässt sich f nach Satz 3.1 in einer punktierten Umgebung dieses Punktes durch eine Laurentreihe um z_0 darstellen. Diese Darstellung ermöglicht uns nun eine Unterscheidung von isolierten Singularitäten:

Definition 3.2:

Sei f holomorph in $\{z \,|\, 0 < |z - z_0| < \rho\}$ und sei

$$f_1(z) = \sum_{k=1}^{\infty} \frac{a_{-k}}{(z - z_0)^k} \tag{3.12}$$

der Hauptteil der Laurententwicklung von f um z_0. Man nennt den Punkt z_0

(i) *hebbare Singularität*, falls $a_{-k} = 0$ für alle $k \in \mathbb{N}$.

(ii) *Pol der Ordnung m ($m \in \mathbb{N}$)*, falls

$$f_1(z) = \sum_{k=1}^{m} \frac{a_{-k}}{(z - z_0)^k}, \quad a_{-m} \neq 0, \tag{3.13}$$

(iii) *wesentliche Singularität*, falls

$$f_1(z) = \sum_{k=1}^{\infty} \frac{a_{-k}}{(z - z_0)^k} \tag{3.14}$$

mit unendlich vielen von Null verschiedenen Koeffizienten a_{-k}.

Bemerkung 1: Für den Charakter eines singulären Punktes z_0 von f ist also der Hauptteil f_1 von f verantwortlich.

Bemerkung 2: Man sagt, eine für $|z| > R$ holomorphe Funktion $f(z)$ hat *im Punkt $z = \infty$ eine Nullstelle* bzw. *einen Pol* der Ordnung m, falls dies für die Funktion

$$g(z) = f\left(\frac{1}{z}\right) \tag{3.15}$$

im Punkt $z = 0$ zutrifft. Insbesondere heißt $f(z)$ holomorph im Punkt $z = \infty$, wenn $g(z)$ im Punkt $z = 0$ holomorph ist.

Beispiel 3.2:

Sei $f(z) = \frac{\sin z}{z}$, $z \neq 0$; f ist holomorph in $\mathbb{C} - \{0\}$, und die Laurententwicklung um $z_0 = 0$ lautet

$$f(z) = \sum_{k=0}^{\infty} \frac{(-1)^k}{(2k+1)!} z^{2k} , \tag{3.16}$$

d.h. $a_{-k} = 0$ für alle $k \in \mathbb{N}$. Daher ist $z_0 = 0$ eine hebbare Singularität.

Da der Koeffizient a_0 in (3.16) den Wert 1 hat, lässt sich f sehr einfach zu einer in ganz $\mathbb{C}$ holomorphen Funktion $\tilde{f}$ erweitern: Wir setzen hierzu

$$\tilde{f}(z) = \begin{cases} f(z), & \text{für } z \neq 0 \\ 1, & \text{für } z = 0. \end{cases}$$

Die Funktion

$$f(z) = \frac{z^2 - 2z + 7}{z - 2} = \frac{7}{z - 2} + 2 + (z - 2)$$

ist holomorph für $z \neq 2$. Der Punkt $z_0 = 2$ ist eine Polstelle der Ordnung $m = 1$ von f.

Beispiel 3.3:

Die Funktion $f(z) = e^{1/z}$ ist holomorph für $z \neq 0$. Die Laurententwicklung von f um $z_0 = 0$ lautet

$$f(z) - \sum_{k=0}^{\infty} \frac{1}{k!} \left(\frac{1}{z} \right)^k - \sum_{k=-\infty}^{0} \frac{1}{(-k)!} z^k ,$$

d.h. unendlich viele Koeffizienten a_{-k} der Laurententwicklung von f um z_0 sind von Null verschieden. Der Punkt $z_0 = 0$ ist damit wesentliche Singularität der Funktion f.

Die *hebbaren Singularitäten* stellen die einfachste Form einer Singularität dar. Beispiel 3.2 zeigt uns, wie wir mit ihnen fertig werden können: Ist a_0 der entsprechende Koeffizient der Laurententwicklung, so brauchen wir nur

$$f(z_0) := a_0 \tag{3.17}$$

zu setzen, und die so erweiterte Funktion ist in z_0 holomorph.

Ein einfaches Kriterium für den Nachweis einer hebbaren Singularität ist gegeben durch

Satz 3.3:

Die Funktion f besitze in z_0 eine isolierte Singularität. Ferner sei $|f|$ in dem punktierten Kreisgebiet $\{z \,|\, 0 < |z - z_0| < \rho\}$ beschränkt. Dann ist z_0 eine *hebbare Singularität*.

Beweis:

Sei $M > 0$ so, dass

$$\left| f(z) \right| \leq M \quad \text{für } 0 < |z - z_0| < \rho$$

gilt. Für $r < \rho$ folgt dann für die Koeffizienten der Laurententwicklung von f um z_0 nach (3.10)

$$a_k = \frac{1}{2\pi i} \int\limits_{K_r(z_0)} \frac{f(\zeta)}{(\zeta - z_0)^{k+1}} \mathrm{d}\zeta \,,$$

woraus mit Satz 2.11, Abschnitt 2.2.1

$$|a_k| \leq \frac{1}{2\pi} \frac{M}{r^{k+1}} 2\pi r = \frac{M}{r^k} \to 0 \quad \text{für } r \to 0, k = -1, -2, \ldots$$

also $a_k = 0$ für $k = -1, -2, \ldots$ folgt. $\qquad\qquad\qquad\qquad\qquad\qquad \square$

Wir wenden uns nun den *Polstellen* einer Funktion zu. (Die Beweise der beiden folgenden Sätze sind trivial.)

Satz 3.4:

Die Funktion f hat im Punkt z_0 einen Pol der Ordnung m genau dann, wenn die durch $g(z) = (z - z_0)^m f(z)$ erklärte Funktion g in z_0 holomorph ist und $g(z_0) \neq 0$ gilt.

Satz 3.5:

Der Punkt z_0 ist ein Pol der Ordnung m der Funktion f genau dann, wenn die durch

$$h(z) = \frac{1}{f(z)} \tag{3.18}$$

erklärte Funktion h in z_0 eine Nullstelle der Ordnung m (s. Def. 2.5, Abschn. 2.3.5) besitzt.

Einen Einblick in das Verhalten einer holomorphen Funktion in der Umgebung einer Polstelle gibt

Satz 3.6:

Sei z_0 eine *Polstelle* der Funktion f. Dann gilt

$$\left| f(z) \right| \to \infty \quad \text{für } z \to z_0,$$

d.h. zu jedem $M > 0$ gibt es ein $\delta = \delta(M) > 0$ mit

$$\left| f(z) \right| > M \quad \text{für alle } z \neq z_0 \text{ mit } |z - z_0| < \delta.$$

Beweis:

Wir nehmen an, die Ordnung der Polstelle sei m ($m \in \mathbb{N}$). Nach Satz 3.4 gilt dann: Die Funktion $g(z) = (z - z_0)^m f(z)$ ist in z_0 holomorph und $g(z_0) \neq 0$. Insbesondere ist g also stetig in z_0. Es gibt daher ein $\delta_1 > 0$ und ein $\varepsilon > 0$ mit

$$|g(z)| > \varepsilon \quad \text{für alle } z \text{ mit } 0 < |z - z_0| < \delta_1.$$

Nun wählen wir $M > 0$ beliebig und setzen

$$\delta_2 := \sqrt[m]{\frac{\varepsilon}{M}} \quad \text{und} \quad \delta := \min(\delta_1, \delta_2).$$

Dann ergibt sich für $|z - z_0| < \delta$

$$|f(z)| = \left| \frac{g(z)}{(z - z_0)^m} \right| > \frac{\varepsilon}{|z - z_0|^m} > \frac{\varepsilon}{\delta_2^m} = M$$

und damit die Behauptung. $\qquad\qquad\qquad\qquad\qquad\qquad\qquad\qquad\qquad\qquad\quad \square$

Definition 3.3:

Eine Funktion f heißt *meromorph* in einem nicht notwendig beschränkten Gebiet D, wenn jeder Punkt von D entweder Holomorphiepunkt von f oder Polstelle von f ist.

Beispiel 3.4:

Die rationalen Funktionen

$$f(z) = \frac{P_n(z)}{Q_m(z)} \quad (P_n, \ Q_m \ \text{Polynome}; \ n < m)$$

sind in ganz $\mathbb{C}$ meromorph. Nach dem Fundamentalsatz der Algebra (s. Satz 2.28, Abschn. 2.2.5 (c)) gilt

$$f(z) = \frac{P_n(z)}{Q_m(z)} = \frac{(z - z_1)^{\alpha_1}(z - z_2)^{\alpha_2} \ldots (z - z_k)^{\alpha_k}}{(z - \zeta_1)^{\beta_1}(z - \zeta_2)^{\beta_2} \ldots (z - \zeta_l)^{\beta_l}}$$

mit $z_i \neq z_j$, $\zeta_i \neq \zeta_j$ für $i \neq j$ und $z_i \neq \zeta_j$ für alle i, j. Die Punkte ζ_i ($i = 1, \ldots, l$) sind dann Polstellen von f, denn

$$(z - \zeta_i)^{\beta_i} f(z) = \frac{(z - z_1)^{\alpha_1} \ldots (z - z_k)^{\alpha_k}}{(z - \zeta_1)^{\beta_1} \ldots (z - \zeta_{i-1})^{\beta_{i-1}}(z - \zeta_{i+1})^{\beta_{i+1}} \ldots (z - \zeta_l)^{\beta_l}}$$

ist in einer Umgebung von ζ_i holomorph. Die behauptete Meromorphie folgt dann aus Satz 3.4.

Wesentliche Singularitäten. In einer Umgebung einer Polstelle haben wir das durch Satz 3.6 beschriebene Verhalten einer Funktion f. Ein ganz anderes Verhalten von f ergibt sich, wenn eine wesentliche Singularität von f vorliegt. Hier gilt

Satz 3.7:

(*Casorati-Weierstrass*) Ist z_0 eine *wesentliche Singularität* von f, so kommt f in jeder beliebig kleinen Umgebung von z_0 jedem komplexen Wert beliebig nahe, d.h. zu beliebigem $a \in \mathbb{C}$ und zu jedem Paar $\varepsilon > 0$, $\delta > 0$ gibt es ein z_1 mit

$$\left| f(z_1) - a \right| < \varepsilon \quad \text{und} \quad \left| z_1 - z_0 \right| < \delta \,.$$

Beweis:

(indirekt) Wir nehmen an, es gebe ein $\tilde{w}$ und ein Paar $\tilde{\varepsilon} > 0$, $\tilde{\delta} > 0$, so dass

$$\left| f(z) - \tilde{w} \right| \geq \tilde{\varepsilon} \quad \text{für alle } z \text{ mit } 0 < |z - z_0| < \tilde{\delta}.$$

Setzen wir

$$h(z) := \frac{1}{f(z) - \tilde{w}}$$

so folgt: $|h(z)| \leq 1/\tilde{\varepsilon}$ für alle z mit $0 < |z - z_0| < \tilde{\delta}$, und h ist dort holomorph. Nach Satz 3.3 ist

$$\tilde{h}(z) = \begin{cases} h(z), & \text{für } z \neq z_0 \\ \lim\limits_{z \to z_0} h(z), & \text{für } z = z_0 \end{cases}$$

in z_0 holomorph. (Insbesondere existiert dieser Grenzwert.) Für $\tilde{h}$ kann daher nur einer der beiden folgenden Fälle auftreten: Entweder gilt

$$\tilde{h}(z) = a_0 + a_1(z - z_0) + \dots ; \qquad \tilde{h}(z_0) = a_0 \neq 0$$

oder

$$\tilde{h}(z) = (z - z_0)^m g(z), \quad g(z_0) \neq 0, \quad m \in \mathbb{N}; \quad (g \text{ holomorph}) \,.$$

Der erste Teil dieser Alternative scheidet aus, da sonst die Holomorphie von f in z_0 folgen würde. Der zweite Teil zieht nach sich:

$$f(z) = \frac{1}{\tilde{h}(z)} + \tilde{w}$$

besitzt nach Satz 3.4 eine Polstelle der Ordnung m in z_0. Dies aber ist ein Widerspruch zur Voraussetzung, dass z_0 wesentliche Singularität von f ist. $\qquad\square$

Übungen

Übung 3.1:

Entwickle die Funktion $f(z) = \dfrac{1}{z(z - \mathrm{i})^2}$ um $z_0 = 0$ in Laurentreihen für die Gebiete $0 < |z| < 1$ und $1 < |z| < \infty$.

Übung 3.2*:

Wo konvergieren die Laurentreihen

$$\text{a)} \quad \sum_{k=-\infty}^{\infty} \frac{z^k}{2^{|k|}}\,; \qquad \text{b)} \quad \sum_{k=-\infty}^{\infty} \frac{(z-1)^k}{k^2+1}\,?$$

Übung 3.3*:

Bestimme die Art der Singularität der Funktion

$$f(z) = (z^2 + 2)\sin\frac{1}{z-1}$$

und entwickle f in eine Laurentreihe um ihre Singularität.

Übung 3.4*:

Sei $J_n(t)$ der n-te Koeffizient der Laurententwicklung von $e^{\frac{t}{2}(z-\frac{1}{z})}$ bezüglich z um $z_0 = 0$; $t \in \mathbb{R}$ fest. Beweise:

$$\text{a)} \quad J_n(t) = \frac{1}{\pi}\int_0^\pi \cos(t\sin\varphi - n\varphi)\mathrm{d}\varphi\,; \qquad \text{b)} \quad J_{-n}(t) = (-1)^n J_n(t)\,.$$

($J_n(t)$: Besselfunktion der Ordnung n)

3.2   Residuensatz und Anwendungen

3.2.1   Der Residuensatz

Es soll nun ein Verfahren zur Berechnung von Integralen der Form

$$\int_C f(z)\mathrm{d}z$$

entwickelt werden, wenn C eine geschlossene Kurve ist und f im Inneren von C endlich viele isolierte Singularitäten besitzt. Dabei handelt es sich um eine Erweiterung des Cauchyschen Integralsatzes, die in einem engen Zusammenhang zu Satz 2.13, Abschnitt 2.2.3, I, steht.

Wir betrachten zunächst eine Funktion f, die in z_0 eine Singularität besitzt und im punktierten Kreisgebiet $\{z\,|\,0 < |z - z_0| \leq \rho\}$ holomorph ist. Nach Satz 3.1 lässt sich f in diesem Gebiet durch eine Laurentreihe darstellen:

$$f(z) = \sum_{k=-\infty}^{\infty} a_k(z - z_0)^k\,, \tag{3.19}$$

wobei die Koeffizienten a_k durch

$$a_k = \frac{1}{2\pi \, \mathrm{i}} \int\limits_{K_r(z_0)} \frac{f(\zeta)}{(\zeta - z_0)^{k+1}} \mathrm{d}\zeta \,, \quad k \in \mathbb{Z} \tag{3.20}$$

gegeben sind. Dabei ist $K_r(z_0) = \{z \,|\, |z - z_0| = r, 0 < r < \rho\}$ ein beliebiger positiv orientierter Kreis. Der Koeffizient a_{-1} ist, wie wir sehen werden, von besonderer Bedeutung. Dem trägt die folgende Definition Rechnung:

Definition 3.4:

Der Koeffizient

$$a_{-1} = \frac{1}{2\pi \, \mathrm{i}} \int\limits_{K_r(z_0)} f(\zeta) \mathrm{d}\zeta \tag{3.21}$$

der Laurentreihe (3.19) von f um z_0 heißt *Residuum* von f an der Stelle z_0. Wir verwenden die Schreibweise[2]

$$a_{-1} = \operatorname*{Res}_{z=z_0} f(z)\,. \tag{3.22}$$

Beispiel 3.5:

Die Funktion

$$f(z) = \frac{z^2 - 2z + 7}{z - 2} = \frac{7}{z - 2} + 2(z - 2)^0 + 1(z - 2)$$

besitzt an der Stelle $z_0 = 2$ das Residuum 7:

$$\operatorname*{Res}_{z=2} f(z) = 7\,.$$

Beispiel 3.6:

Wir berechnen das Residuum von $f(z) = e^{1/z}$ an der Stelle $z_0 = 0$:
Aus der Laurententwicklung von f um $z_0 = 0$

$$f(z) = \sum_{k=0}^{\infty} \frac{1}{k!} \left(\frac{1}{z} \right)^k = \sum_{k=-\infty}^{0} \frac{1}{(-k)!} z^k$$

entnehmen wir

$$\operatorname*{Res}_{z=0} f(z) = \frac{1}{[-(-1)]!} = 1\,.$$

---

2 Andere gebräuchliche Schreibweisen sind: $\operatorname{Res} f(z)\big|_{z=z_0}$, $\operatorname{res}_{z_0} f$, $\operatorname{Res}(f, z_0)$.

Satz 3.8:

(*Residuensatz*) Es sei C eine geschlossene, doppelpunktfreie, stückweise glatte, positiv orientierte Kurve. Ferner sei f holomorph in $\text{In}(C) \cup C$, mit Ausnahme von endlich vielen isolierten Singularitäten $z_1, \ldots, z_n$, die in $\text{In}(C)$ liegen. Dann gilt

$$\int_C f(z)\mathrm{d}z = 2\pi\,\mathrm{i} \cdot \sum_{j=1}^{n} \operatorname*{Res}_{z=z_j} f(z)\,. \tag{3.23}$$

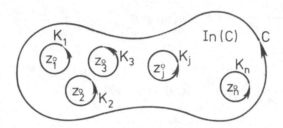

Fig. 3.3: Zum Residuensatz

Beweis:

Zu jedem Punkt z_j ($j = 1, \ldots, n$) wählen wir positiv orientierte Kreise K_j um z_j mit

$$K_j \subset \text{In}(C) \quad \text{und} \quad [K_m \cup \text{In}(K_m)] \cap [K_n \cup \text{In}(K_n)] = \emptyset \quad \text{für } m \neq n$$

(s. Fig. 3.3). Damit sind alle Voraussetzungen von Satz 2.13, Abschnitt 2.2.3, I, erfüllt, und wir erhalten

$$\int_C f(z)\mathrm{d}z = \sum_{j=1}^{n} \int_{K_j} f(z)\mathrm{d}z\,.$$

Multiplizieren wir diese Gleichung mit $\frac{1}{2\pi\,\mathrm{i}}$, so ergibt sich nach Definition 3.4

$$\frac{1}{2\pi\,\mathrm{i}} \int_C f(z)\mathrm{d}z = \sum_{j=1}^{n} \frac{1}{2\pi\,\mathrm{i}} \int_{K_j} f(z)\mathrm{d}z = \sum_{j=1}^{n} \operatorname*{Res}_{z=z_j} f(z)\,.$$

$\square$

Bemerkung: Der Residuensatz zeigt, dass – unter entsprechenden Voraussetzungen – der Wert des Integrals

$$\int_C f(z)\mathrm{d}z$$

vollständig durch die Residuen von f im Inneren von C bestimmt ist. Die Berechnung eines solchen Integrals lässt sich daher auf die Bestimmung dieser Residuen zurückführen, die sich aus den jeweiligen Laurententwicklungen ablesen lassen.

Besonders einfach gestaltet sich die Ermittlung von Residuen, wenn als isolierte Singularitäten Polstellen auftreten:

Hilfssatz 3.1:

Die Funktion h sei holomorph in einer Umgebung von z_0 und f sei durch

$$f(z) = \frac{h(z)}{(z - z_0)^m}, \, m \in \mathbb{N}, \, h(z_0) \neq 0 \tag{3.24}$$

erklärt. Dann gilt

$$\operatorname*{Res}_{z=z_0} f(z) = \frac{1}{(m-1)!} h^{(m-1)}(z_0). \tag{3.25}$$

Beweis:

Nach der Cauchyschen Integralformel für die $(m-1)$-te Ableitung von h (s. Satz 2.18, Abschn. 2.2.3) gilt

$$h^{(m-1)}(z_0) = \frac{(m-1)!}{2\pi i} \int\limits_{K_r(z_0)} \frac{h(\zeta)}{(\zeta - z_0)^m} d\zeta,$$

wobei der positiv orientierte Kreis $K_r(z_0)$ so gewählt ist, dass er ganz im Holomorphiegebiet von h liegt. Mit Definition 3.4 ergibt sich hieraus dann

$$\operatorname*{Res}_{z=z_0} f(z) = \operatorname*{Res}_{z=z_0} \frac{h(z)}{(z - z_0)^m} = \frac{1}{2\pi i} \int\limits_{K_r(z_0)} \frac{h(\zeta)}{(\zeta - z_0)^m} d\zeta = \frac{1}{(m-1)!} h^{(m-1)}(z_0).$$

$\square$

Beispiel 3.7:

(a) Wir berechnen die Residuen der Funktion

$$f(z) = \frac{1}{1 + z^2} = \frac{1}{2i} \left(\frac{1}{z - i} - \frac{1}{z + i} \right).$$

Für $z_0 = i$ setzen wir

$$h(z) = (z - i) f(z) = \frac{1}{2i} \left(1 - \frac{z - i}{z + i} \right)$$

und erhalten aus Hilfssatz 3.1 ($m = 1$ gesetzt)

$$\operatorname*{Res}_{z=\mathrm{i}}\ f(z) = h(\mathrm{i}) = \frac{1}{2\,\mathrm{i}}\,.$$

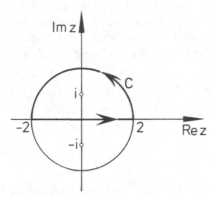

Fig. 3.4: Integrationsweg C von $\int\limits_{C} \frac{\mathrm{d}z}{1+z^2}$

Für $z_0 = -\mathrm{i}$ setzen wir entsprechend

$$h(z) = (z + \mathrm{i})f(z) = \frac{1}{2\,\mathrm{i}}\left(\frac{z+\mathrm{i}}{z-\mathrm{i}} - 1\right)$$

und erhalten dann

$$\operatorname*{Res}_{z=-\mathrm{i}}\ f(z) = h(-\mathrm{i}) = -\frac{1}{2\,\mathrm{i}}\,.$$

(b) Nun bestimmen wir den Wert des Integrals

$$\int\limits_{C} \frac{\mathrm{d}z}{1+z^2}\,,$$

wobei C der in Figur 3.4 dargestellte Integrationsweg ist.

Beachten wir, dass nur die Polstelle $z = \mathrm{i}$ im Inneren von C liegt, so ergibt sich nach Satz 3.8 und Teil a)

$$\int\limits_{C} \frac{\mathrm{d}z}{1+z^2} = 2\pi\,\mathrm{i}\cdot\operatorname*{Res}_{z=\mathrm{i}}\ \frac{1}{1+z^2} = 2\pi\,\mathrm{i}\cdot\frac{1}{2\,\mathrm{i}} = \pi\,.$$

3.2.2   Das Prinzip vom Argument

Als eine Konsequenz aus dem Residuensatz ergibt sich

Satz 3.9:

(*Prinzip vom Argument*) Sei D ein einfach zusammenhängendes Gebiet und f eine in D meromorphe Funktion.[3] Ferner sei C eine geschlossene, stückweise glatte, positiv orientierte Kurve, die ganz in D liegt. Auf C liege weder eine Nullstelle noch eine Polstelle von f. Die Anzahl der Nullstellen von f im Inneren von C sei N, die der Polstellen von f sei P, die gemäß ihrer Ordnung gezählt werden. Dann gilt

$$\frac{1}{2\pi\,\mathrm{i}} \int\limits_{C} \frac{f'(z)}{f(z)}\,\mathrm{d}z = N - P\,. \tag{3.26}$$

Beweis:

In In(C) können höchstens endlich viele Nullstellen (von endlicher Ordnung) bzw. Polstellen von f liegen (warum?).

(1) Sei z_j eine Nullstelle der Ordnung m_j. In einer Umgebung von z_j gilt dann

$$f(z) = (z - z_j)^{m_j} h(z) \quad \text{mit } h(z_j) \neq 0 \quad (h \text{ holomorph}).$$

Da

$$f'(z) = (z - z_j)^{m_j} h'(z) + m_j (z - z_j)^{m_j - 1} h(z)\,,$$

folgt

$$f'(z) = (z - z_j)^{m_j - 1} g(z)\,,$$

mit

$$g(z) = m_j h(z) + (z - z_j) h'(z)\,.$$

Aus $g(z_j) = m_j h(z_j) \neq 0$ folgt, dass $\varphi := g/h$ in z_j holomorph ist; ferner gilt $\varphi(z_j) = m_j$. Wir erhalten damit

$$\frac{f'(z)}{f(z)} = \frac{\varphi(z)}{z - z_j}\,, \quad \varphi(z_j) = m_j\,.$$

Nach Hilfssatz 3.1 ergibt sich dann

$$\operatorname*{Res}_{z=z_j} \frac{f'(z)}{f(z)} = m_j\,.$$

---

3 Wir erinnern daran, dass meromorphe Funktionen mit Ausnahme von Polstellen holomorph sind.

(2) Sei z_l eine Polstelle der Ordnung $\tilde{m}_l$. Eine zu 1. analoge Überlegung liefert

$$\operatorname*{Res}_{z=z_l} \frac{f'(z)}{f(z)} = -\tilde{m}_l \quad \text{(man beachte das negative Vorzeichen!)}.$$

(3) Wenden wir den Residuensatz auf die Funktion f'/f an, so folgt aus unseren obigen Überlegungen

$$\int_C \frac{f'(z)}{f(z)} dz = 2\pi i \sum \operatorname{Res} \frac{f'(z)}{f(z)} = 2\pi i \left(\sum m_j - \sum \tilde{m}_l \right) = 2\pi i (N - P). \qquad \square$$

Folgerung:

Ist f eine in D holomorphe Funktion und sind die übrigen Voraussetzungen von Satz 3.9 erfüllt, so gilt: Die Anzahl der Nullstellen von f in In(C) ist durch

$$N = \frac{1}{2\pi i} \int_C \frac{f'(z)}{f(z)} dz \tag{3.27}$$

gegeben.

Bemerkung: Wir benutzen das Prinzip vom Argument in Abschnitt 4.2.4 (Umströmung eines Hindernisses). Der durch die obige Folgerung gegebene Spezialfall von Satz 3.9 ist für die numerische Bestimmung der Nullstellen einer holomorphen Funktion von Bedeutung. Die Lage der Nullstellen, insbesondere bei rationalen Funktionen, spielt eine Rolle bei Stabilitätsuntersuchungen von mechanischen und elektrischen Systemen (s. z.B. [35], S. 529 ff.).

3.2.3 Anwendungen

Der Residuensatz besitzt zahlreiche Anwendungen, sowohl innerhalb der komplexen Analysis, als auch in anderen Bereichen der Mathematik. Einige davon sind uns bereits begegnet: Im Zusammenhang mit dem Nullstellenverhalten von holomorphen Funktionen (s. Abschn. 3.2.2) und bei der Berechnung der inversen Laplacetransformation einer vorgegebenen Funktion F (s. Burg/Haf/Wille [10]). Diese gestaltet sich, wie wir gesehen haben, mit Hilfe des Residuensatzes besonders einfach und elegant, wenn F Polstellen als Singularitäten besitzt. Die dort benötigten Grundlagen aus der komplexen Analysis stehen nun bereit. Wir wollen im Folgenden weitere Anwendungen behandeln.

(a) Berechnung von reellen uneigentlichen Integralen

Anhand von Beispielen zeigen wir, wie sich der Residuensatz zur Berechnung reeller Integrale, insbesondere vom Typ

$$\int_{-\infty}^{\infty} f(x) dx, \tag{3.28}$$

heranziehen lässt. Für den Fall, dass die Singularitäten von f in der oberen Halbebene Im $z > 0$ liegen, ist die Grundidee die folgende:

(i) Man setzt f analytisch in die komplexe Ebene hinein fort.

(ii) Man wählt einen geeigneten geschlossenen Integrationsweg C in $\mathbb{C}$, der das Intervall $[-R, R]$ enthält (z.B. gem. Fig. 3.5).

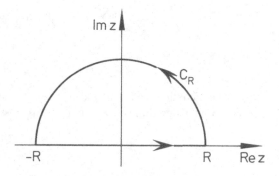

Fig. 3.5: Zur Berechnung von $\int\limits_{-\infty}^{\infty} f(x)\mathrm{d}x$

(iii) Man berechnet $\int_C f(z)\mathrm{d}z$ mit Hilfe des Residuensatzes und führt anschließend den Grenz-übergang $R \to \infty$ durch. Dabei zeigt es sich in vielen Fällen, dass in

$$\int\limits_{C} f(z)\mathrm{d}z = \int\limits_{C_R} f(z)\mathrm{d}z + \int\limits_{-R}^{R} f(x)\mathrm{d}x \qquad (3.29)$$

das Integral über C_R für $R \to \infty$ keinen Beitrag liefert. In (3.29) bleibt dann auf der rechten Seite gerade das gesuchte Integral (3.28) übrig.

Wir verdeutlichen diese Methode an dem sehr einfachen

Beispiel 3.8:

Wir betrachten das Integral

$$\int\limits_{-\infty}^{\infty} \frac{\mathrm{d}x}{1 + x^2},$$

das wir bereits in Burg/Haf/Wille [12] untersucht haben. Wir gehen zur Funktion

$$f(z) = \frac{1}{1 + z^2}$$

und zu dem in Figur 3.5 dargestellten Integrationsweg über. Mit Beispiel 3.7 (b) folgt

$$\pi = \int\limits_{C} \frac{dz}{1 + z^2} = \int\limits_{C_R} \frac{dz}{1 + z^2} + \int\limits_{-R}^{R} \frac{dx}{1 + x^2} \, . \tag{3.30}$$

Wegen (2.40), Abschnitt 2.2.1, gilt

$$\left| \int\limits_{C_R} \frac{dz}{1 + z^2} \right| \leq \frac{\pi R}{R^2 - 1} \longrightarrow 0 \quad \text{für } R \to \infty,$$

und wir erhalten aus (3.30)

$$\int\limits_{-\infty}^{\infty} \frac{dx}{1 + x^2} = \pi \, .$$

Bemerkung: Entsprechend lassen sich Integrale der Form

$$\int\limits_{-\infty}^{\infty} \frac{P_m(x)}{Q_n(x)} dx \tag{3.31}$$

behandeln, wobei P_m bzw. Q_n Polynome vom Grad m bzw. n mit $n \geq 2 + m$ sind. Für (3.31) ergibt sich dann der Wert:

$2\pi i \cdot$ *Summe der Residuen der Pole in der oberen Halbebene.*

Ferner lassen sich Integrale der Form

$$\int\limits_{-\pi}^{\pi} \frac{P_m(\cos t, \, \sin t)}{Q_n(\cos t, \, \sin t)} dt \tag{3.32}$$

durch Zurückführung auf Integrale vom Typ (3.31) berechnen. Hierzu benutzt man die Substitutionen

$$x = \tan \frac{t}{2}, \quad \sin t = \frac{2x}{1 + x^2}, \quad \cos t = \frac{1 - x^2}{1 + x^2}, \quad dt = \frac{2dx}{1 + x^2} \tag{3.33}$$

Das folgende Beispiel verlangt eine gewisse Modifikation unserer bisherigen Vorgehensweise:

Beispiel 3.9:
Man berechne

$$\int\limits_{0}^{\infty} \frac{\cos \alpha x}{1 + x^2} dx \quad \text{für } \alpha > 0.$$

Die Existenz dieses Integrals ist klar (warum?). Der Integrand ist eine gerade Funktion, so dass

$$\int\limits_0^\infty \frac{\cos\alpha x}{1+x^2}\mathrm{d}x = \frac{1}{2}\int\limits_{-\infty}^\infty \frac{\cos\alpha x}{1+x^2}\mathrm{d}x$$

gilt. Da für die komplexe Funktion $\cos\alpha z$ für $\operatorname{Im} z \to \pm\infty$

$$|\cos\alpha z| = \left|\frac{\mathrm{e}^{\mathrm{i}\alpha z}+\mathrm{e}^{-\mathrm{i}\alpha z}}{2}\right| \to \infty$$

strebt (und zwar exponentiell), können wir nicht wie im vorhergehenden Beispiel vorgehen. Stattdessen verwenden wir die Funktion $\mathrm{e}^{\mathrm{i}\alpha z}$ ($\alpha > 0$), für die

$$\left|\mathrm{e}^{\mathrm{i}\alpha z}\right| = \left|\mathrm{e}^{\mathrm{i}\alpha(x+\mathrm{i}y)}\right| = \mathrm{e}^{-\alpha y} \leq 1 \tag{3.34}$$

für $y = \operatorname{Im} z \geq 0$ und $\alpha > 0$ gilt. Mit dem Integrationsweg nach Figur 3.5 berechnen wir zunächst

$$\int\limits_C \frac{\mathrm{e}^{\mathrm{i}\alpha z}}{1+z^2}\mathrm{d}z .$$

Der Integrand besitzt in der oberen Halbebene nur eine einfache Polstelle: i, so dass wir mit Hilfe von Übung 3.6 (a)

$$\operatorname*{Res}_{z=\mathrm{i}}\left(\frac{\mathrm{e}^{\mathrm{i}\alpha z}}{1+z^2}\right) = \left.\frac{\mathrm{e}^{\mathrm{i}\alpha z}}{2z}\right|_{z=\mathrm{i}} = \frac{\mathrm{e}^{-\alpha}}{2\mathrm{i}}$$

erhalten. Nach dem Residuensatz gilt daher

$$\int\limits_C \frac{\mathrm{e}^{\mathrm{i}\alpha z}}{1+z^2}\mathrm{d}z = 2\pi\,\mathrm{i}\operatorname*{Res}_{z=\mathrm{i}}\frac{\mathrm{e}^{\mathrm{i}\alpha z}}{1+z^2} = \pi\,\mathrm{e}^{-\alpha} . \tag{3.35}$$

Nun schätzen wir das Integral über den Halbkreis C_R mit Hilfe von (2.40), Abschnitt 2.2.1, ab und beachten dabei (3.34):

$$\left|\int\limits_{C_R} \frac{\mathrm{e}^{\mathrm{i}\alpha z}}{1+z^2}\mathrm{d}z\right| \leq \pi R \max_{z\in C_R}\frac{|\mathrm{e}^{\mathrm{i}\alpha z}|}{|1+z^2|} \leq \frac{\pi R\cdot 1}{R^2-1} \to 0 \quad \text{für } R\to\infty.$$

Damit folgt

$$\int\limits_C \frac{\mathrm{e}^{\mathrm{i}\alpha z}}{1+z^2}\mathrm{d}z = \int\limits_{C_R} \frac{\mathrm{e}^{\mathrm{i}\alpha z}}{1+z^2}\mathrm{d}z + \int\limits_{-R}^R \frac{\mathrm{e}^{\mathrm{i}\alpha x}}{1+x^2}\mathrm{d}x \to \int\limits_{-\infty}^\infty \frac{\mathrm{e}^{\mathrm{i}\alpha x}}{1+x^2}\mathrm{d}x \quad \text{für } R\to\infty$$

und hieraus mit (3.35)

$$\int\limits_0^\infty \frac{\cos\alpha x}{1+x^2}dx = \frac{1}{2}\int\limits_{-\infty}^\infty \frac{\cos\alpha x}{1+x^2}dx \overset{\text{warum?}}{=} \frac{1}{2}\int\limits_{-\infty}^\infty \frac{e^{i\alpha x}}{1+x^2}dx = \frac{1}{2}\pi\, e^{-\alpha}\ .$$

Unser nächstes Beispiel behandelt den Fall, dass die Singularität des Integranden auf der reellen Achse liegt. Der in Figur 3.5 vorgeschlagene Integrationsweg muss daher modifiziert werden:

Beispiel 3.10:

Wir berechnen

$$\int\limits_0^\infty \frac{\sin x}{x}dx\ .$$

Dieses Integral existiert und wurde von uns bereits mit einer anderen Methode berechnet (s. Burg/Haf/Wille [12]). Wir betrachten die Funktion

$$f(z) = \frac{e^{iz}}{z}$$

und wählen den folgenden Integrationsweg C:

$$C := C_1 + C_r + C_2 + C_R \quad \text{(s. Fig. 3.6)}.$$

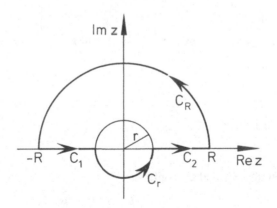

Fig. 3.6: Integrationsweg zur Berechnung von $\int_0^\infty \frac{\sin x}{x}dx$

Die Funktion f besitzt in $z_0 = 0$ eine einfache Polstelle, so dass wir mit Übung 3.6 (a)

$$\operatorname*{Res}_{z=0} f(z) = \frac{e^{iz}}{1}\Big|_{z=0} = 1$$

erhalten. Der Residuensatz liefert dann

$$\int\limits_{C} f(z)dz = \int\limits_{C_1+C_r+C_2+C_R} \frac{e^{iz}}{z} = 2\pi\,i\cdot 1 = 2\pi\,i\;.$$

(a) Wir schätzen zunächst das Integral über C_R ab und beachten dabei, dass (3.34) (s. Beisp. 3.9) jetzt zu grob ist (der Nenner wächst nicht stärker als $|z|$):

$$\left|\int\limits_{C_R} \frac{e^{iz}}{z}dz\right| = \left|\int\limits_{0}^{\pi} \frac{e^{i(R\cos t+i R\sin t)}}{R\,e^{it}}\,i\,R\,e^{it}\,dt\right| \leq \int\limits_{0}^{\pi} e^{-R\sin t}\,dt = 2\int\limits_{0}^{\pi/2} e^{-R\sin t}\,dt\;.$$

Wegen $\sin t \geq \frac{2}{\pi}t$ für $0 \leq t \leq \frac{\pi}{2}$ und der Monotonie der (reellen) Exponentialfunktion folgt hieraus

$$\left|\int\limits_{C_R} \frac{e^{iz}}{z}dz\right| \leq 2\int\limits_{0}^{\pi/2} e^{-\frac{2}{\pi}Rt}\,dt = \frac{\pi}{R}\left(1-e^{-R}\right) \to 0 \quad\text{für } R\to\infty.$$

(b) Nun schätzen wir das Integral über C_r ab:

$$\int\limits_{C_r} \frac{e^{iz}}{z}dz = \int\limits_{C_r} \frac{dz}{z} + \int\limits_{C_r} \frac{e^{iz}-1}{z}dz = \pi\,i + \int\limits_{C_r} \frac{e^{iz}-1}{z}dz\;,$$

siehe Beisp. 2.8, Abschn. 2.2.1. Nach (2.40), Abschnitt 2.2.1, gilt

$$\left|\int\limits_{C_r} \frac{e^{iz}-1}{z}dz\right| \leq \pi r \cdot \frac{1}{r}\max_{z\in C_r}\left|e^{iz}-1\right| \to 0 \quad\text{für } r\to 0 \quad\text{(warum?)}$$

und damit

$$\int\limits_{C_r} \frac{e^{iz}}{z}dz \to \pi\,i \quad\text{für } r\to 0.$$

(c) Für die Integration über C_1 und C_2 ergibt sich

$$\int\limits_{C_1} \frac{e^{iz}}{z}dz + \int\limits_{C_2} \frac{e^{iz}}{z}dz = \int\limits_{-R}^{-r} \frac{e^{ix}}{x}dx + \int\limits_{r}^{R} \frac{e^{ix}}{x}dx = \int\limits_{r}^{R} \frac{e^{ix}-e^{-ix}}{x}dx$$

$$= 2\,i\int\limits_{r}^{R} \frac{\sin x}{x}dx\;.$$

(d) Insgesamt folgt für $r \to 0$ und $R \to \infty$

$$2\pi\,\mathrm{i} = \pi\,\mathrm{i} + 2\,\mathrm{i}\int\limits_0^\infty \frac{\sin x}{x}\mathrm{d}x \quad \text{und damit} \quad \int\limits_0^\infty \frac{\sin x}{x}\mathrm{d}x = \frac{\pi}{2}\,.$$

Bemerkung: Anstelle des in Figur 3.6 dargestellten Integrationsweges hätten wir ebenso den nach Figur 3.7 nehmen können. Auch lassen sich mit den bisher aufgezeigten Methoden allgemeinere Klassen von uneigentlichen Integralen der Form

$$\int\limits_{-\infty}^\infty g(x)\cos\alpha x\,\mathrm{d}x \quad \text{bzw.} \quad \int\limits_{-\infty}^\infty g(x)\sin\alpha x\,\mathrm{d}x\,, \quad \alpha > 0 \tag{3.36}$$

behandeln, etwa für rationale Funktionen

$$g(x) = \frac{P_m(x)}{Q_n(x)}\,, \quad n > m\,,$$

falls Q_n nur komplexe Nullstellen besitzt oder aber sich die Integranden in (3.36) an den reellen Nullstellen von Q_n stetig ergänzen lassen.

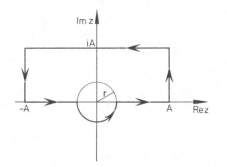

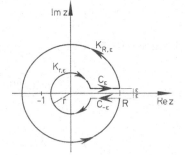

Fig. 3.7: Ein anderer Integrationsweg   Fig. 3.8: Integrationsweg zu Beisp. 3.11

In Abschnitt 2.3.5 haben wir gesehen, dass die analytische Fortsetzung von reellen Funktionen zu Mehrdeutigkeiten führen kann. Diese Mehrdeutigkeiten erweisen sich für die Berechnung gewisser uneigentlicher Integrale als sehr nützlich. Wir zeigen dies anhand von

Beispiel 3.11:
Zu berechnen ist

$$\int\limits_0^\infty \frac{x^a\mathrm{d}x}{x(x+1)} \quad \text{für} \quad 0 < a < 1\,.$$

Dieses Integral existiert nach den Konvergenzkriterien für uneigentliche Integrale (s. Burg/Haf/-Wille [12]). Nach Abschnitt 2.3.5 führt die analytische Fortsetzung von x^a zu einer mehrdeutigen Funktion: Schlitzen wir die komplexe Ebene längs der positiven reellen Achse auf und wählen wir in dieser aufgeschlitzten Ebene $D = \mathbb{C} - \{z \in \mathbb{R} | z \geq 0\}$ den in Figur 3.8 dargestellten Integrationsweg $C = C_\varepsilon + K_{R,\varepsilon} + C_{-\varepsilon} + K_{r,\varepsilon}$ $(r < 1 < R)$. Dann können wir auf D den Zweig der Potenzfunktion

$$z^a = e^{a \ln |z| + \mathrm{i}\, a \arg z} \quad \text{mit } 0 < \arg z < 2\pi \tag{3.37}$$

wählen. Nach dem Residuensatz gilt dann

$$\int_C \frac{z^a}{z(z+1)} \mathrm{d}z = 2\pi\, \mathrm{i} \cdot \operatorname*{Res}_{z=-1} \frac{z^a}{z(z+1)}\,,$$

woraus mit Übung 3.6 (a) und (3.37)

$$\int_C \frac{z^a}{z(z+1)} \mathrm{d}z = 2\pi\, \mathrm{i} \cdot \frac{e^{\mathrm{i}\, a\pi}}{(-1)} \tag{3.38}$$

unabhängig von r, R und ε folgt. Nun untersuchen wir die Integrale über die entsprechenden Teilwege:

$\alpha)$ Für das Integral über $K_{R,\varepsilon}$ gilt:

$$\left| \int_{K_{R,\varepsilon}} \frac{z^a}{z(z+1)} \mathrm{d}z \right| \leq 2\pi R \cdot \max_{z \in K_R} \frac{\left| e^{a \ln |z| + \mathrm{i}\, a \arg z} \right|}{|z|\, |z+1|}$$

$$\leq 2\pi R \cdot \frac{R^a}{R(1-R)} \to 0 \quad \text{für } \varepsilon \to 0 \text{ und } R \to \infty.$$

$\beta)$ Entsprechend folgt für das Integral über $K_{r,\varepsilon}$:

$$\left| \int_{K_{r,\varepsilon}} \frac{z^a}{z(z+1)} \mathrm{d}z \right| \leq 2\pi r \cdot \frac{r^a}{r(1-r)} \to 0 \quad \text{für } \varepsilon \to 0 \text{ und } r \to 0.$$

$\gamma)$ Bei Integration über C_ε (Im $z = \varepsilon$) bzw. $C_{-\varepsilon}$ (Im $z = -\varepsilon$) erhalten wir, wenn wir (3.37) und die Orientierung von C_ε bzw. $C_{-\varepsilon}$ beachten,

$$\int_{C_\varepsilon} \frac{z^a}{z(z+1)} \mathrm{d}z \to \int_r^R \frac{x^a}{x(x+1)} \mathrm{d}x \quad \text{für } \varepsilon \to 0$$

bzw.

$$\int\limits_{C_{-\varepsilon}} \frac{z^a}{z(z+1)} dz \to -\int\limits_r^R \frac{e^{ia2\pi} \cdot x^a}{x(x+1)} dx = -e^{ia2\pi} \int\limits_r^R \frac{x^a}{x(x+1)} dx \quad \text{für } \varepsilon \to 0.$$

Insgesamt ergibt sich damit für $\varepsilon \to 0, r \to 0$ und $R \to \infty$

$$2\pi i \frac{e^{ia\pi}}{(-1)} = \left(1 - e^{ia2\pi}\right) \int\limits_0^\infty \frac{x^a}{x+1} dx$$

oder

$$\int\limits_0^\infty \frac{x^a}{x(x+1)} dx = \frac{2\pi i \cdot e^{ia\pi}}{e^{ia2\pi} - 1} = \frac{\pi}{\sin(\pi a)} \quad \text{für } 0 < a < 1.$$

Bemerkung: In ähnlicher Weise lassen sich Integrale der Form

$$\int\limits_0^\infty x^a g(x) dx \quad \text{mit } 0 < a < 1$$

behandeln, wenn

$$g(x) = \frac{P_m(x)}{Q_n(x)}$$

eine rationale Funktion mit $n > m + 2$ ist, die in $(0, \infty)$ keine Polstellen und im Nullpunkt höchstens einen einfachen Pol besitzt.

(b) Die Eulersche Gammafunktion

Diese ist für $x > 0$ durch

$$\Gamma(x) := \int\limits_0^\infty e^{-t} t^{x-1} dt \tag{3.39}$$

erklärt. Sie wurde bereits in Burg/Haf/Wille [12]behandelt. Wir wollen Γ auf komplexe Argumente ausdehnen. Hierzu setzen wir

$$\Gamma(z) := \int\limits_0^\infty e^{-t} t^{z-1} dt, \quad z \in \mathbb{C}, \tag{3.40}$$

wobei unter t^{z-1} die Funktion $e^{(z-1)\ln t}$ ($\ln t$: reeller Logarithmus) zu verstehen ist (s. Abschn. 2.1.4). Nun zerlegen wir das Integral in (3.40) in der Form

$$\int\limits_0^1 e^{-t}\,t^{z-1}\mathrm{d}t + \int\limits_1^\infty e^{-t}\,t^{z-1}\mathrm{d}t =: I_1(z) + I_2(z) \tag{3.41}$$

und untersuchen beide Anteile getrennt.

(i) Wir beginnen mit $I_2(z)$: Sei D irgendeine kompakte Menge in $\mathbb{C}$ und $z = x + \mathrm{i}\,y \in D$. Dann gilt für diese z

$$\left|e^{-t}\,t^{z-1}\right| = \left|e^{-t}\,e^{(z-1)\ln t}\right| = \left|e^{-t+(x-1)\ln t+\mathrm{i}\,y\ln t}\right| \le e^{-t+(x-1)\ln t}\left|e^{\mathrm{i}\,y\ln t}\right|.$$

Da $\ln t \ge 0$ für $t \ge 1$ und $\left|e^{\mathrm{i}\,y\ln t}\right| = 1$ ist, folgt hieraus

$$\left|e^{-t}\,t^{z-1}\right| \le e^{-t}\,t^{x-1} \le e^{-t}\,t^{x_1-1}, \quad x_1 := \max_{z\in D}(\operatorname{Re} z).$$

Nach Burg/Haf/Wille [12] existiert

$$\int\limits_1^\infty e^{-t}\,t^{x_1-1}\mathrm{d}t.$$

Daher konvergiert das Integral $I_2(z)$ gleichmäßig in D. Setzen wir

$$f(t, z) := e^{-t}\,t^{z-1},$$

so erfüllt diese Funktion die Voraussetzungen von Satz A.2, Anhang. Demnach stellt $I_2(z)$ eine im Inneren von D und damit, da $D \subset \mathbb{C}$ beliebig, in ganz $\mathbb{C}$ holomorphe Funktion dar.

(ii) Nun betrachten wir das Integral $I_1(z)$: Wir beachten, dass $\ln t \to -\infty$ für $t \to 0+$, der Integrand also singulär werden kann. Für $x = \operatorname{Re} z > 1$ ist dies nicht der Fall (warum?). Sei nun D wieder eine beliebige kompakte Menge in der rechten Halbebene: $\operatorname{Re} z > 0$. Ferner sei $x_2 := \min_{x\in D}(\operatorname{Re} z)$, also $x_2 > 0$. Für z in D gilt dann, da $\ln t \le 0$ für $t \le 1$,

$$\left|e^{-t}\,t^{z-1}\right| \le e^{-t+(x_2-1)\ln t} = e^{-t}\,t^{x_2-1}.$$

Aus der Existenz des Integrals

$$\int\limits_0^1 e^{-t}\,t^{x_2-1}\mathrm{d}t$$

folgt wie in (i) die gleichmäßige Konvergenz des Integrals $I_1(z)$ und die Holomorphie von $I_1(z)$ für $\operatorname{Re} z > 0$, also in der rechten Halbebene.

Insgesamt ergibt sich damit

Die Gammafunktion $\Gamma(z)$ ist eine für $\operatorname{Re} z > 0$ holomorphe Funktion.

Unser Anliegen ist es nun, die Gammafunktion in die linke Halbebene $\operatorname{Re} z \leq 0$ hinein analytisch fortzusetzen. Da wir die Holomorphie von $I_2(z)$ in ganz $\mathbb{C}$ bereits in (i) gezeigt haben, genügt es, den Anteil $I_1(z)$ zu untersuchen. Hierzu verwenden wir im Integranden die Potenzreihenentwicklung von e^{-t} um $t = 0$:

$$
I_1(z) = \int_0^1 e^{-t} t^{z-1} dt = \int_0^1 \left(\sum_{k=0}^{\infty} \frac{(-1)^k}{k!} t^k \right) t^{z-1} dt = \int_0^1 \left(\sum_{k=0}^{\infty} \frac{(-1)^k}{k!} t^{k+z-1} \right) dt
$$

$$
= \sum_{k=0}^{\infty} \frac{(-1)^k}{k!} \int_0^1 t^{k+z-1} dt = \sum_{k=0}^{\infty} \frac{(-1)^k}{k!} \left. \frac{t^{z+k}}{(z+k)} \right|_{t=0}^{t=1} .
$$

(3.42)

Die Vertauschung von Summation und Integration ist hierbei wegen der gleichmäßigen Konvergenz der Reihe in $[0,1]$ erlaubt. Für $z \in \mathbb{C}$ mit $\operatorname{Re} z > 0$ verschwindet t^{z+k} an der Stelle $t = 0$, und wir erhalten für diese z

$$
I_1(z) = \sum_{k=0}^{\infty} \frac{(-1)^k}{k!(z+k)} .
$$

(3.43)

Wir wollen den Ausdruck (3.43) genauer untersuchen.
In jedem abgeschlossenen Kreisgebiet $\overline{K_R(0)} = \{ z \in \mathbb{C} : |z| \leq R \}$ konvergiert

$$
\sum_{k=m}^{\infty} \frac{(-1)^k}{k!(z+k)}
$$

(3.44)

für $m = m(R) > R$ absolut und gleichmäßig, da dann

$$
\left| \frac{(-1)^k}{k!(z+k)} \right| \leq \frac{1}{k!(m-R)}
$$

gilt und $\frac{1}{m-R} \sum_{k=m}^{\infty} \frac{1}{k!}$ eine konvergente Majorante der Reihe (3.44) ist. Zerlegen wir (3.43) in der Form

$$
\sum_{k=0}^{\infty} \frac{(-1)^k}{k!(z+k)} = \sum_{k=0}^{m-1} \frac{(-1)^k}{k!(z+k)} + \sum_{k=m}^{\infty} \frac{(-1)^k}{k!(z+k)} ,
$$

(3.45)

so stellt die letzte Reihe nach Satz 2.33 (i), Abschnitt 2.3.2, eine im Kreisgebiet $K_R(0)$ holomorphe Funktion dar.

Die durch

$$\sum_{k=0}^{m-1} \frac{(-1)^k}{k!(z+k)} \,, \quad z \in K_R(0) \tag{3.46}$$

erklärte Funktion ist in $K_R(0)$ meromorph. Sie besitzt an den Stellen $z = 0, -1, -2, \ldots, -m+1$ Pole. Da wir $R > 0$ beliebig wählen können, erhalten wir insgesamt:

Die Gammafunktion $\Gamma(z)$ lässt sich mit Hilfe von

$$\Gamma(z) = \sum_{k=0}^{\infty} \frac{(-1)^k}{k!(z+k)} + \int_1^{\infty} e^{-t} t^{z-1} \mathrm{d}t \tag{3.47}$$

meromorph in die linken Halbebene $\mathrm{Re}\, z \le 0$ fortsetzen. Sie besitzt an den Stellen

$$z = 0, -1, -2, \ldots \tag{3.48}$$

Pole der Ordnung 1. Das Residuum in $z = -k$ ist

$$\mathop{\mathrm{Res}}_{z=-k} \Gamma(z) = \frac{(-1)^k}{k!} \,. \tag{3.49}$$

Die Beziehung (3.49) lässt sich unmittelbar aus (3.47) ablesen. Mit Ausnahme der Stellen (3.48) ist $\Gamma(z)$ also in $\mathbb{C}$ holomorph. Figur 3.9 veranschaulicht das Verhalten der Eulerschen Gammafunktion.

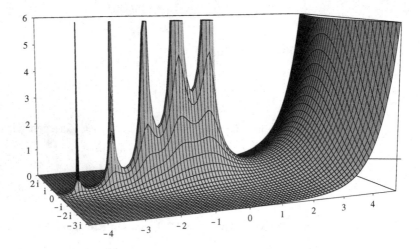

Fig. 3.9: Die Eulersche Gammafunktion

Nehmen wir zunächst $z = x > 0$ an, so ergibt sich durch partielle Integration

$$\Gamma(x + 1) = \int\limits_0^\infty e^{-t} t^x \, dt = 0 + x \int\limits_0^\infty e^{-t} t^{x-1} \, dt$$

(an den Grenzen $t = 0$ bzw. $t = +\infty$ erhalten wir keinen Beitrag), also

$$\Gamma(x + 1) = x \Gamma(x), \quad x > 0.$$

Nach dem Identitätssatz (Satz 2.39, Abschn. 2.3.5) hat die Übereinstimmung der beiden Funktionen $\Gamma(x+1)$ und $x \Gamma(x)$ auf der positiven reellen Achse die Übereinstimmung dieser Funktionen in ihrem gesamten Holomorphiebereich zur Folge, d.h. es gilt

$$\Gamma(z + 1) = z \Gamma(z) \quad \text{für alle} \quad z \in \mathbb{C} \setminus \{0, -1, -2, \ldots\} \tag{3.50}$$

Wenden wir diese Formel n-mal an, so ergibt sich

$$\Gamma(z + n) = z(z + 1) \cdot \ldots \cdot (z + n - 1) \Gamma(z) \tag{3.51}$$

Speziell erhalten wir für $z = 1$

$$\Gamma(1) = \int\limits_0^\infty e^{-t} \, dt = 1 \tag{3.52}$$

und daher aus (3.51)

$$\Gamma(n + 1) = n! \quad (n \in \mathbb{N}) \tag{3.53}$$

Die Gammafunktion stellt also eine Verallgemeinerung des für $n \in \mathbb{N}$ erklärten Ausdruckes $n!$ dar.

Nun weisen wir die Beziehung

$$\Gamma(z) \Gamma(1 - z) = \frac{\pi}{\sin \pi z} \tag{3.54}$$

nach. Hierzu beschränken wir uns zunächst auf $z = x \in (0,1)$: Mit der Substitution $t = \sigma^2$ folgt aus (3.40)

$$\Gamma(x) = 2 \int\limits_0^\infty e^{-\sigma^2} \sigma^{2x-1} \, d\sigma \tag{3.55}$$

oder, wenn man in (3.55) x durch $1 - x$ und σ durch τ ersetzt,

$$\Gamma(1 - x) = 2 \int\limits_0^\infty e^{-\tau^2} \tau^{-2x+1} \, d\tau. \tag{3.56}$$

Multiplizieren wir (3.55) und (3.56) und fassen wir das Produkt der beiden Integrale als Gebiets-integral über den ersten Quadranten

$$D = \left\{ (\sigma, \tau) \in \mathbb{R}^2 \mid \sigma > 0,\ \tau > 0 \right\}$$

der (σ, τ)-Ebene auf, so ergibt sich

$$\Gamma(x)\Gamma(1-x) = 4 \iint\limits_{D} e^{-(\sigma^2 + \tau^2)} \left(\frac{\sigma}{\tau} \right)^{2x-1} d\sigma\, d\tau . \qquad (3.57)$$

Wir berechnen dieses Integral, indem wir Polarkoordinaten einführen:

$$\left. \begin{array}{l} \sigma = r \cos\varphi \\ \tau = r \sin\varphi \end{array} \right\} \quad 0 < r < \infty, \quad 0 \leq \varphi \leq \frac{\pi}{2} . \qquad (3.58)$$

Es folgt dann (Transformationsformel für Gebietsintegrale, s. Burg/Haf/Wille [12])

$$\Gamma(x)\Gamma(1-x) = 4 \int\limits_{\varphi=0}^{\pi/2} \left\{ \int\limits_{r=0}^{\infty} e^{-r^2} r (\cot\varphi)^{2x-1} dr \right\} d\varphi$$

$$= 4 \int\limits_{0}^{\pi/2} (\cot\varphi)^{2x-1} d\varphi \cdot \int\limits_{0}^{\infty} e^{-r^2} r\, dr = 2 \int\limits_{0}^{\pi/2} (\cot\varphi)^{2x-1} d\varphi .$$

Nun setzen wir $\varphi =: \arctan \sqrt{s}$ und erhalten

$$\Gamma(x)\Gamma(1-x) = \int\limits_{0}^{\infty} \frac{s^{x-1}}{s+1} ds = \int\limits_{0}^{\infty} \frac{s^x}{s(s+1)} ds , \quad 0 < x < 1 . \qquad (3.59)$$

Das letzte Integral in (3.59) besitzt nach Abschnitt 3.2.3, Beispiel 3.11, den Wert $\frac{\pi}{\sin \pi x}$ für $0 < x < 1$, so dass

$$\Gamma(x)\Gamma(1-x) = \frac{\pi}{\sin \pi x} , \quad 0 < x < 1 ,$$

folgt. Mit Hilfe des Identitätssatzes (Satz 2.39, Abschn. 2.3.5) erhalten wir dann unsere ge-wünschte Formel (3.54). Insbesondere ergibt sich für $z = 1/2$:

$$\Gamma \left(\frac{1}{2} \right) = \int\limits_{0}^{\infty} e^{-t} t^{-\frac{1}{2}} dt = \sqrt{\frac{\pi}{\sin \frac{\pi}{2}}} = \sqrt{\pi} . \qquad (3.60)$$

Abschließend zeigen wir, wie man zu einer weiteren Darstellung der Gammafunktion, nämlich der *Hankelschen Integraldarstellung*

$$\Gamma(z) = \frac{1}{e^{2\pi i z} - 1} \int\limits_{C} e^{-\zeta}\,\zeta^{z-1} d\zeta \tag{3.61}$$

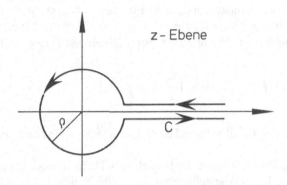

z - Ebene

Fig. 3.10: Integrationsweg C bei Hankelscher Integraldarstellung von $\Gamma(z)$

gelangt. Dabei ist C der Integrationsweg gemäß Figur 3.10 ($\rho > 0$ beliebig) und ζ^{z-1} durch $e^{(z-1)\log\zeta}$, $0 \le \arg\zeta \le 2\pi$ erklärt. Für das Integral [4]

$$G(z) := \int\limits_{C} e^{-\zeta}\,\zeta^{z-1} d\zeta$$

erhalten wir auf Grund unserer Wahl von C, wenn K_ρ den Kreis vom Radius ρ um den Nullpunkt bezeichnet,

$$G(z) = -\int\limits_{\rho}^{\infty} e^{-t}\,t^{z-1} dt + \int\limits_{\rho}^{\infty} e^{-t}\,e^{(z-1)[\ln t + 2\pi i]}\,dt + \int\limits_{K_\rho} e^{-\zeta}\,\zeta^{z-1} d\zeta$$

$$= \left(e^{2\pi i} - 1\right) \int\limits_{\rho}^{\infty} e^{-t}\,t^{z-1} dt + \int\limits_{K_\rho} e^{-\zeta}\,\zeta^{z-1} d\zeta\,. \tag{3.62}$$

Für das letzte Integral gilt nach Satz 2.11, Abschnitt 2.2.1, wenn wir K_ρ durch $\zeta = \rho\,e^{i\varphi}$ ($0 \le \varphi \le 2\pi$) beschreiben,

---

4 Wir beachten, dass dieses Integral nach Satz A.1, Anhang, eine in jedem beschränkten Gebiet der z-Ebene holomorphe Funktion darstellt (eine integrierbare Majorante ist durch $e^{-t}\,t^{R-1}$ für alle z mit $|z| < R$ gegeben).

$$\left| \int_{K_\rho} e^{-\zeta} \zeta^{z-1} d\zeta \right| \leq 2\pi\rho \max_{\zeta \in K_\rho} \left| e^{-\zeta} \zeta^{z-1} \right| = 2\pi\rho \max_{\varphi \in [0,2\pi]} e^{-\rho\cos\varphi} e^{(\mathrm{Re}\, z - 1)\log\rho - \varphi \cdot \mathrm{Im}\, z}$$

$$\leq 2\pi\rho\alpha_z\rho^{\mathrm{Re}\, z - 1} = 2\pi\rho^{\mathrm{Re}\, z}\alpha_z\,,$$

(3.63)

mit einer von z abhängigen Konstanten $\alpha_z > 0$. Für $\mathrm{Re}\, z > 0$ strebt $\rho^{\mathrm{Re}\, z} \to 0$ für $\rho \to 0$, und damit strebt auch das Integral über K_ρ für $\rho \to 0$ gegen Null. Im Falle $\mathrm{Re}\, z > 0$ folgt daher, wenn wir in (3.62) den Grenzübergang $\rho \to 0$ durchführen und Formel (3.40) verwenden,

$$G(z) = \left(e^{2\pi\,\mathrm{i}} - 1\right) \int_0^\infty e^{-t} t^{z-1} dt = \left(e^{2\pi\,\mathrm{i}} - 1\right) \Gamma(z)\,.$$

Damit ist (3.61) für $\mathrm{Re}\, z > 0$ und aufgrund des Identitätssatzes für alle z gezeigt.

Für die Anwendung auf die Theorie der Besselschen Differentialgleichung (s. Abschn. 5.2.3) benötigen wir noch eine Integraldarstellung für $\frac{1}{\Gamma(z)}$. Wir gewinnen sie auf folgende Weise: Aus (3.61) erhalten wir, wenn wir z durch $1 - z$ ersetzen,

$$\Gamma(1 - z) = \frac{1}{e^{-2\pi\,\mathrm{i}z} - 1} \int_C e^{-\zeta} \zeta^{-z} d\zeta\,,$$

und hieraus (wir beachten $\zeta^{-z} = e^{-\pi\,\mathrm{i}z}(-\zeta)^{-z}$, wobei $0 \leq \arg\zeta \leq 2\pi$ für $\log\zeta$ und $-\pi \leq \arg(-\zeta) \leq \pi$ für $\log(-\zeta)$, $\arg(-\zeta) = \arg\zeta - \pi$)

$$\Gamma(1 - z) = \frac{e^{-\pi\,\mathrm{i}z}}{e^{-2\pi\,\mathrm{i}z} - 1} \int_C e^{-\zeta} (-\zeta)^{-z} d\zeta\,.$$

Wegen $\sin\pi z = \frac{1}{2\mathrm{i}}\left[e^{\mathrm{i}\pi z} - e^{-\mathrm{i}\pi z}\right]$ (s. Abschn. 1.2.3, (1.45)) folgt daher

$$\Gamma(1 - z) = -\frac{1}{2\mathrm{i}\sin\pi z} \int_C e^{-\zeta} (-\zeta)^{-z} d\zeta\,.$$

(3.64)

Nach (3.54) gilt: $1/\Gamma(z) = (\sin\pi z/\pi)\Gamma(1 - z)$, also mit (3.64)

$$\frac{1}{\Gamma(z)} = -\frac{1}{2\pi\,\mathrm{i}} \int_C e^{-\zeta} (-\zeta)^{-z} d\zeta\,.$$

Ersetzen wir im letzten Integral ζ durch $-\zeta$, so ergibt sich der neue Integrationsweg $C^\star$ gemäß Figur 3.11, und wir erhalten die gewünschte Darstellung

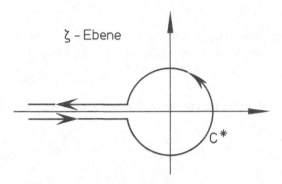

Fig. 3.11: Integrationsweg $C^\star$

$$\frac{1}{\Gamma(z)} = \frac{1}{2\pi i} \int\limits_{C^\star} e^\zeta \cdot \zeta^{-z} d\zeta , \quad z \in \mathbb{C} . \tag{3.65}$$

Bemerkung: Mit den in Abschnitt 2.4 behandelten Methoden gewinnt man die *Stirlingsche Formel*, die das asymptotische Verhalten der Gammafunktion für große $x > 0$ beschreibt:

$$\Gamma(x+1) \sim \sqrt{2\pi x}\, x^x\, e^{-x} \tag{3.66}$$

(zum Beweis s. z.B. [16], S. 452-453).

Übungen

Übung 3.5*:

Berechne die Residuen der Funktionen f an den jeweiligen Stellen z_0:

a) $f(z) = \dfrac{1}{z(z-i)^2}$, $z_0 = 0$ bzw. $z_0 = i$.

b) $f(z) = \dfrac{1}{(1+z^2)^n}$, $n \in \mathbb{N}$; $z_0 = i$.

c) $f(z) = \dfrac{e^{iz}}{1+z^4}$, z_0 Nullstelle des Nenners im 1. bzw. 2. Quadranten.

Übung 3.6*:

a) Seien f und g holomorphe Funktionen in einer Umgebung des Punktes z_0. Ferner sei $f(z_0) \neq 0$, $g(z_0) = 0$ und $g'(z_0) \neq 0$. Zeige, dann gilt

$$\operatorname*{Res}_{z=z_0} \frac{f(z)}{g(z)} = \frac{f(z_0)}{g'(z_0)} .$$

b) Bestimme das Residuum der Funktion $f(z) = \dfrac{e^z}{\sin z}$ an der Stelle $z_0 = 0$.

Übung 3.7*:

Berechne $\int_C f(z)\mathrm{d}z$, wenn $f(z) = z/(z^2 + 1)$ und C eine beliebige geschlossene, positiv orientierte, doppelpunktfreie, stückweise glatte Kurve mit $\pm\,\mathrm{i} \in \mathrm{In}(C)$ ist.

Übung 3.8*:

Berechne mit Hilfe der komplexen Integrationstheorie die folgenden uneigentlichen Integrale:

$$\text{a)}\ \int\limits_{-\infty}^{\infty} \frac{\mathrm{d}x}{1 + x^4}\,; \qquad \text{b)}\ \int\limits_{-\infty}^{\infty} \frac{\mathrm{d}x}{(1 + x^2)^n}\,, \quad n \in \mathbb{N}\,; \qquad \text{c)}\ \int\limits_{-\infty}^{\infty} \frac{\cos x}{1 + x^4}\mathrm{d}x\,;$$

$$\text{d)}\ \int\limits_{0}^{\pi} \frac{\mathrm{d}x}{2 + \cos x}\,; \qquad \text{e)}\ \int\limits_{-\infty}^{\infty} \frac{\sqrt{x + \mathrm{i}}}{1 + x^2}\mathrm{d}x\,; \qquad \text{f)}\ \int\limits_{1}^{\infty} \frac{\mathrm{d}x}{x\sqrt{x^2 - 1}}\,.$$

Übung 3.9*:

Zeige: Für die Eulersche Gammafunktion $\Gamma(z)$ gelten die Beziehungen

$$\Gamma\left(n + \frac{1}{2}\right) = \frac{(2n)!\sqrt{\pi}}{4^n n!}\,; \qquad \Gamma\left(-n + \frac{1}{2}\right) = (-1)^n \frac{4^n n!}{(2n)!}\sqrt{\pi} \quad (n \in \mathbb{N})\,.$$

4 Konforme Abbildungen

In Abschnitt 1.2.1 haben wir gesehen, wie sich komplexe Funktionen veranschaulichen lassen: Man verwendet *zwei* Ebenen, eine z-Ebene und eine w-Ebene und ordnet jedem Punkt z aus dem Definitionsbereich D der Funktion f einen Punkt $w = f(z)$ der w-Ebene zu (s. Fig. 1.26, Abschn. 1.2.1). Nun untersuchen wir, durch welche *geometrische Eigenschaften* sich Abbildungen kennzeichnen lassen, die durch *holomorphe Funktionen* vermittelt werden. Wir stoßen hierbei auf die »konformen Abbildungen«. Diese besitzen interessante Anwendungen auf ebene Randwertprobleme (s. Abschn. 4.2).

4.1 Einführung in die Theorie konformer Abbildungen

4.1.1 Geometrische Kennzeichnung holomorpher Funktionen

Wir betrachten eine glatte, orientierte Kurve C in der z-Ebene, die durch einen Punkt z_0 verlaufe. Durch

$$z = z(t) = x(t) + \mathrm{i}\, y(t), \quad a \leq t \leq b$$

sei eine Parameterdarstellung von C mit

$$|z'(t)|^2 = \left(x'(t)\right)^2 + \left(y'(t)\right)^2 \neq 0 \quad \text{für } a \leq t \leq b \tag{4.1}$$

gegeben. Dem Punkt z_0 sei der Parameterwert t_0 zugeordnet: $z_0 = z(t_0)$. Bedingung (4.1) sichert uns die Existenz einer Tangente im Punkt z_0 (s. Abschn. 1.1.6, (1.33)).

Sei nun f eine in z_0 holomorphe Funktion. Wir zeigen, dass unter der zusätzlichen Voraussetzung $f'(z_0) \neq 0$ die Bildkurve $C^\star$ von C bei Abbildung durch f im Punkt $f(z_0)$ eine Tangente besitzt:
f bildet C in die orientierte Kurve $C^\star$ mit der Parameterdarstellung

$$w = w(t) = f\left(z(t)\right), \quad a \leq t \leq b \tag{4.2}$$

ab. Der Punkt z_0 besitzt den Bildpunkt $w(t_0) = f(z_0)$. Nach der Kettenregel (Satz 2.2, Abschn. 2.1.2) gilt

$$w'(t) = f'\left(z(t)\right) \cdot z'(t), \quad a \leq t \leq b. \tag{4.3}$$

Da wir $f'(z_0) \neq 0$ vorausgesetzt haben, ergibt sich mit (4.1) hieraus $w'(t_0) \neq 0$. Aus der Stetigkeit von $w'(t)$ folgt sogar $w'(t) \neq 0$ in einer Umgebung von t_0. Insbesondere besitzt damit die Bildkurve $C^\star$ von C im Punkt $f(z_0)$ eine Tangente. Die Tangentenvektoren an die (orientierten)

Kurven C und $C^\star$ in den Punkten

$$z(t_0) = z_0 \quad \text{bzw.} \quad w(t_0) = f(z_0)$$

haben dieselben Richtungen wie die Vektoren

$$z'(t_0) \quad \text{bzw.} \quad w'(t_0)\,.$$

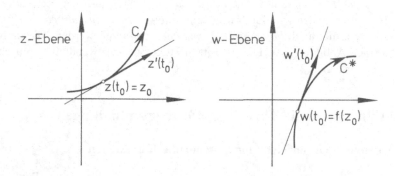

Fig. 4.1: Abbildung von Kurven durch holomorphe Funktionen

Aus (4.3) erhalten wir für $t = t_0$

$$w'(t_0) = f'(z_0) \cdot z'(t_0)\,. \tag{4.4}$$

Beachten wir, dass sich bei der Multiplikation von zwei komplexen Zahlen, die von 0 verschieden sind, die Argumente addieren, so gewinnen wir aus (4.4) wegen $f'(z_0) \neq 0$ und $z'(t_0) \neq 0$ für die Hauptargumente

$$\operatorname{Arg} w'(t_0) = \operatorname{Arg} f'(z_0) + \operatorname{Arg} z'(t_0) + 2\pi k\,, \quad k \in \mathbb{Z}\,. \tag{4.5}$$

Wir erhalten also die Tangentenrichtung von $C^\star$ im Punkt $f(z_0)$ dadurch, dass wir die Tangentenrichtung von C im Punkt z_0 um den Winkel

$$\alpha := \operatorname{Arg} f'(z_0)$$

drehen. Wir beachten, dass α unabhängig von C ist.

Anstelle der einen Kurve C betrachten wir nun *zwei* Kurven C_1 und C_2, die beide durch z_0 verlaufen und die obigen Voraussetzungen erfüllen. Mit β $(-\pi < \beta \leq \pi)$ bezeichnen wir den Winkel, um den wir den Tangentenvektor an C_1 in z_0 drehen müssen, um ihn in den Tangentenvektor an C_2 in z_0 zu überführen (s. Fig. 4.2). Für die Bildkurven $C_1^\star$, $C_2^\star$ von C_1, C_2 erhalten wir dann aus (4.5)

$$\operatorname{Arg} w_1'(t_0) = \operatorname{Arg} f'(z_0) + \operatorname{Arg} z_1'(t_0) + 2\pi k_1\,, \quad k_1 \in \mathbb{Z}$$

bzw.

$$\text{Arg } w_2'(t_0) = \text{Arg } f'(z_0) + \text{Arg } z_2'(t_0) + 2\pi k_2, \quad k_2 \in \mathbb{Z}.$$

Subtrahieren wir diese beiden Gleichungen, so folgt

$$\text{Arg } w_1'(t_0) - \text{Arg } w_2'(t_0) = \text{Arg } z_1'(t_0) - \text{Arg } z_2'(t_0) + 2\pi(k_1 - k_2),$$

oder, wenn wir $\beta^\star$ im Bildbereich entsprechend zu β erklären,

$$\beta^\star = \beta. \tag{4.6}$$

D.h. eine in z_0 holomorphe Funktion f mit $f'(z_0) \neq 0$ vermittelt eine Abbildung, bei der der Winkel zwischen den Tangentenpaaren nach Größe und Drehsinn erhalten bleibt. Abbildungen mit dieser Eigenschaft heißen *winkeltreu im Punkt z_0*.

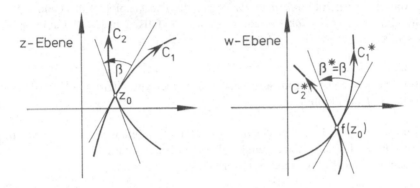

Fig. 4.2: Winkeltreue Abbildungen

Zusammenfassend haben wir das folgende Resultat gewonnen:

Satz 4.1:

(*Satz von der Winkeltreue*) Sei f eine im Punkt z_0 holomorphe Funktion mit $f'(z_0) \neq 0$. Dann ist f in z_0 winkeltreu.

Bemerkung: Dieser Satz drückt eine wichtige geometrische Eigenschaft von Abbildungen aus, die durch holomorphe Funktionen vermittelt werden.

Auf die zusätzliche Forderung: $f'(z_0) \neq 0$, kann nicht verzichtet werden. Dies zeigt

Beispiel 4.1:

Wir betrachten die Funktion $f(z) = z^2$ und den Punkt $z_0 = 0$. Diese Funktion ist holomorph in z_0, und es gilt $f'(z_0) = 0$. Durch f wird die positive reelle Achse in sich abgebildet. Die positive imaginäre Achse wird wegen $(\text{i}\,y)^2 = -y^2$ in die negative reelle Achse abgebildet. Wir sehen, dass f in z_0 nicht winkeltreu ist (s. auch Fig. 4.3).

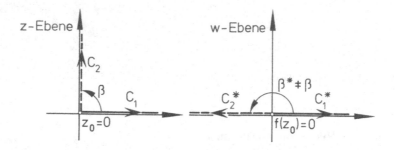

Fig. 4.3: Eine nicht winkeltreue Abbildung

Mit Blick auf Satz 4.1 gelangen wir zu folgender Begriffsbildung:

Definition 4.1:

Eine Abbildung f heißt *konform im Punkt* z_0, falls f in z_0 holomorph ist und $f'(z_0) \neq 0$ gilt. Man nennt f *konform in einem Gebiet* D, falls f in jedem Punkt $z_0 \in D$ konform ist.

Beispiel 4.2:

Die Funktion $f(z) = e^z$ ist in ganz $\mathbb{C}$ holomorph. Ferner gilt $f'(z_0) = e^{z_0} \neq 0$ für beliebige $z_0 \in \mathbb{C}$. Daher ist f in $\mathbb{C}$ konform.

Nach Satz 4.1 ist jede in einem Gebiet D konforme Abbildung f in D *winkeltreu*. Nach Satz 2.6, Abschnitt 2.1.3 ist sie außerdem lokal umkehrbar eindeutig.

Es gilt auch die Umkehrung dieses Sachverhaltes:

Satz 4.2:

Sei f eine im Gebiet D lokal umkehrbar eindeutige winkeltreue Abbildung. Dann ist f konform (im Sinne von Def. 4.1).

Beweis:

s. z.B. [5], S. 320–321.

Mit Hilfe der Winkeltreue haben wir damit eine *geometrische Charakterisierung* der durch holomorphe Funktionen vermittelten Abbildungen gewonnen.

4.1.2   Der Riemannsche Abbildungssatz

Ein zentrales Anliegen der Theorie konformer Abbildungen ist es, ein gegebenes Gebiet D auf ein anderes gegebenes Gebiet $D^\star$ konform abzubilden. Für die Anwendungen ist es dabei wichtig, $D^\star$ möglichst »einfach« zu wählen, etwa bei einem Strömungsproblem, so dass der Strömungsverlauf leichter überschaubar ist als in D. Eine solche Situation ist etwa durch Fig. 4.4 aufgezeigt (vgl. hierzu auch Abschn. 4.2.4).

Es stellt sich die Frage, welche Gebiete sich konform aufeinander abbilden lassen. Eine sehr allgemeine Antwort gibt

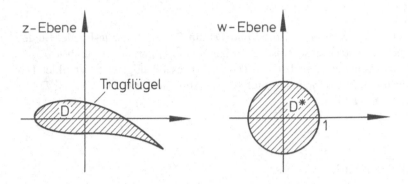

Fig. 4.4: Konforme Abbildung eines Tragflügels

Satz 4.3:

(*Riemannscher Abbildungssatz*) Seien D und $D^\star$ einfach zusammenhängende echte Teilgebiete von $\mathbb{C}$. Dann gibt es eine konforme Abbildung f, die D umkehrbar eindeutig auf $D^\star$ abbildet.

Beweis:

Dieser ist kompliziert und findet sich z.B. in [20], S. 247–249.

Bemerkung 1: Ist D nicht einfach zusammenhängend, so kann die Aussage von Satz 4.3 aus Stetigkeitsgründen nicht gelten. Auch für den Fall, dass $D = \mathbb{C}$, also die gesamte komplexe Ebene ist, wird die Aussage von Satz 4.3 falsch: Sei etwa $D^\star$ das Innere des Einheitskreises. Dann müsste es eine in ganz $\mathbb{C}$ holomorphe nicht konstante Funktion f mit $|f(z)| < 1$ für alle $z \in \mathbb{C}$ geben. Nach dem Satz von Liouville (Satz 2.27, Abschn. 2.2.5) ist dies aber nicht möglich.

Bemerkung 2: Der Riemannsche Abbildungssatz ist mehr von theoretischem Interesse. Seine Bedeutung für die Belange der Praxis ist geringer, da er keine Auskunft darüber gibt, *wie* eine solche konforme Abbildung f gefunden werden kann. Hier ist man auf die Untersuchung von Spezialfällen oder auf Näherungsverfahren (z.B. Approximation der Ränder der Gebiete durch Polygone) angewiesen. Einige dieser Spezialfälle behandeln wir im nachfolgenden Abschnitt 4.1.3.

Ränderzuordnung

Der Riemannsche Abbildungssatz enthält keine Aussage über das Verhalten der durch diesen Satz garantierten Abbildungen f bzw. f^{-1} auf den Rändern der Gebiete D bzw. $D^\star$. Wir dürfen nicht erwarten, dass diese Abbildungen auch noch auf den Rändern konform sind. Bei zahlreichen Anwendungen, insbesondere bei der Lösung von Randwertaufgaben der Potentialtheorie mit Hilfe von konformen Abbildungen, benötigt man jedoch zusätzlich, dass sich die Abbildungen $D \rightleftharpoons D^\star$ stetig bis zu den Rändern der Gebiete hin fortsetzen lassen. Dies kann für Gebiete mit »gutartiger« Berandung sichergestellt werden. So gilt etwa der folgende

Satz 4.4:

Sei D ein Gebiet in der z-Ebene und $D^\star$ ein Gebiet in der w-Ebene. Beide Ränder, ∂D und $\partial D^\star$, seien geschlossene Jordankurven. [1] Ferner sei durch $w = f(z)$ eine konforme Abbildung gegeben, die D umkehrbar eindeutig auf $D^\star$ abbildet. Dann stellt f eine umkehrbar eindeutige und stetige Abbildung zwischen $\overline{D} = D \cup \partial D$ und $\overline{D^\star} = D^\star \cup \partial D^\star$ dar.

Beweis:

s. z.B. [41], S. 362–363.

Bemerkung: Ist der Punkt z_∞ ein Randpunkt des Gebietes, so muss der Stetigkeitsbegriff geeignet erweitert werden und etwa im Sinne von Stetigkeit auf der Riemannschen Zahlenkugel verstanden werden:
Zwei Punkten $z_1, z_2 \in \overline{\mathbb{C}}$ entsprechen nach Abschnitt 1.1.2 zwei Punkte Q_1, Q_2 auf der Riemannschen Zahlenkugel. Als *chordalen Abstand* $\chi(z_1, z_2)$ der Punkte z_1 und z_2 bezeichnet man die Länge der Strecke $\overline{Q_1 Q_2}$. Es gilt, wie einfache geometrische Überlegungen zeigen,

$$\chi(z_1, z_2) = \frac{|z_1 - z_2|}{\sqrt{\left(1 + |z_1|^2\right)\left(1 + |z_2|^2\right)}} . \tag{4.7}$$

Mit diesem Abstand lässt sich folgender Stetigkeitsbegriff einführen:
Ist f auf einer Menge $D \subseteq \overline{\mathbb{C}}$ erklärt und $z_0 \in D$, so heißt die Funktion $f : D \mapsto \overline{\mathbb{C}}$ *chordal stetig* in z_0, falls es zu jedem $\varepsilon > 0$ ein $\delta > 0$ gibt, so dass für alle z mit $\chi(z, z_0) < \delta$ gilt:

$$\chi(f(z), f(z_0)) < \varepsilon . \tag{4.8}$$

Offensichtlich ist jede Funktion f, die im Sinne von Definition 1.12, Abschnitt 1.2.2 in $z_0 \in \overline{\mathbb{C}}$ stetig ist, dort auch chordal stetig.

Weitere Resultate über die Ränderzuordnung bei konformen Abbildungen finden sich z.B. in [35], S.120–128.

4.1.3   Spezielle konforme Abbildungen

(a) Gebrochen lineare Abbildungen. Möbiustransformation

Man nennt Abbildungen der Form

$$w = f(z) = \frac{az + b}{cz + d}, \quad z \in \mathbb{C} \tag{4.9}$$

mit den komplexen Konstanten a, b, c, d, wobei c oder d von Null verschieden sind, *gebrochen lineare Abbildungen*. Solche Abbildungen treten z.B. im Zusammenhang mit der Frage nach *Ortskurven* bei elektrischen Schwingkreisen auf.

[1] s. Abschn. 1.1.6, Bem. 1.6.

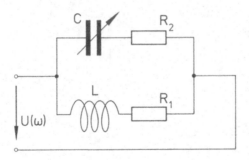

Fig. 4.5: Schaltung mit Drehkondensator

Beispiel 4.3:
Für die in Figur 4.5 dargestellte Schaltung ergibt sich der komplexe Scheinwiderstand $\mathbf{Z}$ als Funktion der Kapazität C zu

$$\mathbf{Z}(C) = \frac{aC + b}{cC + d}, \quad C \in \mathbb{R} \tag{4.10}$$

mit

$$a = -\omega^2 L R_2 + \mathrm{i}\,\omega R_1 R_2, \quad b = R_1 + \mathrm{i}\,\omega L,$$
$$c = -\omega^2 L + \mathrm{i}\,\omega(R_1 + R_2), d = 1.$$

Der Graph der Abbildung (4.10) heißt *Ortskurve* der Schaltung [2].

Der Fall $c = 0$ in (4.10) ist besonders einfach: Er liefert die (*ganzen*) *linearen Funktionen*

$$w = f(z) = \frac{a}{d}z + \frac{b}{d} = Az + B, \tag{4.11}$$

mit

$$A := \frac{a}{d} \quad \text{und} \quad B := \frac{b}{d} \quad (d \neq 0).$$

Diese Abbildungen bewirken folgendes:

- eine *Streckung* (bzw. Stauchung) um den Faktor $|A|$, bezogen auf den Nullpunkt;

- eine *Drehung* um den Nullpunkt. Der Drehwinkel ist hierbei durch Arg A gegeben;

- eine *Parallelverschiebung* um den komplexen Vektor B

(s. Figuren 4.6 und 4.7).

---

2 Zur Herleitung von (4.10) und Diskussion der Ortskurve s. Burg/Haf/Wille [12].

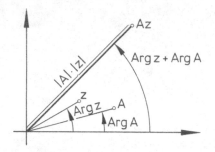

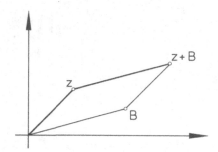

Fig. 4.6: Drehstreckung $w = A\,z$ Fig. 4.7: Parallelverschiebung $w = z + B$

Der Fall $c \neq 0$: Wir benutzen für (4.10) die Darstellung

$$w = \frac{az + b}{cz + d} = -\frac{ad - bc}{c}\ \frac{1}{cz + d} + \frac{a}{c}\,. \tag{4.12}$$

Um die Wirkung dieser Abbildung besser zu verstehen, untersuchen wir zunächst die Abbildung

$$w = \frac{1}{z}\,. \tag{4.13}$$

Wir wollen die Lage der Bildpunkte ermitteln. Hierzu benutzen wir die Spiegelung (oder Inversion) eines Punktes P an einer Geraden bzw. an einem Kreis:

(i) Wir sprechen von einem *Spiegelpunkt* Q eines Punktes P *an einer Geraden* g, falls P und Q gleichen Abstand von g haben und die Gerade durch P und Q auf g senkrecht steht (s. Fig. 4.8).

(ii) Ist M der Mittelpunkt und r der Radius eines Kreises K, so wird bei der *Spiegelung am Kreis* jedem Punkt P im Kreisgebiet, der nicht mit M zusammenfällt, ein Punkt Q zugeordnet, für den

$$\overline{MP} \ \cdot\ \overline{MQ} = r^2 \tag{4.14}$$

gilt und der auf der Halbgeraden von M durch P liegt (s. Fig. 4.9). Umgekehrt wird Q mittels (4.14) in P abgebildet.

Lassen wir für Q den Punkt z_∞ zu, so können wir auch M in die Spiegelung mit einbeziehen. Nach diesen Überlegungen wenden wir uns wieder der Abbildung (4.13) zu. Mit $z = x + i\,y$ folgt

$$w = \frac{1}{z} = \frac{1}{x + i\,y} = \frac{x}{x^2 + y^2} + i\left(-\frac{y}{x^2 + y^2}\right)\,.$$

Dem Punkt $P = (x, y)$ entspricht also ein Bildpunkt

$$P^\star = \left(\frac{x}{x^2 + y^2},\ -\frac{y}{x^2 + y^2}\right)\,.$$

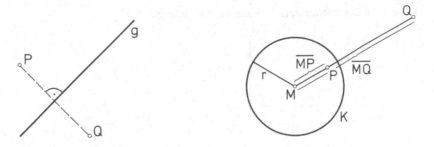

Fig. 4.8: Spiegelung eines Punktes an einer Geraden Fig. 4.9: Spiegelung eines Punktes an einem Kreis

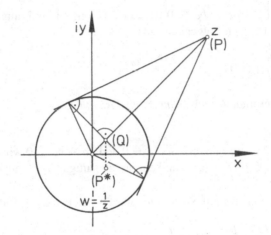

Fig. 4.10: Konstruktion von $w = \frac{1}{z}$

Dies lässt sich so interpretieren: Wir spiegeln P zunächst am Einheitskreis ($M = (0,0), r = 1$). Der Spiegelpunkt sei Q. Nun spiegeln wir Q an der reellen Achse und erhalten $P^\star$ (s. Fig. 4.10). In komplexer Form lautet die *Spiegelung am Einheitskreis*:

$$z \longrightarrow \frac{1}{\bar{z}}.$$

Die *Spiegelung an der reellen Achse* wird durch

$$\frac{1}{\bar{z}} \longrightarrow \overline{\left(\frac{1}{\bar{z}}\right)} = \frac{1}{z}$$

beschrieben.

Nun bauen wir unsere gebrochen lineare Abbildung

$$w = f(z) = \frac{az + b}{cz + d} = -\frac{ad - bc}{c} \; \frac{1}{cz + d} + \frac{a}{c} \tag{4.15}$$

aus den folgenden uns mittlerweile bekannten Abbildungen auf:

$$
\left.
\begin{aligned}
z &\longrightarrow z_1 := cz + d \\
z_1 &\longrightarrow z_2 := \frac{1}{z_1} \\
z_2 &\longrightarrow w := -\frac{ad - bc}{c}\, z_2 + \frac{a}{c}
\end{aligned}
\right\}
\tag{4.16}
$$

Wir sehen:

> Jede gebrochen lineare Abbildung mit $c \neq 0$ und $ad - bc \neq 0$ lässt sich aus zwei (ganzen) linearen Abbildungen und einer Abbildung der Form $1/z$ zusammensetzen.

Aus (4.15) ergibt sich: Falls $ad - bc = 0$ ist, so ist f konstant und umgekehrt. Da dieser Fall uninteressant ist, fordern wir im Folgenden stets

$$
ad - bc = \begin{vmatrix} a & b \\ c & d \end{vmatrix} \neq 0.
\tag{4.17}
$$

Ist (4.17) erfüllt, so nennt man f auch *Möbiustransformation*.
Wir zeigen jetzt:

> Durch eine gebrochen lineare Funktion mit $c \neq 0$ und $ad - bc \neq 0$ wird die abgeschlossene komplexe Zahlenebene $\overline{\mathbb{C}} = \mathbb{C} \cup \{z_\infty\}$ umkehrbar eindeutig auf sich abgebildet.

Lösen wir nämlich (4.15) nach z auf, so erhalten wir für den Fall $z \neq -\frac{d}{c}$ die Umkehrabbildung

$$
z = f^{-1}(w) = \frac{-dw + b}{cw - a}, \quad w \neq \frac{a}{c}.
\tag{4.18}
$$

Sei nun umgekehrt $w \neq \frac{a}{c}$ beliebig und z durch (4.18) erklärt. Dann folgt

$$
f(z) = \frac{a\frac{-dw+b}{cw-a} + b}{c\frac{-dw+b}{cw-a} + d} = \frac{a(-dw + b) + b(cw - a)}{c(-dw + b) + d(cw - a)} = \frac{(bc - ad)w}{bc - ad} = w,
$$

da $bc - ad \neq 0$. Damit stellt (4.15) eine umkehrbar eindeutige Abbildung der punktierten Ebene $\mathbb{C} - \left\{-\frac{d}{c}\right\}$ auf die punktierte Ebene $\mathbb{C} - \left\{\frac{a}{c}\right\}$ dar. Wir vereinbaren jetzt, dass wir die z-Ebene durch den Punkt z_∞ und die w-Ebene durch den Punkt w_∞ (im Folgenden schreiben wir sowohl für z_∞ als auch für w_∞ einfach ∞) erweitern. In beiden Fällen erhalten wir dann $\mathbb{C} \cup \{\infty\} = \overline{\mathbb{C}}$. Nun setzen wir f auf ganz $\overline{\mathbb{C}}$ fort, indem wir die Vereinbarungen

$$
f(\infty) = \infty, \quad \text{falls } c = 0
$$

und

$$
f\left(-\frac{d}{c}\right) = \infty, \quad f(\infty) = \frac{a}{c}, \quad \text{falls } c \neq 0
$$

treffen. Dadurch haben wir erreicht, dass f eine umkehrbar eindeutige Abbildung von $\overline{\mathbb{C}}$ auf $\overline{\mathbb{C}}$ ist.   □

Bemerkung: Wir erinnern daran, dass sich der Punkt ∞ mit Hilfe der Riemannschen Zahlenkugel veranschaulichen lässt. Außerdem sind gewisse Regeln im Umgang mit ∞ zu beachten (s. Abschn. 1.1.2).

Für die Ableitung f' von f ergibt sich aus (4.15) (wir beachten: $c \neq 0$)

$$f'(z) = \frac{ad - bc}{(cz + d)^2} \neq 0 \quad \text{für} \quad ad - bc \neq 0, \quad z \neq -\frac{d}{c}.$$

Mit Definition 4.1 erhalten wir daher:

Die gebrochen lineare Funktion mit $c \neq 0$ und $ad - bc \neq 0$ stellt eine für alle $z \neq -\frac{d}{c}$ konforme Abbildung dar.

Wir wenden uns der Frage zu, welche Bildkurve bei gebrochen linearen Abbildungen *Kreise* besitzen. Dabei erweitern wir den Begriff Kreis derart, dass wir auch Geraden als Kreise – durch ∞ – auffassen.

Zur Beantwortung unserer Frage benötigen wir eine geeignete Darstellung von Kreisen in $\mathbb{C}$. Es gilt

Hilfssatz 4.1:

Sämtliche Kreise (also im obigen Sinne Kreise und Geraden!) in $\mathbb{C}$ genügen der Gleichung

$$A z\overline{z} + Bz + \overline{B}\overline{z} + C = 0, \quad AC < |B|^2 \tag{4.19}$$

mit reellen Koeffizienten A, C. Umgekehrt beschreiben die Punktmengen, die (4.19) genügen, Kreise in $\mathbb{C}$. Für $A = 0$ liegen Geraden vor.

Beweis:

(a) Sei eine Punktmenge in $\mathbb{C}$ gegeben, die (4.19) genügt, dann folgt für $A \neq 0$:

$$z\overline{z} + \frac{B}{A}z + \frac{\overline{B}}{A}\overline{z} + \frac{C}{A} = 0$$

oder

$$\left(z + \frac{\overline{B}}{A}\right)\left(\overline{z} + \frac{B}{A}\right) + \frac{C}{A} - \frac{|B|^2}{A^2} = 0.$$

Wegen $\zeta \cdot \overline{\zeta} = |\zeta|^2$ für $\zeta \in \mathbb{C}$ gilt daher

$$\left| z - \left(-\frac{\overline{B}}{A}\right) \right|^2 + \frac{C}{A} - \frac{|B|^2}{A^2} = 0$$

oder

$$\left| z - \left(-\frac{\overline{B}}{A} \right) \right|^2 = \frac{1}{A^2} \left(|B|^2 - AC \right). \tag{4.20}$$

Gleichung (4.20) beschreibt einen Kreis vom Radius $\frac{1}{|A|} \sqrt{|B|^2 - AC}$ mit Mittelpunkt $-\frac{\overline{B}}{A}$. Für $A = 0$ folgt aus (4.19)

$$Bz + \overline{B}\overline{z} + C = 0$$

und hieraus, wenn wir $z = x + i\,y$ setzen,

$$B(x + i\,y) + \overline{B}(x - i\,y) + C = 0$$

oder

$$(B + \overline{B})x + i(B - \overline{B})y + C = 0.$$

Mit $B + \overline{B} = 2\,\mathrm{Re}(B)$, $\quad B - \overline{B} = 2\,\mathrm{Im}(B)\,i$ folgt damit

$$2\,\mathrm{Re}(B) \cdot x - 2\,\mathrm{Im}(B) \cdot y + C = 0,$$

also die Gleichung einer Geraden.

(b) Sei nun $K_r(z_0)$ der Kreis vom Radius r mit Mittelpunkt z_0. Für $z \in K_r(z_0)$ gilt dann $|z - z_0| = r$. Diese Gleichung lässt sich in der Form

$$(z - z_0)(\overline{z} - \overline{z_0}) = r^2$$

oder

$$z\overline{z} - \overline{z_0}z - z_0\overline{z} + |z_0|^2 - r^2 = 0$$

schreiben, ist also mit $A = 1$, $B = -\overline{z_0}$, $C = |z_0|^2 - r^2$ und $AC = |z_0|^2 - r^2 < |z_0|^2 = |B|^2$ von der Form (4.19). Ist schließlich ein Gerade durch die Gleichung

$$ax + by + c = 0, \quad a, b, c \in \mathbb{R}$$

mit $|a| + |b| \neq 0$ gegeben, so lautet die Geradengleichung in komplexer Form, wenn wir $z = x + i\,y$ setzen:

$$a\frac{z + \overline{z}}{2} - i\,b\frac{z - \overline{z}}{2} + c = 0$$

oder

$$\frac{a - i\,b}{2}z + \frac{a + i\,b}{2}\overline{z} + c = 0,$$

ist also mit $A = 0$, $B = \frac{a - \mathrm{i}\,b}{2}$, $C = c$ und $0 = AC < \frac{a^2 + b^2}{4} = |B|^2$ ebenfalls von der Form (4.19). $\qquad\qquad\square$

Der folgende Satz bringt eine interessante Invarianzeigenschaft von gebrochen linearen Abbildungen zum Ausdruck:

Satz 4.5:

(*Kreisverwandtschaft*) Jede gebrochen lineare Abbildung mit $ad - bc \neq 0$ führt Kreise in der z-Ebene in Kreise in der w-Ebene über[3].

Beweis:

Im Fall $c = 0$ und $ad - bc \neq 0$, also für die (ganzen) linearen Abbildungen, gilt – in Verschärfung der Aussage des Satzes –, dass Geraden in Geraden und Kreise in Kreise überführt werden. Dies ist unmittelbar einsichtig, da sich (ganze) lineare Abbildungen aus Drehungen, Streckungen und Parallelverschiebungen aufbauen lassen (s.o.):

$$w = \frac{az + b}{cz + d} = \frac{1}{cz + d}\,\frac{-ad + bc}{c} + \frac{a}{c}\,.$$

Es genügt daher, unseren Beweis für die Funktion $g(z) = 1/z$ zu führen: Wir gehen von der Kreis- bzw. Geradengleichung in der z-Ebene

$$A z \overline{z} + B z + \overline{B}\,\overline{z} + C = 0$$

mit reellen Koeffizienten A, C und $AC < |B|^2$ aus (s. Hilfssatz 4.1). Für $z \neq 0$ erfüllt $w = \frac{1}{z}$ die Gleichung

$$\frac{A}{w\overline{w}} + B\,\frac{1}{w} + \overline{B}\,\frac{1}{\overline{w}} + C = 0$$

bzw.

$$C w \overline{w} + \overline{B} w + B \overline{w} + A = 0\,.$$

Mit $A^\star := C$, $B^\star := \overline{B}$ und $C^\star := A$ folgt hieraus

$$A^\star w \overline{w} + B^\star w + \overline{B^\star}\,\overline{w} + C^\star = 0\,. \qquad\qquad (4.21)$$

Dabei sind $A^\star$, $C^\star$ reell, und es gilt

$$|B^\star|^2 - A^\star C^\star = |B|^2 - AC > 0\,.$$

Nach Hilfssatz 4.1 beschreibt (4.21) wieder einen Kreis bzw. eine Gerade in der w-Ebene. $\qquad\square$

---

3 Wir erinnern daran, dass dieser Kreisbegriff auch die Geraden enthält.

Bemerkung: Durch $w = \frac{1}{z}$ werden Geraden in Kreise oder Geraden durch den Nullpunkt – und umgekehrt – abgebildet.

Wir haben uns in diesem Abschnitt bereits mit der Spiegelung von Punkten an einer Geraden bzw. an einem Kreis beschäftigt (s. Diskussion der Abbildung $1/z$). Es stellt sich die Frage, ob die Spiegelsymmetrie bei Abbildung durch gebrochen lineare Funktionen erhalten bleibt. Wir wollen dies nachweisen und benötigen hierzu den

Hilfssatz 4.2:

> Sei K ein Kreis oder eine Gerade. Die Punkte z_1 und z_2 seien bezüglich K Spiegelpunkte. Ist dann $\tilde{K}$ ein weiterer Kreis oder eine Gerade durch z_1, so gilt: $\tilde{K}$ verläuft ebenfalls durch z_2, dann und nur dann, falls sich $\tilde{K}$ und K rechtwinklig schneiden.

Beweis:
Siehe Übung 4.2

Mit diesem Hilfsmittel beweisen wir nun

Satz 4.6:

> Sei K ein Kreis oder eine Gerade. Die Punkte z_1 und z_2 seien bezüglich K Spiegelpunkte mit $z_1 \neq z_2$. Ferner seien $K^\star$, w_1 und w_2 die Bilder von K, z_1 und z_2 bei Abbildung durch die gebrochen lineare Funktion
>
> $$w = \frac{az+b}{cz+d}, \quad ad - bc \neq 0. \tag{4.22}$$
>
> Dann sind auch w_1 und w_2 bezüglich $K^\star$ Spiegelpunkte.

Beweis:
Sei $\tilde{K}$ irgendein Kreis durch z_1 und z_2. Dann ist $\tilde{K}$ nach Hilfssatz 4.2 orthogonal zu K. Da die Abbildung (4.22) umkehrbar eindeutig, kreisverwandt und winkeltreu ist, sind die Bilder $\tilde{K}^\star$ und $K^\star$ von $\tilde{K}$ und K Kreise oder Geraden, die sich rechtwinklig schneiden. Ferner gilt $w_1, w_2 \in \tilde{K}^\star$, $w_1 \neq w_2$. Nun wenden wir erneut Hilfssatz 4.2 an und erhalten die behauptete Spiegelsymmetrie. $\qquad\square$

Bemerkung: Die Eigenschaften der Kreisverwandtschaft und der Überführung von Spiegelpunkten in Spiegelpunkte bei gebrochen linearen Abbildungen sind bei der Lösung von vielen Abbildungsaufgaben nützlich. Die nachfolgenden Beispiele sollen dies verdeutlichen.

Beispiel 4.4:
Wir ermitteln eine gebrochen lineare Funktion, die das Innere des Kreises $K : |z| = 1$ in das Äußere des Kreises $K^\star : |w + 1| = 1$ abbildet. Dabei sollen die Punkte $z_1 = -1$ auf $w_1 = 0$ und $z_2 = 0$ auf $w_2 = i$ abgebildet werden. Die gebrochen linearen Funktionen sind in ganz $\mathbb{C}$ (mit Ausnahme von höchstens einem Punkt) stetig und umkehrbar eindeutig. Daher muss die gesuchte Funktion K in $K^\star$ überführen.

Wir gehen aus von der Abbildung

$$w = f(z) = \frac{az + b}{cz + d}, \quad ad - bc \neq 0$$

und bestimmen die Koeffizienten a, b, c und d. Offensichtlich ist $a \neq 0$, da $f(\infty) = 0$ im Widerspruch zu $f(-1) = 0$ stünde. Ohne Beschränkung der Allgemeinheit nehmen wir $a = 1$ an:

$$f(z) = \frac{z + b}{cz + d}.$$

Wegen $f(-1) = 0$ ergibt sich

$$0 = \frac{-1 + b}{-c + d} \quad \text{oder} \quad b = 1$$

und damit

$$f(z) = \frac{z + 1}{cz + d}.$$

Wegen $f(0) = \mathrm{i}$ erhalten wir

$$\mathrm{i} = \frac{1}{d} \quad \text{oder} \quad d = -\mathrm{i},$$

so dass

$$f(z) = \frac{z + 1}{cz - \mathrm{i}}$$

folgt. Zur Berechnung von c nutzen wir die Eigenschaft der Spiegelsymmetrie aus: $z_2 = 0$ besitzt den Spiegelpunkt $\tilde{z}_2 = \infty$ bezüglich K. Der zu $w_2 = \mathrm{i}$ bezüglich $K^\star$ symmetrische Punkt $\tilde{w}_2$ ergibt sich wegen (4.14) aus

$$(\tilde{w}_2 + 1)\,(\bar{\mathrm{i}} + \overline{1}) = r^2 = 1$$

zu

$$\tilde{w}_2 = \frac{1}{2}(-1 + \mathrm{i})$$

(s. Fig. 4.11). Folglich muss nach Satz 4.6

$$f(\infty) = \frac{1}{2}(-1 + \mathrm{i})$$

gelten, woraus sich

$$\frac{1}{2}(-1 + \mathrm{i}) = \frac{1}{c} \quad \text{oder} \quad c = -1 - \mathrm{i}$$

ergibt. Die gesuchte Abbildung lautet daher (Begründung!)

$$f(z) = \frac{z+1}{(-1-\mathrm{i})z - \mathrm{i}} \, .$$

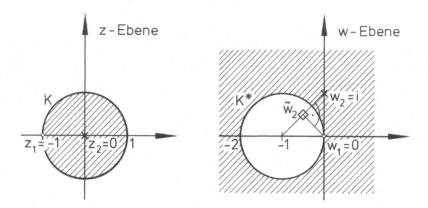

Fig. 4.11: Abbildung des Inneren des Einheitskreises auf das Äußere des Kreises $|w + 1| = 1$

Beispiel 4.5:

Wir bestimmen diejenigen gebrochen linearen Funktionen, die die obere Halbebene $\operatorname{Im} z > 0$ auf das Innere $|z| < 1$ des Einheitskreises abbilden. Dabei soll ein gegebener Punkt z_0 mit $\operatorname{Im} z_0 > 0$ den Nullpunkt $w_0 = 0$ als Bildpunkt haben (s. Fig. 4.12).

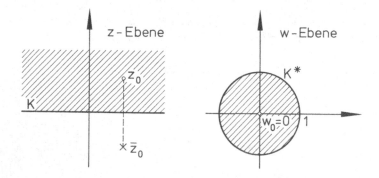

Fig. 4.12: Abbildung der oberen Halbebene in das Innere des Einheitskreises

Mit den entsprechenden Begründungen wie im vorhergehenden Beispiel können wir wieder vom Ansatz

$$w = f(z) = \frac{z+b}{cz+d}$$

ausgehen. Der Punkt z_0 soll den Bildpunkt $w_0 = 0$ haben, d.h. es muss

$$0 = \frac{z_0 + b}{cz_0 + d} \quad \text{oder} \quad b = -z_0$$

gelten. Damit ist

$$f(z) = \frac{z - z_0}{cz + d} \, .$$

Der Spiegelpunkt zu z_0 bezüglich K ist $\overline{z_0}$; der zu $w_0 = 0$ bezüglich $K^\star$ ist ∞ (s. auch Fig. 4.12). Aus $f(\overline{z_0}) = \infty$ (nach Satz 4.6) ergibt sich

$$\infty = f(\overline{z_0}) = \frac{\overline{z_0} - z_0}{c\overline{z_0} + d} \quad \text{oder} \quad c\overline{z_0} + d = 0 \, ,$$

also $d = -c\overline{z_0}$, und wir erhalten

$$f(z) = \frac{z - z_0}{cz - c\overline{z_0}} = \frac{1}{c} \frac{z - z_0}{z - \overline{z_0}} = a \frac{z - z_0}{z - \overline{z_0}} \, , \tag{4.23}$$

wobei wir $\frac{1}{c} = a$ gesetzt haben. Da die reelle Achse K orthogonal zu sämtlichen Kreisen ist, die durch z_0 und $\overline{z_0}$ verlaufen, muss das Bild von K orthogonal zu allen Geraden durch den Nullpunkt sein, die wir als Kreise durch 0 und ∞ auffassen können. Damit ist gesichert, dass das Bild von K ein Kreis um den Nullpunkt ist. Durch geeignete Wahl von a wollen wir nun erreichen, dass (4.23) den Einheitskreis liefert. Dies gelingt z.B. dadurch, dass wir $0 \in K$ auf einen Punkt von $K^\star$ abbilden, d.h. es muss $|f(0)| = 1$ sein. Aus (4.23) ergibt sich dann

$$1 = |f(0)| = |a| \cdot \left| \frac{-z_0}{-\overline{z_0}} \right| = |a|$$

und daher

$$a = \mathrm{e}^{\mathrm{i}\varphi} \, , \quad 0 \le \varphi < 2\pi \, .$$

Insgesamt erhalten wir die Abbildung

$$f(z) = \mathrm{e}^{\mathrm{i}\varphi} \frac{z - z_0}{z - \overline{z_0}} \, , \quad 0 \le \varphi < 2\pi \, , \quad \mathrm{Im}\, z > 0 \tag{4.24}$$

die das Gewünschte leistet. Verlangen wir außerdem, dass ein gewisser Randpunkt $z_1 \in K$ in einen vorgegebenen Bildpunkt $w_1 \in K^\star$ überführt wird, so kann φ eindeutig festgelegt werden.

Beispiel 4.6:

Es sollen sämtliche gebrochen linearen Abbildungen ermittelt werden, die das Innere des Einheitskreises auf sich abbilden und außerdem einen vorgegebenen Punkt z_0 mit $|z_0| < 1$ in den Nullpunkt $w_0 = 0$.

Die gesuchten Abbildungen müssen wieder K in $K^\star$, also den Einheitskreis $|z| = 1$ auf

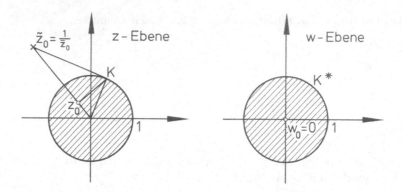

Fig. 4.13: Abbildung des Einheitskreisgebietes auf sich

sich abbilden. Nutzen wir aus, dass z_0 in den Nullpunkt abgebildet wird und der Spiegelpunkt $1/\overline{z_0}$ von z_0 bezüglich K nach Satz 4.6 in ∞, so gelangen wir auf dieselbe Weise wie bei den vorhergehenden Beispielen zu

$$f(z) = \frac{1}{d} \frac{z - z_0}{1 - \overline{z_0}z} \, . \tag{4.25}$$

Hilfssatz 4.2 garantiert uns, dass f als Bild von K einen Kreis um den Nullpunkt liefert. Wir bestimmen d so, dass wir den Einheitskreis erhalten. Dazu nehmen wir den (bequemen) Randpunkt $z_1 = 1$ und fordern, dass sein Bild w_1 auf $K^\star$ liegt, also $|f(1)| = 1$ erfüllt. Aus (4.25) folgt dann

$$1 = |f(1)| = \left| \frac{1}{d} \right| \, \left| \frac{1 - z_0}{1 - \overline{z_0}} \right| = \left| \frac{1}{d} \right| \, ,$$

also

$$\frac{1}{d} = e^{i\varphi} \, , \quad 0 \leq \varphi < 2\pi \, .$$

Damit lautet die gesuchte Abbildung

$$f(z) = e^{i\varphi} \frac{z - z_0}{1 - \overline{z_0} \cdot z} \, , \quad 0 \leq \varphi < 2\pi \, , \quad |z| < 1 \tag{4.26}$$

Bemerkung: Es lässt sich zeigen, dass durch (4.26) *alle* umkehrbar eindeutigen Abbildungen, die das Innere des Einheitskreises auf sich und einen vorgegebenen Punkt z_0 mit $|z_0| < 1$ in $w_0 = 0$ abbilden, gegeben sind (s. z.B. [9], p. 192).

Die Aufgabe, *drei* vorgegebene Punkte z_1, z_2, z_3 der z-Ebene mittels einer gebrochen linearen Funktion

$$w = f(z) = \frac{az + b}{cz + d} \tag{4.27}$$

so abzubilden, dass diese in drei vorgegebene Punkte w_1, w_2, w_3 der w-Ebene überführt werden, ist ebenfalls eindeutig lösbar (s. z.B. [19] S. 62–63). Die entsprechende Funktion kann wie folgt bestimmt werden:

Wir gehen, wie in den letzten beiden Beispielen, vom Ansatz

$$w = f(z) = \frac{z+b}{cz+b} \tag{4.28}$$

aus (d.h. wir haben $a = 1$ gesetzt) und setzen z_i und w_i ($i = 1,2,3$) in (4.28) ein. Aus den entsprechenden Gleichungen können dann die Koeffizienten b, c und d berechnet werden.

Bequemer ist ein anderer Weg: Man nützt hierbei aus, dass gebrochen lineare Abbildungen das *Doppelverhältnis* von vier verschiedenen Punkten aus $\mathbb{C}$, d.h. den Ausdruck

$$(z_1, z_2, z_3, z_4) := \frac{z_3 - z_1}{z_3 - z_2} \cdot \frac{z_4 - z_2}{z_4 - z_1} \tag{4.29}$$

invariant lassen (s. Üb. 4.3). In (4.29) sind auch die Fälle zugelassen, in denen ein z_i ($i = 1,2,3,4$) ∞ ist. Die obige Aufgabe lässt sich dann mit Hilfe der Beziehung

$$(w_1, w_2, w_3, w) = (z_1, z_2, z_3, z)$$

oder (wir beachten (4.29))

$$\frac{w_3 - w_1}{w_3 - w_2} \cdot \frac{w - w_2}{w - w_1} = \frac{z_3 - z_1}{z_3 - z_2} \cdot \frac{z - z_2}{z - z_1} \tag{4.30}$$

rasch lösen.

Beispiel 4.7:

Zu bestimmen ist die gebrochen lineare Funktion $w = f(z)$, die die Punkte $z_1 = 1$, $z_2 = i$, $z_3 = -1$ in die Punkte $w_1 = 1$, $w_2 = -i$, $w_3 = 2$ überführt.

Aus (4.30) erhalten wir, wenn wir diese Punkte einsetzen, mit $z_4 := z$ und $w_4 := w$

$$\frac{z-1}{z+i} \cdot \frac{w+i}{w-1} = \frac{-1-1}{-1-i} \cdot \frac{z-i}{z-1}.$$

Auflösen dieser Gleichung nach w ergibt

$$w = f(z) = \frac{(3+3\,i)z + (3-5\,i)}{(3+i)z + (3-3\,i)}.$$

(b) Die Joukowski-Funktion

Wir betrachten nun die Abbildung

$$w = f(z) = \frac{1}{2}\left(z + \frac{1}{z}\right), \quad z \neq 0 \tag{4.31}$$

die sogenannte *Joukowski-Funktion* [4]. Sie ist besonders in der Strömungsmechanik von Bedeutung. Durch geeignete Wahl der Koordinaten lässt sich nämlich ein kreisförmiges Gebiet in ein tragflügelartiges (s. Fig. 4.4) überführen.

Wir wollen zunächst das geometrische Verhalten von (4.31) untersuchen. Hierzu setzen wir

$$w = u + i\,v \quad \text{und} \quad z = r\,e^{i\varphi} \quad (r \ge 0,\ 0 \le \varphi < 2\pi)$$

in $w = \frac{1}{2}\left(z + \frac{1}{z}\right)$ ein. Durch Trennung von Real- und Imaginärteil ergibt sich für $r > 0$, $0 \le \varphi < 2\pi$

$$u = \frac{1}{2}\left(r + \frac{1}{r}\right)\cos\varphi, \quad v = \frac{1}{2}\left(r - \frac{1}{r}\right)\sin\varphi. \tag{4.32}$$

(i) *Bilder der Kreise* $|z| = r = $ const: Für den Einheitskreis ($r = 1$) folgt aus (4.32)

$$u = \cos\varphi, \quad v = 0 \quad (0 \le \varphi < 2\pi).$$

D.h. das Bild des Einheitskreises ist die Strecke, die die Punkte -1 und $+1$ verbindet (s. Fig. 4.14). Diese wird von $+1$ bis -1 durchlaufen, wenn φ von 0 bis π läuft und ein zweites Mal von -1 bis $+1$, wenn φ von π bis 2π läuft.

Sei nun $|z| = r$ ein beliebiger Kreis um den Nullpunkt mit $r \ne 1$. Aus (4.32) folgt dann

$$\frac{u^2}{\left[\frac{1}{2}\left(r + \frac{1}{r}\right)\right]^2} + \frac{v^2}{\left[\frac{1}{2}\left(r - \frac{1}{r}\right)\right]^2} = 1, \quad r \ne 1.$$

Als Bilder der Kreise $|z| = r \ne 1$ ergeben sich somit *Ellipsen* mit den Brennpunkten $z = +1$ und $z = -1$ und den Halbachsen $\frac{1}{2}\left(r + \frac{1}{r}\right)$ und $\frac{1}{2}\left(r - \frac{1}{r}\right)$ (s. Fig. 4.14). Wegen (4.32) werden diese Ellipsen für $r < 1$ im Uhrzeigersinn und für $r > 1$ entgegen dem Uhrzeigersinn durchlaufen. Jeweils zwei Kreise mit dem Radius r und $\frac{1}{r}$ ($r \ne 1$) liefern dieselbe Ellipse (allerdings mit unterschiedlichem Durchlaufungssinn!).

(ii) *Bilder der Halbgeraden durch den Nullpunkt*: $\arg z = \varphi = $ const: Das Bild der positiven reellen Achse ergibt sich mit Hilfe von (4.32), wenn wir $\varphi = 0$ setzen, zu

$$u = \frac{1}{2}\left(r + \frac{1}{r}\right), \quad v = 0 \quad (0 < r < \infty),$$

d.h. es ergibt sich das Stück der reellen Achse, das $w = 1$ mit $w = \infty$ verbindet. Entsprechend erhalten wir als Bild der negativen x-Achse (in der $z - (= x + i\,y)$-Ebene) das Stück der reellen Achse von $w = -1$ bis $w = -\infty$. Diese Stücke werden jeweils zweimal durchlaufen. Dagegen werden die positive und die negative imaginäre Achse der z-Ebene auf die gesamte v-Achse abgebildet. Jedes andere Paar von Halbgeraden $\varphi = \alpha$ und $\varphi = -\alpha$ liefert

---

4 N. Joukowski (1847-1921), russischer Mathematiker.

die beiden Äste ein- und derselben *Hyperbel*

$$\frac{u^2}{\cos^2 \varphi} - \frac{v^2}{\sin^2 \varphi} = 1 \,,$$

die sich aus (4.32) ergibt, wenn wir r eliminieren. Die Halbachsen dieser Hyperbel haben die Länge $|\cos \varphi|$ bzw. $|\sin \varphi|$; ihre Brennpunkte sind ± 1 (s. Fig. 4.14).

Insgesamt entsteht so eine konfokale Schar von Ellipsen bzw. Hyperbeln. Da die Joukowski-Abbildung wegen

$$f'(z) = \frac{1}{2}\left(1 - \frac{1}{z^2}\right) \neq 0\,, \quad z \neq \pm 1$$

für $z \in \mathbb{C} - \{-1,0,1\}$ *winkeltreu* ist, schneiden sich diese Ellipsen und Hyperbeln rechtwinklig.

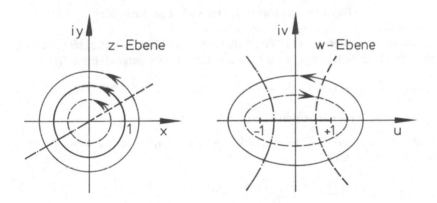

Fig. 4.14: Zur Joukowski-Funktion

Wir haben gesehen, dass die Punkte z und $\frac{1}{z}$ für $z \neq \pm 1$ dieselben Bildpunkte w haben. Zu w gehören also zwei Werte z, die wir erhalten, wenn wir (4.31) nach z auflösen:

$$z_{1/2} = w \pm \sqrt{(w-1)(w+1)} \,. \tag{4.33}$$

Die Umkehrbarkeit der Joukowski-Funktion lässt sich durch Verwendung einer *zweiblättrigen Riemannschen Fläche* erreichen: Auf das eine Blatt sollen alle z mit $|z| < 1$, auf das andere alle z mit $|z| > 1$ abgebildet werden. Für $z = \pm 1$ muss das Bild auf beiden Blättern liegen (nur *ein* Bildwert liegt vor!). Wir heften die beiden Blätter daher an diesen Stellen $w = \pm 1$ (=*Verzweigungspunkte*) zusammen. Da das Bild des Einheitskreises $|z| = 1$ die Strecke von -1 bis $+1$ auf der w-Achse ist, schlitzen wir die w-Ebene längs dieser Strecke auf und stellen hier – durch Verheften – die Verbindung der beiden Riemannschen Blätter her.

Bemerkung: Wir werden in Abschnitt 4.2.4 sehen, dass sich die Joukowski-Funktion bei der Umströmung von Zylindern vorteilhaft anwenden lässt.

(c) Abbildung des Halbkreisgebietes auf das Innere des Einheitskreises

Wir wollen eine Abbildung bestimmen, die das Gebiet $D = \{z \,|\, |z| < 1\,,\ \text{Im}\, z > 0\}$ auf das Gebiet $D^\star = \{w \,|\, |w| < 1\}$ bijektiv und konform abbildet (s. Fig. 4.15).

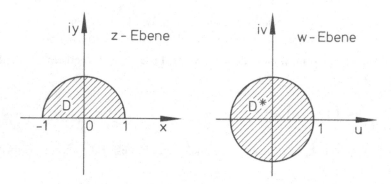

Fig. 4.15: Abbildung: Halbkreisgebiet auf Kreisgebiet

Die Erwartung, dass bereits $f(z) = z^2$ diese Aufgabe löst, bestätigt sich nicht. Bei dieser Abbildung geht D nämlich in das von 0 bis 1 auf der u-Achse aufgeschlitzte Gebiet

$$D^\star - \{x \mid 0 \leq x < 1\}$$

über. Wir lösen unser Problem in drei Schritten.

(1) Abbildung von D auf den ersten Quadranten $(:= D_1)$. Hierzu verwenden wir eine gebrochen lineare Abbildung

$$w_1 = f_1(z) = \frac{az + b}{cz + d}, \quad ad - bc \neq 0 \tag{4.34}$$

von der wir fordern, dass

$$-1 \text{ in } 0, \quad 0 \text{ in } 1, \quad 1 \text{ in } \infty$$

überführt werden. Aus der Kreisverwandtschaft und der Winkeltreue dieser Abbildung ergibt sich: Die x-Achse wird in sich abgebildet. Dabei bleibt die Richtung erhalten. Der Halbkreis $|z| = 1$, $\text{Im}\, z > 0$ wird in die positive v_1-Achse abgebildet (s. Fig. 4.16).
Wie in (a) ergibt sich dann

$$w_1 = f_1(z) = \frac{z + 1}{-z + 1}. \tag{4.35}$$

(2) Abbildung von D_1 auf die obere Halbebene $D_2 = \{z \mid \text{Im}\, z > 0\}$. Dies gelingt mit Hilfe von

$$w_2 = f_2(w_1) = w_1^2 = \left(\frac{z + 1}{-z + 1}\right)^2. \tag{4.36}$$

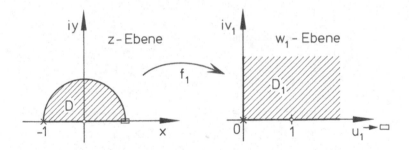

Fig. 4.16: Abbildung: Halbkreisgebiet auf 1. Quadranten

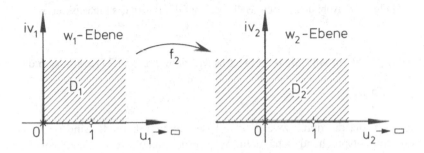

Fig. 4.17: Abbildung: 1. Quadrant auf obere Halbebene

(3) Abbildung von D_2 auf $D^\star$ (= Inneres des Einheitskreises). Diese Aufgabe haben wir bereits in (a), Beispiel 4.5 gelöst. Wählen wir in (4.24) $z_0 = i$, so erhalten wir

$$w = w_3 = f_3(w_2) = \frac{w_2 - i}{w_2 + i} \, .$$

Insgesamt ergibt sich also

$$w = f(z) = f_3\left[f_2\big(f_1(z)\big)\right] = \frac{\left(\frac{z+1}{-z+1}\right)^2 - i}{\left(\frac{z+1}{-z+1}\right)^2 + i} = \frac{(z+1)^2 - i(-z+1)^2}{(z+1)^2 + i(-z+1)^2} \, . \qquad (4.37)$$

Mit Hilfe dieser (speziellen) Funktion, die das Halbkreisgebiet D auf das Einheitskreisgebiet $D^\star$ abbildet, erhalten wir *sämtliche* bijektiven konformen Abbildungen mit dieser Eigenschaft auf folgende Weise:

Ist $\tilde{f}$ eine weitere solche Abbildung, so ist die Hintereinanderschaltung von f^{-1} (= Inverse zu f) und $\tilde{f} : \tilde{f} \circ f^{-1}$, eine bijektive konforme Abbildung von $D^\star$ auf sich und hat somit die Gestalt

$$g(w) := e^{i\varphi} \, \frac{w - w_0}{1 - \overline{w_0}\, w} \, , \qquad 0 \leq \varphi < 2\pi \, , \qquad |w| < 1 \quad (|w_0| < 1 \text{ beliebig}) \, . \qquad (4.38)$$

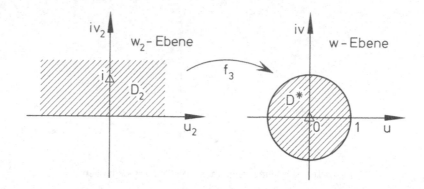

Fig. 4.18: Abbildung: obere Halbebene auf das Innere des Einheitskreises

(Vgl. Bemerkung im Anschluss an (4.26).) Mit dem f aus (4.37) ergibt sich daher

$$\tilde{f} : g \circ f .$$ (4.39)

Bemerkung: Gebiete, die durch zwei Kreise bzw. Geraden berandet sind (= *Kreisbogenzweiecke*), lassen sich entsprechend behandeln. Wir verdeutlichen dies anhand von Figur 4.19 (s. hierzu auch Üb. 4.4 a)).

(d) Abbildung von Parallelstreifen

Die Aufgabe, den *Parallelstreifen* $0 < \operatorname{Im} z < \pi$ bijektiv und konform auf das Innere des Einheitskreises abzubilden (s. Fig. 4.20), lässt sich durch Hintereinanderschaltung einer Exponentialfunktion und einer gebrochen linearen Funktion lösen.

(1) Mit Hilfe von

$$w_1 = f_1(z) = e^z = e^x(\cos y + i \sin y), \quad 0 < \operatorname{Im} z < \pi$$

wird der Parallelstreifen D bijektiv und konform auf die obere Halbebene abgebildet (vgl. hierzu Abschn. 1.2.3, I. c)).

(2) Anschließend benutzen wir die in Beispiel 4.5 behandelte gebrochen lineare Funktion – wir bezeichnen sie mit f_2 – und bilden

$$w = w_2 = f(w_1) = f_2\big(f_1(z)\big) .$$

Eine Lösung dieser Aufgabe erhalten wir z.B. dadurch, dass wir in (4.24) $z_0 = i$ und $\varphi = 0$ wählen, so dass sich

$$f_2(w_1) = \frac{w_1 - i}{w_1 + i}$$

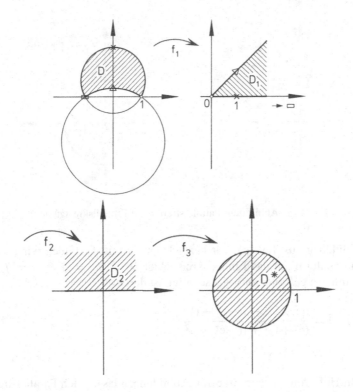

Fig. 4.19: Abbildung: Kreisbogenzweieck auf Einheitskreisgebiet

ergibt und hieraus

$$w = f(z) = \frac{e^z - i}{e^z + i}.$$ (4.40)

Wie in (c) lässt sich zeigen, dass sämtliche Abbildungen, die die oben gestellte Aufgabe lösen, durch Hintereinanderschalten von f aus (4.40) und der durch (4.38) erklärten Funktion g gegeben sind.

Liegt ein *Halbstreifen* vor, etwa

$$D = \{z \mid 0 < \operatorname{Im} z < \pi, \quad \operatorname{Re} z > 0\},$$

so lässt sich dieser auf folgende Weise bijektiv und konform auf das Innere des Einheitskreises abbilden:

(1) Mittels $f_1(z) = e^z$ wird D bijektiv und konform auf das Halbkreisgebiet

$$D_1 = \{z \mid |z| < 1, \quad \operatorname{Im} z > 0\}$$

abgebildet.

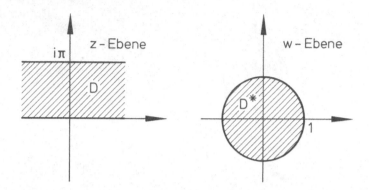

Fig. 4.20: Abbildung: Parallelstreifen auf Einheitskreisgebiet

(2) Mit der Abbildung aus Teil (c), wir bezeichnen sie mit f_2, bilden wir anschließend D_1 bijektiv und konform auf das Einheitskreisgebiet $D^\star$ ab: $w = f_2(z_1) = f_2\big(f_1(z)\big)$. Eine Abbildung mit den geforderten Eigenschaften ist durch

$$w = f(z) = \frac{(e^z+1)^2 - i(-e^z+1)^2}{(e^z+1)^2 + i(-e^z+1)^2} \tag{4.41}$$

gegeben (s. (4.37)).

Bemerkung: Mit Hilfe von (ganzen) linearen Abbildungen lassen sich Parallelstreifen bzw. halbe Parallelstreifen mit beliebiger Lage und Breite auf die in (d) behandelten Fälle zurückführen.

Übungen

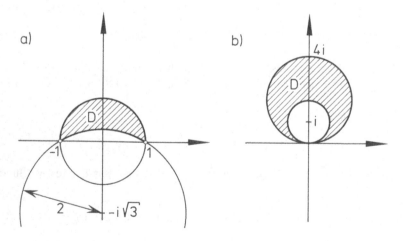

Fig. 4.21: Zu Übung 4.4*; konforme Abbildung von D

Übung 4.1:

Zeige: Führt man zwei Möbiustransformationen hintereinander aus, so entsteht wieder eine Möbiustransformation.

Übung 4.2*:

Beweise: Sei K ein Kreis oder eine Gerade. Die Punkte z_1 und z_2 seien bezüglich K Spiegelpunkte. Ist dann $\tilde{K}$ ein weiterer Kreis oder eine Gerade durch z_1, so gilt: $\tilde{K}$ verläuft ebenfalls durch z_2 genau dann, falls sich $\tilde{K}$ und K rechtwinklig schneiden.

Übung 4.3*:

Weise nach, dass gebrochen lineare Abbildungen das Doppelverhältnis von vier verschiedenen Punkten aus $\mathbb{C}$ invariant lassen. Was passiert, wenn einer dieser Punkte unendlich ist? (Hinweis: Untersuche die Abbildungen $w = az + b$ und $w = \frac{1}{z}$ getrennt.)

Übung 4.4*:

Ermittle eine konforme Abbildung, die

a) das von den Kreislinien $|z| = 1$ und $|z + \mathrm{i}\sqrt{3}| = 2$ berandete sichelförmige Gebiet D (s. Fig. 4.21, a))
b) das von den Kreislinien $|z - \mathrm{i}| = 1$ und $|z - 2\,\mathrm{i}| = 2$ berandete (beschränkte) Gebiet D (s. Fig. 4.21, b))

auf das Innere des Einheitskreises abbildet.

Übung 4.5*:

Bestimme eine konforme Abbildung, die das Äußere der Ellipse

$$\frac{x^2}{2^2} + \frac{y^2}{1^2} = 1$$

auf das Innere des Einheitskreises abbildet.

4.2 Anwendungen auf die Potentialtheorie

In diesem Abschnitt knüpfen wir an Überlegungen zur Potentialtheorie an, die uns aus den Abschnitten 2.1.5 und 2.2.5 bekannt sind. Unser Anliegen besteht nun darin, Randwertaufgaben der Potentialtheorie mit Hilfe von konformen Abbildungen zu lösen. Auf diese Weise lassen sich zahlreiche Fragestellungen aus Elektrostatik, Wärmelehre und Strömungsmechanik elegant behandeln.

4.2.1 Dirichletsche Randwertprobleme

Wir gehen zunächst von einem beschränkten Gebiet D in $\mathbb{R}^2$ aus, das von einer geschlossenen Jordankurve berandet ist. Den Rand bezeichnen wir mit ∂D. Auf ∂D sei eine stetige Funktion g

vorgegeben. Wir erinnern daran (s. Abschn. 2.2.5, (a)), dass bei einer *Dirichletschen Randwert-aufgabe* der Potentialtheorie eine in D zweimal stetig differenzierbare und in $\overline{D} = D \cup \partial D$ stetige Funktion u mit

$$\left.\begin{array}{ll} \Delta u = 0 & \text{in } D \\ \quad u = g & \text{auf } \partial D \end{array}\right\} \tag{4.42}$$

zu bestimmen ist. Die Untersuchung solcher Randwertprobleme mittels konformer Abbildungen beruht auf der Idee, das vorgegebene Gebiet D (als Gebiet in $\mathbb{C}$ aufgefasst) konform auf ein Gebiet D^* abzubilden, für das sich ein entsprechendes Dirichletsches Randwertprobleme lösen lässt. Gelingt es uns, eine Abbildung zu finden, die D konform und umkehrbar eindeutig auf das Einheitskreisgebiet $\{w \in \mathbb{C} \mid |w| < 1\}$ abbildet (s. Fig. 4.22), so sind wir bei der Lösung unserer Aufgabe einen entscheidenden Schritt weiter gekommen: In diesem Fall steht uns nämlich die Lösungstheorie von Abschnitt 2.2.5 b) Satz 2.25 (Poissonsche Integralformel) zur Verfügung.

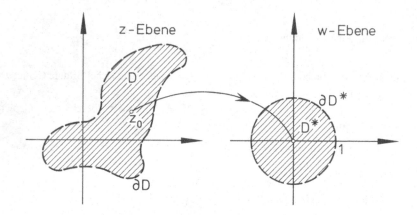

Fig. 4.22: Konforme Abbildung auf ein Einheitskreisgebiet

Wir präzisieren diese Überlegungen und zeigen

Satz 4.7:
Sei D ein Gebiet in $\mathbb{R}^2$, das von einer geschlossenen Jordankurve ∂D berandet wird. Ferner sei g eine auf ∂D vorgegebene stetige Funktion. Dann ist die Dirichletsche Randwertaufgabe (4.42) stets lösbar.

Beweis:

Wir fassen D als Gebiet in der komplexen z-Ebene ($z = x + \mathrm{i}\,y$) auf. Falls es eine in D harmonische Funktion u mit den verlangten Eigenschaften gibt, ist sie Realteil einer in D holomorphen Funktion $F(z)$. Nach dem Riemannschen Abbildungssatz (s. Abschn. 4.1.2, Satz 4.3) existiert eine Funktion f, die D konform und umkehrbar eindeutig auf das Einheitskreisgebiet $|w| < 1$ der w-Ebene ($w = \xi + \mathrm{i}\,\eta$) abbildet. Ihre Umkehrfunktion bezeichnen wir wie üblich mit f^{-1}.

Nun setzen wir

$$u^\star(w) := \operatorname{Re} F\left(f^{-1}(w)\right).^5 \tag{4.43}$$

Es gilt dann: $u^\star$ ist eine in $|w| < 1$ harmonische Funktion (wir beachten, dass mit F und f auch die zusammengesetzte Funktion $F \circ f^{-1}$ in $|w| < 1$ holomorph ist!). Aufgrund von Satz 4.4, Abschnitt 4.1.2 (Ränderzuordnung bei konformen Abbildungen) ist $u^\star$ außerdem im abgeschlossenen Kreisgebiet $|w| \leq 1$ stetig und nimmt auf $|w| = 1$ die stetigen Randwerte

$$g^\star(w) := g\left(f^{-1}(w)\right) \tag{4.44}$$

an. Wir haben jetzt ein Dirichletproblem in der w-Ebene für das Kreisgebiet $|w| < 1$ mit den Randwerten (4.44) zu lösen. Dieses gelingt mit Hilfe des Poissonschen Integrals (s. Abschn. 2.2.5 b), Formel (2.68)):

$$u^\star(w) = \frac{1}{2\pi} \operatorname{Re} \left(\int_0^{2\pi} g^\star\left(e^{i\varphi}\right) \frac{e^{i\varphi} - w}{e^{i\varphi} + w} \, d\varphi \right), \quad |w| < 1. \tag{4.45}$$

Eine Lösung des ursprünglichen Problems ist dann durch

$$u(z) := u^\star\left(f(z)\right) \tag{4.46}$$

gegeben. Dies folgt mit denselben Schlussweisen wie oben. $\square$

Bemerkung 1: Falls f und f^{-1} bekannt sind, lässt sich also mit (4.46) eine Lösung der Dirichletschen Randwertaufgabe angeben [6]. Die eigentliche Schwierigkeit besteht jedoch im Auffinden solcher Abbildungen, was nur in Spezialfällen mit relativ einfachen geometrischen Konstellationen gelingt. Hierbei ist es hilfreich, wenn man einen möglichst umfassenden Katalog von konformen Abbildungen zur Verfügung hat. Einige kennen wir bereits aus Abschnitt 4.1.3. Weitere finden sich z.B. in [6], S. 391–399; [37], pp. 282–284; [33], S. 366–370. Lässt sich f und f^{-1} nicht explizit angeben, so ist man auf andere Lösungsmethoden, etwa numerische Verfahren, angewiesen. Von besonderer Bedeutung sind hier Differenzenverfahren und Finite-Elemente-Methoden (s. z.B. [45], S. 469–482).

Bemerkung 2: Satz 4.7 gilt entsprechend auch für unbeschränkte Gebiete. Bezüglich der Ränderzuordnung ist die Bemerkung im Anschluss an Satz 4.4 zu beachten.

Beispiel 4.8:

Wir lösen das Dirichletsche Randwertproblem für die obere Halbebene $\{(x, y) \mid y > 0 \ x \in \mathbb{R}\}$. Auf der reellen Achse sei eine stetige Funktion g vorgegeben [7], für die die Grenzwerte

---

5 Gelegentlich schreiben wir statt $u^\star(\xi, \eta)$ kurz $u^\star(w)$ usw.

6 Die Eindeutigkeitsfrage haben wir bereits in Abschn. 2.2.5 (a), Satz 2.24 beantwortet.

7 Man stößt auf ein solches Problem, wenn längs der x-Achse das elektrostatische Potential g vorgegeben wird und das zugehörige Potential in der oberen Halbebene bestimmt werden soll.

$$\lim_{x \to +\infty} g(x) \quad \text{und} \quad \lim_{x \to -\infty} g(x)$$

existieren (als endliche Werte) und gleich sind. Wir bilden die obere Halbebene mit Hilfe der Abbildung

$$w = f(z) = \frac{z - z_0}{z - \overline{z_0}}, \quad \text{Im } z > 0$$

(z_0 beliebig, fest, mit $\text{Im } z_0 > 0$) konform auf das Einheitskreisgebiet $|w| < 1$ ab (s. Abschn. 4.1.3 a), Beisp. 4.5).

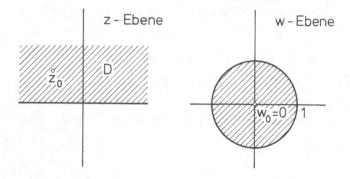

Fig. 4.23: Konforme Abbildung der oberen Halbebenen auf das Einheitskreisgebiet

Der Punkt z_0 geht hierbei in den Nullpunkt $w_0 = 0$ über. Zwischen den Punkten w des Einheitskreises $|w| = 1$ und den Punkten $z = t \in \mathbb{R}$ der reellen Achse gilt der Zusammenhang

$$e^{i\varphi} = \frac{t - z_0}{t - \overline{z_0}} . \tag{4.47}$$

Durchläuft φ die Werte von 0 bis 2π, so durchläuft t die Werte von $-\infty$ bis $+\infty$. Durch Differentiation von (4.47) ergibt sich, wenn wir noch $z_0 = x_0 + i\, y_0$ setzen

$$d\varphi = \frac{2y_0}{(x_0 - t)^2 + y_0^2}\, dt .$$

Aus den Formeln (4.46), (4.45) und (4.44), die entsprechend auch für unser unbeschränktes Gebiet $\text{Im } z > 0$ gelten, erhalten wir dann

$$u(z) = \frac{1}{\pi} \text{Re} \left\{ \int_{-\infty}^{\infty} g(t)\, \frac{\frac{t-z_0}{t-\overline{z_0}} - \frac{z-z_0}{z-\overline{z_0}}}{\frac{t-z_0}{t-\overline{z_0}} + \frac{z-z_0}{z-\overline{z_0}}} \cdot \frac{y_0}{(x_0 - t)^2 + y_0^2}\, dt \right\} .$$

Für $z = z_0$ ergibt sich hieraus mit $u(z_0) = u(x_0, y_0)$ die *Poissonsche Integralformel für die obere Halbebene*

$$u(x_0, y_0) = \frac{1}{\pi} \int\limits_{-\infty}^{\infty} g(t) \frac{y_0}{(x_0 - t)^2 + y_0^2} \, dt \tag{4.48}$$

Bemerkung: Wir beachten, dass das uneigentliche Integral in (4.48) für in $\mathbb{R}$ stetige und beschränkte Funktionen g existiert.

4.2.2   Neumannsche Randwertprobleme

Neben den Dirichletschen Randwertproblemen treten in vielen Anwendungen *Neumannsche*[8] *Randwertprobleme* auf. Hier wird eine stetige Funktion g auf dem Rand ∂D des betrachteten Gebietes D vorgegeben und nach Lösungen $u \in C^2(D) \cap C^1(\overline{D})$ der Potentialgleichung in D gefragt, deren *Normalableitungen* [9] in jedem Punkt des Randes ∂D mit g übereinstimmen, d.h. für die

$$\left.\begin{aligned} \Delta u &= 0 \quad \text{in } D \\ \frac{\partial u}{\partial \boldsymbol{n}} &= g \quad \text{auf } \partial D \end{aligned}\right\} \tag{4.49}$$

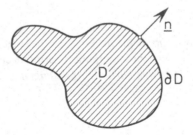

Fig. 4.24: Zur Neumannschen Randwertaufgabe

gilt. Hierbei ist $\boldsymbol{n}$ der jeweilige Normaleneinheitsvektor auf ∂D, der in das Äußere von D weist (s. Fig. 4.24). Es ist klar, dass die Existenz eines Normalenvektors auf ∂D nur gewährleistet ist, falls ∂D »hinreichend glatt« ist. Wir nehmen für die nachfolgenden Überlegungen an, dass ∂D eine glatte Jordan-Kurve ist.

Auf Neumann-Bedingungen der Form $\frac{\partial u}{\partial \boldsymbol{n}} = 0$ stößt man beispielsweise bei der Umströmung eines Körpers D mit der Berandung ∂D durch eine ideale Flüssigkeit. In diesem Fall verläuft die Strömung tangential zum Rand ∂D (s. hierzu auch Abschn. 4.2.4).

Eine Neumannsche Randwertaufgabe ist nur dann lösbar, wenn die vorgegebene Funktion g der Bedingung

---

8 C. Neumann (1832-1925), deutscher Mathematiker.
9 gleichbed. mit: Ableitungen in Richtung der Normalen (s. Burg/Haf/Wille [12]).

$$\int\limits_{\partial D} g \, \mathrm{d}s = 0 \tag{4.50}$$

genügt (ds : Bogenelement von ∂D). Dies folgt unmittelbar aus (4.49) und aus der Beziehung

$$\int\limits_{D} \Delta u \, \mathrm{d}x \, \mathrm{d}y = \int\limits_{\partial D} \frac{\partial u}{\partial \boldsymbol{n}} \, \mathrm{d}s \quad \text{(vgl. Burg/Haf/Wille [13])}.$$

Außerdem ist mit jeder Lösung u auch $u + c$, c beliebige Konstante, eine Lösung; d.h. falls es überhaupt eine Lösung des Neumannschen Randwertproblems (4.49) gibt, so ist diese *nur bis auf eine additive Konstante eindeutig bestimmt*, denn: Sind u_1 und u_2 Lösungen und bilden wir $w := u_1 - u_2$, so löst w das *homogene Neumannsche Randwertproblem* mit $\Delta w = 0$ in D und $\frac{\partial w}{\partial \boldsymbol{n}} = 0$ auf ∂D, und die 1. Greensche Formel (vgl. Burg/Haf/Wille [13]) liefert

$$0 = \int\limits_{\partial D} w \, \frac{\partial w}{\partial \boldsymbol{n}} \, \mathrm{d}s = \int\limits_{D} \nabla (w \nabla w) \, \mathrm{d}x \, \mathrm{d}y = \int\limits_{D} (\nabla w)^2 \, \mathrm{d}x \, \mathrm{d}y \, ,$$

woraus $\nabla w = 0$ in D und damit $w = u_1 - u_2 = \mathrm{const}$ in D folgt.

Wir zeigen abschließend

Satz 4.8:

Ein Neumannsches Randwertproblem im $\mathbb{R}^2$ für u lässt sich stets auf ein Dirichletsches Randwertproblem für eine zu u konjugiert harmonische Funktion v zurückführen, *falls u in $\overline{D} = D \cup \partial D$ stetige partielle Ableitungen erster Ordnung besitzt.*

Beweis:

Ist ∂D positiv orientiert und bezeichnen wir die Tangenten- bzw. Normaleneinheitsvektoren an ∂D mit $\boldsymbol{t}$ bzw. $\boldsymbol{n}$ so gilt für die Richtungsableitungen von u und v in Richtung von $\boldsymbol{t}$ bzw. $\boldsymbol{n}$ (wir schreiben $\frac{\partial}{\partial t}$ bzw. $\frac{\partial}{\partial n}$) auf ∂D

$$\frac{\partial u}{\partial t} = -\frac{\partial v}{\partial n}, \qquad \frac{\partial u}{\partial n} = \frac{\partial v}{\partial t} \, . \tag{4.51}$$

Diese Gleichungen stehen in Analogie zu den Cauchy-Riemannschen Differentialgleichungen und lassen sich ganz entsprechend beweisen (s. Üb. 4.6; wir beachten, dass hier $\boldsymbol{n}$ in das Äußere von D weist!). Da $\frac{\partial u}{\partial n} (= g)$ auf ∂D vorgegeben ist, kennen wir wegen (4.51) auch $\frac{\partial v}{\partial t}$ auf ∂D und können daher v auf ∂D (bis auf eine additive Konstante) bestimmen: Mit

$$v(x, y) = \int\limits_{(x_o, y_0)}^{(x, y)} (\nabla v) \cdot \boldsymbol{t} \, \mathrm{d}s \quad \text{(vgl. Burg/Haf/Wille [13])}$$

$(x_0, y_0) \in \partial D$ beliebig fest und $\frac{\partial v}{\partial t} = \nabla v \cdot \boldsymbol{t}$ folgt dann wegen (4.51)

$$v(x, y) = \int\limits_{(x_0, y_0)}^{(x,y)} \frac{\partial v}{\partial t} \, ds = \int\limits_{(x_0, y_0)}^{(x,y)} \frac{\partial u}{\partial n} \, ds = \int\limits_{(x_0, y_0)}^{(x,y)} g \, ds \, . \tag{4.52}$$

Die Berechnung von v in D führt auf die Lösung eines Dirichlet-Problems mit der durch (4.52) gegebenen Randfunktion. Mit diesem v, das wir z.B. mit den Methoden von Abschnitt 4.2.1 gewinnen können, gelangen wir zu u mit Hilfe von Formel (2.35), Abschnitt 2.1.5, wobei wir in dieser Formel die Rollen von u und v vertauschen müssen. □

4.2.3   Potential von Punktladungen

In zahlreichen Fällen lassen sich Dirichletsche Randwertaufgaben auch ohne Benutzung der Poissonschen Formel lösen, etwa wenn die Lösung im Bildbereich einer konformen Abbildung direkt angegeben werden kann. Wir verdeutlichen dies anhand eines Beispiels aus der Elektrostatik. Dabei modifizieren wir unsere Fragestellung aus Abschnitt 4.2.1 und lassen nun auch zu, dass die zu bestimmende Potentialfunktion Singularitäten besitzt. Wir betrachten zunächst **eine** Punktquelle im Nullpunkt des $\mathbb{R}^2$ mit *Quellstärke* (= *Ladung*) Q. Ihr Potential u im Einheitskreisgebiet ist durch

$$u(x, y) = \frac{Q}{2\pi} \ln \frac{1}{\sqrt{x^2 + y^2}} \tag{4.53}$$

gegeben. Mit $r := \sqrt{x^2 + y^2}$ wird also u im Nullpunkt wie

$$\ln \frac{1}{r} \tag{4.54}$$

singulär. Für eine Punktquelle im Nullpunkt können wir nämlich ansetzen:

(1) $\Delta u = 0$ für $(x, y) \neq (0,0)$;

(2) $\nabla u = f(r) \boldsymbol{e}_r$ (aus Symmetriegründen), wobei $r = \sqrt{x^2 + y^2}$ der Abstand des Punktes (x, y) vom Nullpunkt und $\boldsymbol{e}_r$ der von $(0,0)$ nach (x, y) weisende Einheitsvektor ist.

Wir wollen $f(r)$ bestimmen. Hierzu sei $0 < r' < r$; $K_{r'}(0)$ bzw. $K_r(0)$ seien Kreise mit Radius r' bzw. r und Mittelpunkt $(0,0)$. Nach dem Satz von Gauß (s. z.B. Burg/Haf/Wille [13]), angewandt auf das Ringgebiet $D_{r',r}$ zwischen diesen Kreisen, gilt dann

$$\int\limits_{K_r(0)} \nabla u \cdot \boldsymbol{n} ds - \int\limits_{K_{r'}(0)} \nabla u \cdot \boldsymbol{n} ds = \int\limits_{D_{r',r}} \Delta u \, dx \, dy \, .$$

Das letzte Integral verschwindet wegen (1), so dass die beiden Flussintegrale auf der linken Seite gleich sind. Dies bedeutet, dass der Fluss durch $K_r(0)$ unabhängig von r ist. Diese von r

unabhängige Konstante heißt Quellstärke Q. Mit (2) ergibt sich dann

$$Q = \int\limits_{K_r(0)} \nabla u \cdot \boldsymbol{n} \, \mathrm{d}s = \int\limits_{K_r(0)} |\nabla u| \, \mathrm{d}s = f(r) \int\limits_{K_r(0)} \mathrm{d}s = f(r) \cdot 2\pi r$$

bzw. $f(r) = \frac{Q}{2\pi r}$. Damit ist

$$\nabla u = \frac{Q}{2\pi r} \, \boldsymbol{e}_r = \frac{Q}{2\pi \sqrt{x^2 + y^2}} \cdot \left(\frac{x}{\sqrt{x^2 + y^2}}, \frac{y}{\sqrt{x^2 + y^2}} \right),$$

woraus sich (4.53) durch Integration ergibt.

Formel (4.53) zeigt, dass u auf dem Einheitskreis $\{(x, y) | x^2 + y^2 = 1\}$ verschwindet. Also ist u bereits

Lösung einer Dirichletschen Randwertaufgabe mit verschwindenden Randwerten auf dem Einheitskreis und der Singularität (4.54) im Nullpunkt.

Auf ein solches Problem werden wir z.B. geführt, wenn wir nach dem Potential eines *geladenen Drahtes in einem geerdeten Zylinder* fragen und dies als ein ebenes Problem gemäß Figur 4.25 auffassen (unendlich langer Zylinder und Draht senkrecht zur (x,y)-Ebene!).

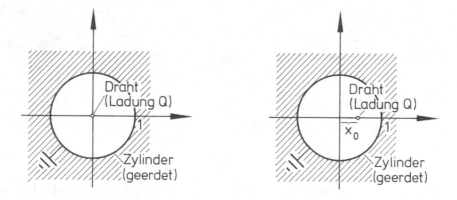

Fig. 4.25: Geladener Draht in Zylindermitte   Fig. 4.26: Geladener Draht in verschobener Lage

Jetzt betrachten wir den Fall, dass die Punktquelle um den Betrag x_0 aus dem Mittelpunkt des Einheitskreises verschoben ist (s. Fig. 4.26) und das Potential auf dem Einheitskreis wieder identisch verschwindet:

Zunächst bilden wir das Einheitskreisgebiet in der z-Ebene mit der Punktquelle in $z_0 = x_0$ konform auf ein Einheitskreisgebiet in der w-Ebene so ab, dass z_0 in den Punkt $w = 0$ übergeht. Nach Beispiel 4.6, Abschnitt 4.1.3, (a) leistet die Abbildung

$$w = f(z) = \frac{z - z_0}{z - \overline{z_0}z}, \quad |z| < 1 \tag{4.55}$$

das Gewünschte. Nach unseren vorhergehenden Überlegungen steht uns die Lösung der entsprechenden Dirichletschen Randwertaufgabe in der w-Ebene zur Verfügung:

$$u^\star(\xi, \eta) = \frac{Q}{2\pi} \ln \frac{1}{\sqrt{\xi^2 + \eta^2}} \,. \tag{4.56}$$

Wir schreiben $u^\star$ als Realteil einer holomorphen Funktion F. Hierzu verwenden wir die zu $u^\star$ konjugiert harmonische Funktion

$$v^\star(\xi, \eta) = -\frac{Q}{2\pi} \arctan \frac{\eta}{\xi} \, {}^{10} \tag{4.57}$$

(s. Üb. 4.7) und bilden die für $w \neq w_0 = 0$ holomorphe Funktion

$$\begin{aligned}
F(w) = F(\xi + \mathrm{i}\,\eta) &:= u^\star(\xi, \eta) + \mathrm{i}\,v^\star(\xi, \eta) \\
&= \frac{Q}{2\pi} \ln \frac{1}{\sqrt{\xi^2 + \eta^2}} - \mathrm{i}\,\frac{Q}{2\pi} \arctan \frac{\eta}{\xi} \\
&= -\frac{Q}{2\pi} \ln |w| - \mathrm{i}\,\frac{Q}{2\pi} \operatorname{Arg} w \\
&= -\frac{Q}{2\pi} \operatorname{Log} w \quad \text{(Hauptwert des Logarithmus).}
\end{aligned} \tag{4.58}$$

Mit der durch (4.55) erklärten Funktion f bilden wir nun

$$z \longmapsto F\big(f(z)\big), \quad |z| < 1 \,. \tag{4.59}$$

Die so definierte Funktion ist im Einheitskreisgebiet der z-Ebene, mit Ausnahme des Punktes z_0, holomorph. Die gesuchte Lösung unserer Dirichletschen Randwertaufgabe ist dann durch

$$u(x, y) = \operatorname{Re} F\big(f(z)\big) = \frac{Q}{2\pi} \ln \left| \frac{1 - \overline{z_0} z}{z - z_0} \right| \tag{4.60}$$

$z_0 = \overline{z_0} = x_0$, gegeben. (Wir beachten: $\operatorname{Re} F(w) = 0$ auf dem Rand!)

In Figur 4.27 a) bzw. b) sind Äquipotentiallinien (gestrichelt) und Feldlinien (durchgezogen) dargestellt, die den beiden behandelten Fällen entsprechen. Die Äquipotentiallinien ergeben sich aus der Beziehung

$$\frac{1 - \overline{z_0} z}{z - z_0} = \text{const} \quad \text{(Kreise!)}$$

Die Feldlinien schneiden die Äquipotentiallinien senkrecht (ebenfalls Kreise!).

Bemerkung: Der Fall endlich vieler Punktquellen, etwa m, in einem einfach zusammenhängenden Gebiet D, dessen Rand ∂D geerdet ist (s. Fig. 4.28), lässt sich auf die Behandlung *einer*

---

10 Wir verwenden hier den Hauptwert der mehrdeutigen arctan-Funktion.

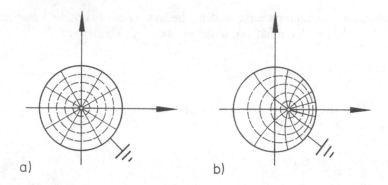

Fig. 4.27: Äquipotential- und Feldlinien des geladenen Drahtes in einem Zylinder

Punktquelle zurückführen: An den Quellpunkten (x_i, y_i) mit Stärke Q_i $(i = 1, \ldots, m)$ muss die gesuchte Potentialfunktion wie

$$\ln \frac{1}{r_i}$$

$(r_i$: Abstände von den Quellpunkten) singulär werden und auf dem Rand ∂D von D verschwinden.

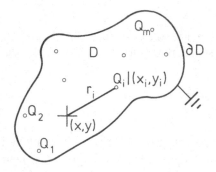

Fig. 4.28: m Punktquellen im Gebiet D mit geerdetem Rand

Ist $u_i(x, y)$ die Potentialfunktion *einer* Quelle in $(x_i, y_i) \in D$ mit Stärke Q_i, so ist

$$u(x, y) := \sum_{i=1}^{m} u_i(x, y), \quad (x, y) \in D \tag{4.61}$$

die Potentialfunktion der m Quellen.

4.2.4   Ebene stationäre Strömungen

Wir betrachten idealisiert eine stationäre (= zeitunabhängige) inkompressible und reibungsfreie Strömung. Der Geschwindigkeitsvektor dieser Strömung in einem Punkt (x, y) sei durch

$$\boldsymbol{v}(x, y) = \{v_1(x, y),\ v_2(x, y)\} \tag{4.62}$$

gegeben. Wir nehmen an, dass $\boldsymbol{v}$ in einem einfach zusammenhängenden Gebiet $D \subset \mathbb{R}^2$ definiert und dort stetig differenzierbar ist. Ferner soll die Strömung in D frei von Quellen und Wirbeln sein, also

$$\operatorname{div} \boldsymbol{v} = \frac{\partial v_1}{\partial x} + \frac{\partial v_2}{\partial y} = 0 \tag{4.63}$$

und

$$\operatorname{rot} \boldsymbol{v} = \frac{\partial v_2}{\partial x} - \frac{\partial v_1}{\partial y} = 0 \tag{4.64}$$

in D erfüllen (s. Burg/Haf/Wille [13]).

Wegen (4.64) gibt es nach Burg/Haf/Wille [13]eine in D erklärte Funktion Φ mit

$$\operatorname{grad} \Phi = \boldsymbol{v} \quad \text{in } D. \tag{4.65}$$

Man nennt Φ das *Geschwindigkeitspotential* der Strömung.

Nach (4.65) genügen die Komponenten von $\boldsymbol{v}$ in D den Beziehungen

$$v_1 = \frac{\partial \Phi}{\partial x}, \quad v_2 = \frac{\partial \Phi}{\partial y}. \tag{4.66}$$

Setzen wir diese in (4.63) ein, so folgt

$$\Delta \Phi = \frac{\partial^2 \Phi}{\partial x^2} + \frac{\partial^2 \Phi}{\partial y^2} = 0. \tag{4.67}$$

Das Geschwindigkeitspotential Φ der Strömung genügt also in D der Potentialgleichung. Umgekehrt lässt sich jede Lösung von (4.67) als Geschwindigkeitspotential einer quell- und wirbelfreien Strömung deuten.

Das komplexe Strömungspotential

Das Geschwindigkeitsfeld (4.62) lässt sich in komplexer Form auch durch

$$v(z) = v(x + \mathrm{i}\, y) := v_1(x, y) + \mathrm{i}\, v_2(x, y), \quad z \in D \tag{4.68}$$

darstellen, wobei wir D jetzt als Gebiet in $\mathbb{C}$ auffassen. Nach Abschnitt 2.1.5, Satz 2.8, gibt es zu dem durch (4.65) erklärten Potential Φ eine bis auf eine additive Konstante eindeutig bestimmte konjugiert harmonische Funktion Ψ. Durch

$$F(z) = F(x + i y) := \Phi(x, y) + i \Psi(x, y) \tag{4.69}$$

ist dann eine in D holomorphe Funktion F erklärt. Man nennt F das *komplexe Strömungspotential*; Φ heißt das *Potential* und Ψ die *Stromfunktion* des komplexen Strömungsfeldes v.

Sind in der Strömung Punktquellen bzw. -wirbel vorhanden, so ist F in diesen Punkten singulär.

> Die Bedeutung des komplexen Potentials F besteht darin, dass sich aus F das Geschwindigkeitsfeld und weiterhin die Druckverteilung der Strömung ermitteln lassen.

Denn: Wegen

$$v(z) = \frac{\partial \Phi}{\partial x} + i \frac{\partial \Phi}{\partial y} = \frac{\partial \Phi}{\partial x} - i \frac{\partial \Psi}{\partial x} \ ^{11}$$

ergibt sich mit (2.8), Abschnitt 2.1.3,

$$v(z) = \overline{F'(z)} \tag{4.70}$$

Das Geschwindigkeitsfeld v ergibt sich also aus F durch Differentiation und Übergang zur konjugiert komplexen Funktion.

Auch der *Fluss N* und die *Zirkulation Γ* (s. Burg/Haf/Wille [13]) lassen sich aus F bestimmen: Ist C eine positiv orientierte, geschlossene, doppelpunktfreie, glatte Kurve, so gilt wegen Übung 4.10:

$$\Gamma + i\, N = \int_C F'(z) \mathrm{d}z\,, \tag{4.71}$$

also

$$\Gamma = \mathrm{Re} \int_C F'(z)\,\mathrm{d}z\,, \quad N = \mathrm{Im} \int_C F'(z)\,\mathrm{d}z \tag{4.72}$$

Umströmung eines Hindernisses

Wir betrachten eine Strömung, die im Unendlichen konstant sein soll, d.h. für die

$$v(z) \longrightarrow v_\infty = \mathrm{const} \quad \text{für } z \longrightarrow \infty \tag{4.73}$$

gilt. Nun bringen wir ein Hindernis, das von einer glatten Kurve C berandet ist, in die Strömung und interessieren uns für den Verlauf des gestörten Geschwindigkeitsfeldes $v(z)$. Hierzu bestimmen wir das komplexe Strömungspotential F. Für dieses gilt (wir beachten (4.70) bzw. (4.73)):

---

11 Wir beachten (4.66) und (4.68), und dass die Funktionen Φ und Ψ in D den Cauchy-Riemannschen DGln genügen!

Seine Ableitung F' lässt sich in eine Laurentreihe der Form

$$F'(z) = \overline{v_\infty} + \frac{a_{-1}}{z} + \frac{a_{-2}}{z^2} + \dots \tag{4.74}$$

entwickeln [12]. Für F ergibt sich dann durch Integration

$$F(z) = \overline{v_\infty} \cdot z + a + a_{-1} \operatorname{Log} z - \frac{a_{-2}}{z} - \dots, \tag{4.75}$$

mit einer beliebigen Konstanten a. Um die Bedeutung der Konstanten a_{-1} zu erkennen, benutzen wir (4.71):

$$\int_{C^\star} F'(z)\,dz = \Gamma + i\,N,$$

wobei $C^\star$ irgendeine geschlossene, glatte, positiv orientierte Kurve mit $C \subset \operatorname{In}(C^\star)$ ist. Nach dem Residuensatz (s. Satz 3.8, Abschn. 3.2.1) gilt

$$\int_{C^\star} F'(z)\,dz = 2\pi i\; a_{-1}, \tag{4.76}$$

so dass sich

$$a_{-1} = \frac{1}{2\pi i}\,(\Gamma + i\,N) \tag{4.77}$$

ergibt. Für C selbst gilt, da C umströmt wird, dass der Fluss N durch C gleich Null ist. Daher folgt

$$a_{-1} = \frac{1}{2\pi i}\,\Gamma, \tag{4.78}$$

und somit ergibt sich für F

$$F(z) = \overline{v_\infty} \cdot z + a + \frac{\Gamma}{2\pi i} \operatorname{Log} z - \frac{a_{-2}}{z} - \dots \tag{4.79}$$

In (4.79) kann die Zirkulation Γ noch vorgeschrieben werden. Eine weitere Bedingung (= Randbedingung) ergibt sich aus der Forderung, dass die Kontur C unseres Hindernisses selbst eine *Stromlinie*, also eine Kurve mit $\Psi(x, y) = \text{const}$, sein soll ($C$ soll umströmt werden!) [13]. Für den Imaginärteil Ψ des komplexen Potentials F muss also

$$\Psi(x, y) = \text{const} \quad \text{auf } G \tag{4.80}$$

---

[12] F' ist eine in $\operatorname{Äu}(C) \cup \{\infty\}$ holomorphe Funktion. (Beachte: $F'(z) \to \overline{v_\infty}$ für $z \to \infty$!)

[13] Gleichbedeutend hierzu ist: Die Strömung v genügt auf C einer *Neumannschen Randbedingung* der Form $\frac{\partial v}{\partial n} = 0$ (vgl. Abschn. 4.2.2).

erfüllt sein. Es lässt sich dann einfach zeigen (s. Üb. 4.11):

> Durch Vorgabe von v_∞ und Γ ist das komplexe Potential F – und damit das Geschwindig-
> keitsfeld – der Strömung bis auf eine additive Konstante eindeutig bestimmt.

Wir betrachten noch den interessanten

Spezialfall $\Gamma = 0$ (zirkulationsfreie Umströmung des Hindernisses)

Aus (4.79) ergibt sich für $\Gamma = 0$:

$$F(z) = \overline{v_\infty} \cdot z + a - \frac{a_{-2}}{z} - \dots . \tag{4.81}$$

Der Punkt $z = \infty$ ist eine Polstelle [14] der Ordnung 1 von F. Da $\overline{v_\infty} \cdot z$ eine Nullstelle dieser Ordnung hat, geht dieser also bei der Abbildung durch F in sich über: $F(\infty) = \infty$. Welches Bild vermittelt F von der Berandung C des Hindernisses? Zur Beantwortung dieser Frage tragen wir $F(z) = \Phi(x, y) + \mathrm{i}\,\Psi(x, y)$ in der w-Ebene ($w = \xi + \mathrm{i}\,\eta$) auf. Wegen (4.80) ergibt sich als Bild von C eine zur ξ-Achse parallele Strecke $C^\star$ (s. Fig. 4.29).

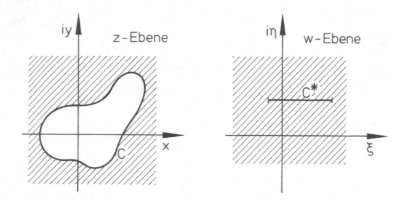

Fig. 4.29: Abbildung des Randes C durch das komplexe Potential F

F bildet das Äußere von C konform auf das Äußere von $C^\star$ ab. Wir zeigen, dass diese Abbildung umkehrbar eindeutig ist. Hierzu sei ζ_0 ein beliebiger Punkt der w-Ebene mit $\zeta_0 \notin C^\star$. Ferner nehmen wir $0 \in \mathrm{In}(C)$ an. Bezeichnen wir mit $N_F(\zeta_0)$ die Anzahl der Punkte z mit $F(z) = \zeta_0$ und mit P_F die Anzahl der Polstellen von F in $\mathrm{Äu}(C)$, und bilden wir die Funktion $G(z) := F(z) - \zeta_0$, so stimmen die ζ_0-Stellen von F mit den Nullstellen $N_G(0)$ der Funktion G überein, und die Polstellen P_G von G sind mit den Polstellen P_F von F identisch. Wenden wir

---

14 s. Abschn. 3.1.2, Bemerkung 2.

nun das Prinzip vom Argument (s. Abschn. 3.2.2, Satz 3.9) auf G an, so erhalten wir

$$N_F(\zeta_0) - P_F = N_G(0) - P_G = \frac{1}{2\pi \, \mathrm{i}} \oint_C \frac{G'(z)}{G(z)} \mathrm{d}z$$

$$= \frac{1}{2\pi \, \mathrm{i}} \oint_C \frac{F'(z)}{F(z) - \zeta_0} \mathrm{d}z = 0 \quad \text{(warum?)}.$$

Mit $P_F = 1$ (wegen $0 \in \mathrm{In}(C)$ ist $z = \infty$ die einzige Polstelle; vgl. (4.81)) folgt hieraus $N_F(\zeta_0) = 1$, d.h. es gibt nur eine ζ_0-Stelle von F. Damit ist gezeigt:

Ist die Zirkulation Γ bei der Umströmung eines Hindernisses mit der Berandung C Null, so bildet das komplexe Potential F unter den obigen Voraussetzungen das Äußere von C umkehrbar eindeutig und konform auf das Äußere einer Strecke $C^\star$, die parallel zur reellen Achse der Bildebene von F verläuft, ab. Dabei geht der Punkt ∞ in sich über.

Für die Diskussion von Strömungen ist der Begriff des *Staupunktes* von Bedeutung: Unter den Staupunkten einer Strömung versteht man solche Punkte z, für die $F'(z) = 0$ ist. Der Betrag der Geschwindigkeit v der Strömung ist dort wegen (4.70) also Null. In den Staupunkten kann F offensichtlich nicht konform sein.

Beispiel 4.9:

Wir untersuchen die Strömung um einen Kreiszylinder bzw., als ebenes Problem aufgefaßt, um ein Kreisgebiet mit Rand $C = \{z \in \mathbb{C} \,|\, |z| = R\}$. Im Unendlichen liege die konstante Geschwindigkeit

$$v_\infty = |v_\infty| \cdot \mathrm{e}^{\mathrm{i}\,\varphi} \tag{4.82}$$

vor. Wir unterscheiden zwei Fälle:

1. Zirkulation $\Gamma = 0$

Wegen des oben gewonnenen Resultates wissen wir, dass jedes komplexe Potential F, das dieser Situation entspricht, das Äußere des Kreises C umkehrbar eindeutig und konform auf das Äußere einer Strecke abbildet. Diese Strecke verläuft parallel zur reellen Achse in der Bildebene von F. Wir erinnern daran (s. Abschn. 4.1.3, (b)), dass die Jukowski-Funktion

$$f(z) = \frac{1}{2}\left(z + \frac{1}{z}\right) \tag{4.83}$$

ähnliches leistet: Sie bildet den Einheitskreis $|z| = 1$ auf die Strecke ab, die die Punkte -1 und $+1$ auf der reellen Achse verbindet. Wir modifizieren nun (4.83) so, dass wir unser komplexes Potential F bestimmen können. Hierzu gehen wir von der Funktion

$$G(z) = \alpha\left(\frac{z}{R} + \frac{R}{z}\right), \quad \alpha \in \mathbb{R} \tag{4.84}$$

aus. Für diese gilt

$$G'(z) = \alpha \left(\frac{1}{R} - \frac{R}{z^2} \right) \rightarrow \frac{\alpha}{R} \quad \text{für } z \rightarrow \infty .$$

Um zu einer Funktion F zu gelangen, für die

$$F'(z) \rightarrow \overline{v_\infty} = |v_\infty| \cdot e^{-i\varphi} \quad \text{für } z \rightarrow \infty$$

erfüllt ist, wählen wir für α in (4.84) den Wert $|v_\infty| \cdot R$ und ersetzen z durch $z \cdot e^{-i\varphi}$. Dadurch erhalten wir das gesuchte Potential

$$F(z) = \frac{|v_\infty| R z \, e^{-i\varphi}}{R} + \frac{|v_\infty| R^2}{z \cdot e^{-i\varphi}}$$

oder

$$F(z) = \overline{v_\infty} \cdot z + \frac{R^2 v_\infty}{z} \tag{4.85}$$

In Figur 4.30 ist der Strömungsverlauf für $\Gamma = 0$, $R = 1$ und $v_\infty = \overline{v_\infty}$ dargestellt, genauer, das Geschwindigkeitsfeld $v(z) = \overline{F'(z)}$.

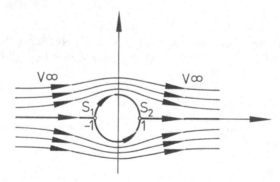

Fig. 4.30: Zirkulationsfreie Umströmung eines Zylinders

Die Staupunkte dieser Strömung ergeben sich aus

$$F'(z) = v_\infty - \frac{v_\infty}{z^2} = 0$$

zu $s_1 = -1$ und $s_2 = 1$.

2. Zirkulation $\Gamma \neq 0$

Das komplexe Potential eines punktförmigen Wirbels im Koordinatenursprung ist durch

$$\frac{\Gamma}{2\pi i} \mathrm{Log}\, z . \tag{4.86}$$

gegeben (s. auch Burg/Haf/Wille [13]). Überlagern wir diesen Anteil mit dem zirkulationsfreien (s. Formel (4.85)), so gewinnen wir für unsere Strömung das komplexe Potential

$$F(z) = \overline{v_\infty} \cdot z + \frac{R^2 v_\infty}{z} + \frac{\Gamma}{2\pi \, \mathrm{i}} \, \mathrm{Log} \, z \qquad (4.87)$$

Staupunkte der Strömung: Wir erhalten diese für den Fall $R = 1$ und $v_\infty = \overline{v_\infty}$ aus der Beziehung

$$F'(z) = v_\infty - \frac{v_\infty}{z^2} + \frac{\Gamma}{2\pi \, \mathrm{i}} \frac{1}{z} = 0 \,,$$

also als Nullstellen

$$s_{1,2} = \frac{1}{4\pi v_\infty} \left(\Gamma \, \mathrm{i} \pm \sqrt{16\pi^2 v_\infty^2 - \Gamma^2} \right) \qquad (4.88)$$

der quadratischen Gleichung

$$z^2 + \frac{\Gamma}{2\pi \, \mathrm{i} \, v_\infty} z - 1 = 0 \,.$$

(a) Für $\Gamma \leq 4\pi v_\infty$ folgt aus (4.88)

$$|s_{1,2}| = \frac{1}{4\pi v_\infty} \sqrt{\Gamma^2 + 16\pi^2 v_\infty^2 - \Gamma^2} = 1 \,.$$

Die beiden Staupunkte s_1 und s_2 liegen daher auf dem Einheitskreis $|z| = 1$. Beschreiben wir die Punkte des Kreises durch $z = \mathrm{e}^{\mathrm{i}\varphi}$, $0 \leq \varphi < 2\pi$, so gewinnen wir mit Hilfe von

$$|F'(z)| = \left| v_\infty - \frac{v_\infty}{z^2} + \frac{\Gamma}{2\pi \, \mathrm{i}} \frac{1}{z} \right|$$

$$= \left| \left(\mathrm{e}^{\mathrm{i}\varphi} - \mathrm{e}^{-\mathrm{i}\varphi} \right) v_\infty + \frac{\Gamma}{2\pi \, \mathrm{i}} \right| = \left| 2v_\infty \sin\varphi - \frac{\Gamma}{2\pi} \right| = 0$$

bzw. mit

$$\sin\varphi = \frac{\Gamma}{4\pi v_\infty}$$

die beiden *Staupunkte* $s_1 = \mathrm{e}^{\mathrm{i}\varphi_1}$, $s_2 = \mathrm{e}^{\mathrm{i}\varphi_2}$ mit

$$\varphi_1 = \arcsin \frac{\Gamma}{4\pi v_\infty} \,, \qquad \varphi_2 = \pi - \arcsin \frac{\Gamma}{4\pi v_\infty} \qquad (4.89)$$

Für $|\Gamma| < 4\pi v_\infty$ ergibt sich ein Strömungsverlauf gemäß Figur 4.31, während sich für $|\Gamma| = 4\pi v_\infty$ (beide Staupunkte fallen zusammen!) die in Figur 4.32 dargestellte Situation ergibt.

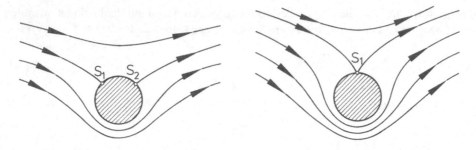

Fig. 4.31: Strömungsverlauf für $|\Gamma| < 4\pi v_\infty$ Fig. 4.32: Strömungsverlauf für $|\Gamma| = 4\pi v_\infty$

Bemerkung: Schreiben wir die erste Beziehung in (4.89) in der Form

$$\Gamma = 4\pi v_\infty \sin \varphi_1 , \tag{4.90}$$

so erkennen wir, dass wir anstelle der Zirkulation Γ genauso gut den Staupunkt s_1 (d.h. φ_1) hätten vorgeben können.

(b) Für $\Gamma > 4\pi v_\infty$ gilt für die beiden Staupunkte s_1, s_2:

$$|s_1| > 1 \ , \ |s_2| < 1 ,$$

d.h. nur der außerhalb des Kreises $|z| = 1$ gelegene Punkt s_1 tritt wirklich als Staupunkt auf (s. auch Üb 4.12).

Bemerkung: Eine Fülle interessanter Anwendungen der Theorie konformer Abbildungen auf Probleme der Potentialtheorie findet sich z.B. in [6], [24], [25], [33] und [9].

Übungen

Übung 4.6*:

Die Funktion $f(z) = f(x + i y) = u(x, y) + i v(x, y)$ sei holomorph im Punkt z. In z seien zwei Einheitsvektoren t bzw. n vorgegeben, wobei t durch Drehung um $\pi/2$ entgegengesetzt dem Uhrzeigersinn in n übergehe. Weise die Beziehungen

$$\frac{\partial u}{\partial t} = \frac{\partial v}{\partial n} , \quad \frac{\partial u}{\partial n} = -\frac{\partial v}{\partial t}$$

nach. Für welchen Spezialfall ergeben sich hieraus die Cauchy-Riemannschen Differentialgleichungen?

Übung 4.7:

Sei $u(x, y) = A \ln(1/\sqrt{x^2 + y^2})$, $A > 0$. Bestimme eine zu u konjugiert harmonische Funktion v.

Übung 4.8*:

Ermittle das Potential $u(x, y)$ einer Punktquelle der Stärke Q im Punkt $(0, 1)$, wenn $u(x, 0) = 0$ für alle $x \in \mathbb{R}$ ist. (Geerdete Platte durch die x-Achse und geladener Draht durch $(0, 1)$, beide senkrecht zur (x, y)-Ebene.)

Übung 4.9*:

Wie lautet das Potential $u(x, y)$ einer Punktquelle der Stärke Q im Punkt $(-2, 0)$ in der längs der positiven x-Achse aufgeschnittenen Ebene, wenn das Potential auf der positiven x-Achse Null ist?

Übung 4.10:

Unter Verwendung der Bezeichnungen und Voraussetzungen von Abschnitt 4.2.4 ist zu zeigen, dass zwischen dem komplexen Geschwindigkeitsfeld $v(z)$, dem Fluss N und der Zirkulation Γ einer Strömung folgender Zusammenhang besteht:

$$\int_C \overline{v}(z)\mathrm{d}z = \Gamma + \mathrm{i}\, N.$$

Übung 4.11*:

Ein ebenes Hindernis mit glatter Randkurve C befinde sich in einer stationären, inkompressiblen und reibungsfreien Strömung. Zeige: Durch Vorgabe der Geschwindigkeit $v_\infty = \text{const}$ im Unendlichen und der Zirkulation Γ längs C ist das zugehörige komplexe Potential F der Strömung bis auf eine additive Konstante eindeutig bestimmt.

Übung 4.12*:

Ermittle den Stromlinienverlauf der in Beispiel 4.9 betrachteten Strömung für den Fall $|\Gamma| > 4\pi v_\infty$. Welcher Staupunkt ergibt sich?

5   Anwendung der Funktionentheorie auf die Besselsche Differentialgleichung

Im vorhergehenden Abschnitt haben wir gesehen, wie sich funktionentheoretische Methoden zur Behandlung von *ebenen* (= 2-dimensionalen) Problemen heranziehen lassen. Im Folgenden wollen wir aufzeigen, dass die Funktionentheorie auch bei *höher-dimensionalen* Problemen, etwa im Zusammenhang mit der Schwingungsgleichung im $\mathbb{R}^n$, eine wichtige Rolle spielt.

5.1   Die Besselsche Differentialgleichung

5.1.1   Motivierung

Wir gehen bei unseren Betrachtungen von der *Helmholtzschen* [1] *Schwingungsgleichung* (kurz Schwingungsgleichung genannt) im $\mathbb{R}^n$, $n \in \mathbb{N}$, aus:

$$\Delta U(\boldsymbol{x}) + k^2 U(\boldsymbol{x}) = 0 . \tag{5.1}$$

Hierbei ist $\boldsymbol{x} = (x_1, \ldots, x_n) \in \mathbb{R}^n$, $k \in \mathbb{C}$ (Im $k \geq 0$) und $\Delta = \frac{\partial^2}{\partial x_1^2} + \ldots + \frac{\partial^2}{\partial x_n^2}$ der Laplace-Operator. Die Schwingungsgleichung enthält für $k = 0$ den Spezialfall der

$$\textit{Potentialgleichung} \qquad \Delta U(\boldsymbol{x}) = 0 , \quad \boldsymbol{x} \in \mathbb{R}^n . \tag{5.2}$$

Außerdem stößt man auf die Schwingungsgleichung, wenn man bei der *Wärmeleitungsgleichung*

$$\frac{\partial u(\boldsymbol{x}, t)}{\partial t} = \Delta u(\boldsymbol{x}, t) , \quad \boldsymbol{x} \in \mathbb{R}^n , \quad t \in [0, \infty) \tag{5.3}$$

bzw. bei der *Wellengleichung*

$$\frac{\partial^2 u(\boldsymbol{x}, t)}{\partial t^2} = \Delta u(\boldsymbol{x}, t) , \quad \boldsymbol{x} \in \mathbb{R}^n , \quad t \in [0, \infty) \tag{5.4}$$

zur Gewinnung einer Lösung einen *Separationsansatz*

$$u(\boldsymbol{x}, t) = U(\boldsymbol{x}) \cdot V(t) \tag{5.5}$$

durchführt. In beiden Fällen genügt U dann der Schwingungsgleichung (zeigen!). In der Theorie der partiellen Differentialgleichungen kommt dieser Gleichung daher eine gewisse Schlüsselstellung zu (vgl. auch Burg/Haf/Wille [11]).

Wir fragen im Rahmen dieses Bandes nach speziellen Lösungen von (5.1), nämlich nach den *radialsymmetrischen Lösungen*. Das sind solche Lösungen, die nur von $|\boldsymbol{x}| =: r$ abhängen, also

---

1 H. v. Helmholtz (1821-1894), deutscher Physiker und Physiologe.

nur vom Betrag, nicht aber von der Richtung des Vektors $\boldsymbol{x}$:

$$U = U(|\boldsymbol{x}|) =: f(r).\tag{5.6}$$

Diese Lösungen werden zum Aufbau der Theorie der Schwingungsgleichung benötigt (s. Burg/-Haf/Wille [11]). Mit (5.6) folgt aus (5.1) für f die gewöhnliche Differentialgleichung

$$f''(r) + \frac{n-1}{r} f'(r) + k^2 f(r) = 0\tag{5.7}$$

(s. Üb. 5.1). Setzen wir

$$f(r) =: r^{-\frac{n-2}{2}} g(kr), \quad kr =: \rho,\tag{5.8}$$

so geht (5.7) in eine gewöhnliche Differentialgleichung für g über:

$$g''(\rho) + \frac{1}{\rho} g'(\rho) + g(\rho) \left[1 - \frac{\left(\frac{n-2}{2}\right)^2}{\rho^2} \right] = 0.\tag{5.9}$$

Dies ist eine Besselsche Differentialgleichung, die als Spezialfall in der allgemeinen *Besselschen Differentialgleichung mit Index* λ

$$u''(z) + \frac{1}{z} u'(z) + \left(1 - \frac{\lambda^2}{z^2} \right) u(z) = 0, \quad \lambda, z \in \mathbb{C}\tag{5.10}$$

enthalten ist. Wir erkennen den Zusammenhang zwischen den Gleichungen (5.9) und (5.10), wenn wir

$$u := g, \quad z := \rho, \quad \lambda := \frac{n-2}{2}\tag{5.11}$$

setzen. In Abschnitt 5.3.1 kommen wir auf Gleichung (5.9) bzw. auf die Schwingungsgleichung (5.1) zurück.

Bemerkung: Eine erste Behandlung der Besselschen Differentialgleichung im Reellen erfolgte bereits in Burg/Haf/Wille [10], Abschnitt 4.2.2, mit Hilfe von verallgemeinerten Potenzreihenansätzen. Für eine tiefergehende und umfassende Diskussion dieser Gleichung ist eine Erweiterung auf den komplexen Fall unentbehrlich. Zur Bestimmung einer Lösung von (5.10) könnte man, analog zum Reellen, von einem *Ansatz* der Form

$$u(z) = \sum_{k=0}^{\infty} a_k z^{\lambda+k}\tag{5.12}$$

ausgehen und zusammen mit (5.10) die Koeffizienten a_k sukzessive bestimmen. Die Durchführung dieses Programms findet sich z.B. in [48], S. 126-141. Wir bevorzugen einen anderen Weg und verwenden hierzu eine geeignete Integraltransformation.

5.1.2   Die Hankelschen Funktionen

Wir wollen sämtliche Lösungen der Besselschen Differentialgleichung (5.10), die wir jetzt in der Form

$$z^2 u'' + z u' + z^2 u - \lambda^2 u = 0 \tag{5.13}$$

schreiben, bestimmen. Hierbei setzen wir z und λ als komplex voraus. Um zu Lösungen von (5.13) zu gelangen, benutzen wir die Methode der *Integraltransformation* (s. hierzu auch Burg/-Haf/Wille [10].). Wir suchen dabei Lösungen der Form

$$u(z) = \int_C K(z, \zeta) w(\zeta) \mathrm{d}\zeta . \tag{5.14}$$

In (5.14) lassen wir noch offen, welchen *Integrationsweg C* und welchen *Kern $K(z, \zeta)$* wir verwenden und setzen lediglich voraus, dass $K(z, \zeta)$ sowohl bezüglich z als auch bezüglich ζ holomorph ist. Setzen wir (5.14) in (5.13) ein und vertauschen wir Differentiation bezüglich z und Integration (nachher ist zu zeigen, dass dies erlaubt ist!), so ergibt sich

$$\int_C \left(z^2 \frac{\partial^2 K}{\partial z^2} + z \frac{\partial K}{\partial z} + z^2 K - \lambda^2 K \right) w(\zeta) \mathrm{d}\zeta = 0 . \tag{5.15}$$

Falls der Kern $K(z, \zeta)$ unserer Transformation (5.14) der Differentialgleichung

$$z^2 \frac{\partial^2 K}{\partial z^2} + z \frac{\partial K}{\partial z} + z^2 K + \frac{\partial^2 K}{\partial \zeta^2} = 0 \tag{5.16}$$

genügt, geht (5.15) über in

$$\int_C \left(\frac{\partial^2 K}{\partial \zeta^2} + \lambda^2 K \right) w(\zeta) \mathrm{d}\zeta = 0 . \tag{5.17}$$

Durch zweimalige partielle Integration ergibt sich, wenn ζ_0 und ζ_1 den Anfangs- und Endpunkt von C bezeichnen,

$$\int_C \frac{\partial^2 K}{\partial \zeta^2} w(\zeta) \mathrm{d}\zeta = \int_C K w''(\zeta) \mathrm{d}\zeta + \left| \frac{\partial K}{\partial \zeta} w - K w' \right|_{\zeta=\zeta_0}^{\zeta=\zeta_1}$$

und daraus wegen (5.17)

$$\int_C (w'' + \lambda^2 w) K \, \mathrm{d}\zeta + \left| \frac{\partial K}{\partial \zeta} w - K w' \right|_{\zeta=\zeta_0}^{\zeta=\zeta_1} = 0 . \tag{5.18}$$

Eine sowohl bezüglich z als auch ζ in ganz $\mathbb{C}$ holomorphe Lösung der Differentialgleichung

(5.16) ist durch

$$K(z, \zeta) = e^{-i z \sin \zeta} \tag{5.19}$$

gegeben. Dies lässt sich durch Nachrechnen einfach bestätigen. Ferner besitzt die Differential-gleichung

$$w'' + \lambda^2 w = 0$$

die Lösungen $e^{\pm i \lambda \zeta}$. Mit diesen Lösungen und dem Kern (5.19) gelangen wir nun aufgrund

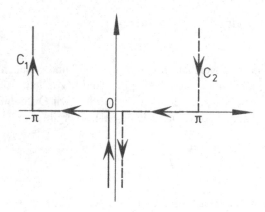

Fig. 5.1: Wahl der Integrationswege

von (5.14) zu Lösungen der Besselschen Differentialgleichung, wenn wir den Integrationsweg C so wählen, dass der letzte Ausdruck in (5.18) verschwindet. Dies gelingt, wenn wir uns z.B. für die Wege C_1 und C_2 gemäß Figur 5.1 entscheiden: Auf den Halbgeraden $\zeta = -\pi + i s$ und $\zeta = \pi + i s, s \geq 0$, gilt (s. Abschn. 1.2.3):

$$\sin \zeta = \sin(\mp \pi + i s) = \sin(\mp \pi) \cos(i s) + \cos(\mp \pi) \sin(i s) = -\sin(i s) = -i \sinh s \,;$$

auf der negativen imaginären Achse ($\zeta = -i s, s \geq 0$) gilt

$$\sin \zeta = \sin(-i s) = -\sin(i s) = -i \sinh s \,, \quad s \geq 0 \,.$$

Für diese Anteile von C_1 und C_2 erhalten wir daher

$$\left| K(z, \zeta) \right| = \left| e^{-i z \sin \zeta} \right| = \left| e^{-i(\text{Re}z + i\,\text{Im}z)(-i \sinh s)} \right| = \left| e^{-\text{Re}z \cdot \sinh s}\, e^{-i\,\text{Im}z \cdot \sinh s} \right| = \left| e^{-\text{Re}z \cdot \sinh s} \right| \,.$$

Wegen $\sinh s = \frac{1}{2}(e^s - e^{-s})$ strebt $K(z, \zeta)$ für $\text{Re}\, z > 0$ also wie

$$e^{-\frac{1}{2}\text{Re}\, z \cdot e^s}$$

auf den betrachteten Integrationswegen für $s \to \infty$ gegen Null. Ferner konvergieren dort auch die Ausdrücke

$$\frac{\partial K}{\partial \zeta} w = (-iz) \cos \zeta \cdot e^{\pm i\lambda\zeta} K(z, \zeta)$$

und

$$K w' = \pm (i\lambda) e^{\pm i\lambda\zeta} K(z, \zeta)$$

für $s \to \infty$ gegen Null, also dann, wenn wir uns den Enden von C_1 und C_2 nähern. (Wir beachten, dass die Faktoren vor K nicht so stark wachsen können, wie K gegen Null strebt!) Insgesamt ergeben sich wegen (5.18) durch

$$\int_{C_1} e^{-iz\sin\zeta + i\lambda\zeta} \, d\zeta \quad \text{und} \quad \int_{C_2} e^{-iz\sin\zeta + i\lambda\zeta} \, d\zeta$$

zwei (formale) Lösungen der Besselschen Differentialgleichung (5.13). Daran ändert sich nichts, wenn wir die beiden Integrale mit dem Faktor $-1/\pi$ multiplizieren. Die so entstehenden (formalen) Lösungen nennt man

Hankelsche Funktionen:
$$H_\lambda^1(z) = -\frac{1}{\pi} \int_{C_1} e^{-iz\sin\zeta + i\lambda\zeta} \, d\zeta$$

$$H_\lambda^2(z) = -\frac{1}{\pi} \int_{C_2} e^{-iz\sin\zeta + i\lambda\zeta} \, d\zeta$$

(5.20)

Bemerkung: Die Integrale in (5.20) existieren für $\operatorname{Re} z > 0$, und $H_\lambda^1(z)$ und $H_\lambda^2(z)$ sind tatsächlich Lösungen der Besselschen Differentialgleichung (5.13), die für $\operatorname{Re} z > 0$ holomorph sind (s. Üb. 5.2 a)).

Analytische Fortsetzung von $H_\lambda^1(z)$ und $H_\lambda^2(z)$

Wir benutzen das erste Integral in (5.20) zur Klärung der Frage, ob sich $H_\lambda^1(z)$ in die linke Halbebene $\operatorname{Re} z < 0$ analytisch fortsetzen lässt. Hierzu untersuchen wir das Konvergenzverhalten dieses Integrals: Sei $z := x + iy$ beliebig fest, $\zeta := u + iv$, $\lambda := \alpha + i\beta$ und $g_z(\zeta) := -iz\sin\zeta + i\lambda\zeta$. Dann gilt

$$\operatorname{Re} g_z(\zeta) = y \sin u \cdot \cosh v + x \cos u \cdot \sinh v - \beta u - \alpha v \tag{5.21}$$

$$\operatorname{Im} g_z(\zeta) = -x \sin u \cdot \cosh v + y \cos u \cdot \sinh v + \alpha u - \beta v. \tag{5.22}$$

Nun wählen wir anstelle des Integrationsweges C_1 (s. Fig. 5.1) den Integrationsweg $\tilde{C}_1$ gemäß Figur 5.2 mit $u_0 \in \mathbb{R}$ beliebig.

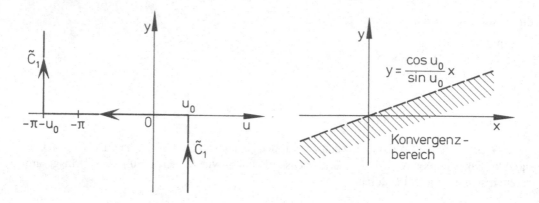

Fig. 5.2: Wahl eines neuen Integrationsweges   Fig. 5.3: Konvergenzbereich des Integrals

Das Integral

$$\int_{\tilde{C}_1} e^{g_z(\zeta)} \, d\zeta \qquad (5.23)$$

existiert für alle $z \in \mathbb{C}$ mit $\operatorname{Re} g_z(\zeta) < 0$, also wegen (5.21) für alle $z = x + \mathrm{i}\, y$ mit

$$y \sin u_0 \cdot \cosh v - x \cos u_0 \cdot \sinh v < 0, \quad v > 0.$$

(Die linearen Anteile und Konstanten in $\operatorname{Re} g_z(\zeta)$ auf $\tilde{C}_1$ spielen für die Existenz des Integrals wegen des exponentiellen Verhaltens von $\cosh v$ und $\sinh v$ keine Rolle.) Mit

$$\cosh v = \frac{e^v + e^{-v}}{2} \quad \text{und} \quad \sinh v = \frac{e^v - e^{-v}}{2}$$

lautet diese Bedingung

$$y \sin u_0 \cdot \frac{e^v + e^{-v}}{2} - x \cos u_0 \cdot \frac{e^v - e^{-v}}{2} < 0, \quad v > 0.$$

Für die Existenz des Integrals sind nur die Anteile mit e^v ($v > 0$) von Bedeutung, so dass sich die Bedingung

$$y \sin u_0 \cdot \frac{e^v}{2} - x \cos u_0 \cdot \frac{e^v}{2} = \frac{e^v}{2} (y \sin u_0 - x \cos u_0) < 0$$

ergibt; sie ist für alle $z = x + \mathrm{i}\, y$ mit

$$y \sin u_0 - x \cos u_0 < 0$$

erfüllt, also für $u_0 \neq k\pi$ ($k \in \mathbb{Z}$) unterhalb der Geraden $y = \frac{\cos u_0}{\sin u_0} x$ (s. Fig. 5.3). Nach Satz A.1, Anhang, stellt Integral (5.23) dort also eine holomorphe Funktion dar.

Nach dem Cauchyschen Integralsatz stimmt diese Funktion für $\mathrm{Re}\, z > 0$ mit $H_\lambda^1(z)$ überein (Begründung!), ist also deren analytische Fortsetzung. Da wir für u_0 jeden reellen Wert wählen können, also insbesondere eine unbeschränkte Folge in $\mathbb{R}^+$ bzw. in $\mathbb{R}^-$, ergibt sich die analytische Fortsetzung von $H_\lambda^1(z)$ auf die linke Halbebene $\mathrm{Re}\, z < 0$ als i.a. unendlich vieldeutige Funktion mit dem Nullpunkt als Verzweigungspunkt. Entsprechendes gilt für $H_\lambda^2(z)$.

5.1.3   Allgemeine Lösung der Besselschen Differentialgleichung

Wir wollen jetzt zeigen, dass die Hankelschen Funktionen $H_\lambda^1(z)$ und $H_\lambda^2(z)$ linear unabhängig sind.[2] Damit gewinnen wir dann *alle* Lösungen der Besselschen Differentialgleichung (5.13) als Linearkombination von $H_\lambda^1(z)$ und $H_\lambda^2(z)$:

Jede Lösung $w(z)$ der Besselschen Differentialgleichung (5.13) ist von der Form

$$w(z) = c_1 H_\lambda^1(z) + c_2 H_\lambda^2(z)\,; \qquad c_1, c_2 : \text{Konstanten.} \tag{5.24}$$

Wir schließen die lineare Unabhängigkeit der Hankelschen Funktionen aus ihrem asymptotischen Verhalten für große $|z|$: Nach Abschnitt 2.4.2, Beispiel 2.15, gelten für große Argumente $z = x > 0$ und reelle λ mit $x > \lambda$ die *asymptotischen Formeln*

$$H_\lambda^1(x) \sim \sqrt{\frac{2}{\pi x \sin\alpha}} \quad \mathrm{e}^{\mathrm{i}\,x(\sin\alpha - \alpha\cos\alpha) - \mathrm{i}\frac{\pi}{4}} \tag{5.25}$$

und

$$H_\lambda^2(x) \sim \sqrt{\frac{2}{\pi x \sin\alpha}} \quad \mathrm{e}^{-\mathrm{i}\,x(\sin\alpha - \alpha\cos\alpha) + \mathrm{i}\frac{\pi}{4}} \tag{5.26}$$

mit $\lambda/x = \cos\alpha$, $0 < \alpha < \pi/2$. Mit $\nu := \sqrt{x^2 - \lambda^2}$ lassen sich diese Formeln in der Form

$$H_\lambda^1(x) \sim \sqrt{\frac{2}{\pi \nu}} \quad \mathrm{e}^{\mathrm{i}\left(\nu - \lambda\arcsin\frac{\nu}{x} - \frac{\pi}{4}\right)}$$

und

$$H_\lambda^2(x) \sim \sqrt{\frac{2}{\pi \nu}} \quad \mathrm{e}^{-\mathrm{i}\left(\nu - \lambda\arcsin\frac{\nu}{x} - \frac{\pi}{4}\right)}$$

schreiben. Eine weitere Vereinfachung ergibt sich, wenn wir $x \gg \lambda$ voraussetzen.[3] Dann ist nämlich $\nu \approx x$ und $\alpha = \arcsin\frac{\nu}{x} \approx \frac{\pi}{2}$. Wir erhalten dann für große x und für $\lambda > 0$ bzw. aufgrund von Übung 5.3 sogar für alle $\lambda \in \mathbb{R}$:

---

2 Wie im Reellen heißt ein komplexes Funktionensystem $f_1(z), f_2(z), \ldots, f_k(z)$ *linear unabhängig* auf $D \subset \mathbb{C}$, falls aus $c_1 f_1(z) + c_2 f_2(z) + \ldots + c_k f_k(z) = 0$ für alle $z \in D$ ($c_j \in \mathbb{C}$, $j = 1, \ldots, k$) folgt: $c_1 = c_2 = \ldots = c_k = 0$. Andernfalls heißt es linear abhängig.

3 Die nachfolgende Herleitung ist mehr heuristisch als streng.

$$H_\lambda^1(x) \sim \sqrt{\frac{2}{\pi x}} \quad e^{i\left(x - \lambda\frac{\pi}{2} - \frac{\pi}{4}\right)} \tag{5.27}$$

$$H_\lambda^1(x) \sim \sqrt{\frac{2}{\pi x}} \quad e^{-i\left(x - \lambda\frac{\pi}{2} - \frac{\pi}{4}\right)} \qquad (\lambda \ll x, \lambda, \; x \in \mathbb{R}) \tag{5.28}$$

Diese beiden Formeln ergeben, da ihre rechten Seiten linear unabhängig sind (warum?), dass $H_\lambda^1(x)$ und $H_\lambda^2(x)$ für große x und beliebige reelle λ linear unabhängig sind. Da andererseits die durch (5.20) erklärten Hankelschen Funktionen $H_\lambda^1(z)$ und $H_\lambda^2(z)$ Lösungen einer linearen Differentialgleichung 2-ter Ordnung sind, nämlich der Besselschen Differentialgleichung, ergibt sich die lineare Unabhängigkeit von $H_\lambda^1(z)$ und $H_\lambda^2(z)$ für beliebige $\lambda \in \mathbb{R}$ und $z \in \mathbb{C}$ durch eine Schlussweise wie im Reellen (s. hierzu Burg/Haf/Wille [10]. Die Übertragung auf den komplexen Fall findet sich z.B. in [47], S. 142-144).

Übungen

Übung 5.1:

Zeige: Die radialsymmetrischen Lösungen

$$U = U(|\boldsymbol{x}|) =: f(r), \quad r = |\boldsymbol{x}|$$

der Schwingungsgleichung im $\mathbb{R}^n$

$$\Delta U(\boldsymbol{x}) + k^2 U(\boldsymbol{x}) = 0, \quad \boldsymbol{x} \in \mathbb{R}^n \quad (n \in \mathbb{N})$$

genügen der Differentialgleichung

$$f''(r) + \frac{n-1}{r} f'(r) + k^2 f(r) = 0.$$

Übung 5.2*:

Beweise: Die durch (5.20), Abschnitt 5.1.2, erklärten Hankelschen Funktionen $H_\lambda^1(z)$ und $H_\lambda^2(z)$ sind

a) für $\operatorname{Re} z > 0$ sowohl bezüglich z als auch bezüglich λ holomorph und lösen

b) die Besselsche Differentialgleichung.

Übung 5.3*:

Weise nach, dass für $\lambda, \; z \in \mathbb{C}$ die Beziehungen

$$H_{-\lambda}^1(z) = e^{i\lambda\pi} H_\lambda^1(z), \quad H_{-\lambda}^2(z) = e^{-i\lambda\pi} H_\lambda^2(z)$$

gelten.

5.2   Die Besselschen und Neumannschen Funktionen

5.2.1   Definitionen und grundlegende Eigenschaften

Wir fragen nach Lösungen der Besselschen Differentialgleichung

$$z^2 u'' + z u' + (z^2 - \lambda^2) u = 0, \tag{5.29}$$

die *für reelle λ und z reell* sind. Diese erweisen sich als besonders nützlich für die Anwendungen (s. auch Abschn. 5.3). Um solche Lösungen zu finden, zerlegen wir die Hankelschen Funktionen $H_\lambda^1(z)$ und $H_\lambda^2(z)$ wie folgt:

$$\left. \begin{array}{l} H_\lambda^1(z) =: J_\lambda(z) + \mathrm{i}\, N_\lambda(z) \\ H_\lambda^2(z) =: J_\lambda(z) - \mathrm{i}\, N_\lambda(z) \end{array} \right\} \tag{5.30}$$

Aus (5.30) sehen wir, wie sich $J_\lambda(z)$ und $N_\lambda(z)$ aus den Hankelschen Funktionen bestimmen lassen: Es gilt

$$J_\lambda(z) = \frac{H_\lambda^1(z) + H_\lambda^2(z)}{2} \tag{5.31}$$

$$N_\lambda(z) = \frac{H_\lambda^1(z) - H_\lambda^2(z)}{2\,\mathrm{i}} \tag{5.32}$$

Man nennt

$J_\lambda(z)$ *Besselsche Funktion vom Index λ;*

$N_\lambda(z)$ *Neumannsche Funktion vom Index λ.*[4]

(i) Die Funktionen $J_\lambda(z)$ und $N_\lambda(z)$ sind für alle $\lambda \in \mathbb{C}$ *linear unabhängig.*
Zum Nachweis zeigen wir, dass aus

$$\alpha J_\lambda(z) + \beta N_\lambda(z) = 0, \quad z \in \mathbb{C}, \ \alpha, \beta \in \mathbb{C} \tag{5.33}$$

$\alpha = \beta = 0$ folgt. Mit (5.31) und (5.32) lautet (5.33)

$$\alpha \left[\frac{1}{2} \left(H_\lambda^1(z) + H_\lambda^2(z) \right) \right] + \beta \left[\frac{1}{2\,\mathrm{i}} \left(H_\lambda^1(z) - H_\lambda^2(z) \right) \right] = 0$$

oder

$$\left(\frac{\alpha}{2} + \frac{\beta}{2\,\mathrm{i}} \right) H_\lambda^1(z) + \left(\frac{\alpha}{2} - \frac{\beta}{2\,\mathrm{i}} \right) H_\lambda^2(z) = 0.$$

---

4 Man nennt J_λ, N_λ und H_λ auch *Zylinderfunktionen erster, zweiter* und *dritter Art.*

Da nach Abschnitt 5.1.3 $H_\lambda^1(z)$ und $H_\lambda^2(z)$ für jedes $\lambda \in \mathbb{C}$ linear unabhängig in $\mathbb{C}$ sind, muss $\frac{\alpha}{2} + \frac{\beta}{2i} = 0$ und $\frac{\alpha}{2} - \frac{\beta}{2i} = 0$ gelten, woraus $\alpha = \beta = 0$ folgt.

(ii) Für $\lambda,\ z \in \mathbb{R}$ sind $J_\lambda(z)$ und $N_\lambda(z)$ *reell*.

Um dies zu zeigen, gehen wir von (5.20) aus, also von

$$H_\lambda^1(z) = -\frac{1}{\pi} \int\limits_{C_1} \mathrm{e}^{-\mathrm{i}\,z \sin \zeta + \mathrm{i}\lambda \zeta}\, \mathrm{d}\zeta\ .$$

Ist C_1^s der an der reellen Achse gespiegelte Integrationsweg C_1, so gilt für solche f, für die $\int_{C_1} f(\zeta)\mathrm{d}\zeta$ existiert, die Beziehung

$$\overline{\int\limits_{C_1} f(\zeta)\mathrm{d}\zeta} = \int\limits_{C_1^s} \overline{f(\overline{\zeta})}\mathrm{d}\zeta \tag{5.34}$$

(warum?). Dabei bezeichne der Querstrich wie üblich den zugehörigen konjugiert komplexen Ausdruck. Wir setzen nun $f(\zeta) := \mathrm{e}^{-\mathrm{i}\,z \sin \zeta + \mathrm{i}\lambda \zeta}$. Wegen

$$\overline{\left(\mathrm{e}^{\mathrm{i}\,x\overline{w}}\right)} = \mathrm{e}^{-\mathrm{i}\,xw}\ , \quad (x \in \mathbb{R},\ w \in \mathbb{C}) \qquad \text{und} \qquad \overline{\sin \overline{\zeta}} = \sin \zeta\ , \quad (\zeta \in \mathbb{C})$$

folgt dann für reelle z und λ

$$\overline{H_\lambda^1(z)} = -\frac{1}{\pi}\overline{\int\limits_{C_1} f(\zeta)\mathrm{d}\zeta} = -\frac{1}{\pi}\int\limits_{C_1^s} \overline{f(\overline{\zeta})}\mathrm{d}\zeta = -\frac{1}{\pi}\int\limits_{C_1^s} \overline{\left(\mathrm{e}^{-\mathrm{i}\,z\sin\overline{\zeta}}\right)}\,\overline{\left(\mathrm{e}^{\mathrm{i}\lambda\overline{\zeta}}\right)}\mathrm{d}\zeta$$

$$= -\frac{1}{\pi}\int\limits_{C_1^s} \mathrm{e}^{\mathrm{i}\,z\overline{\sin\overline{\zeta}}} \cdot \mathrm{e}^{-\mathrm{i}\lambda\zeta}\,\mathrm{d}\zeta = -\frac{1}{\pi}\int\limits_{C_1^s} \mathrm{e}^{\mathrm{i}\,z\sin\zeta - \mathrm{i}\lambda\zeta}\,\mathrm{d}\zeta\ .$$

Ersetzen wir im letzten Integral ζ durch $-\zeta$, so ergibt sich

$$\overline{H_\lambda^1(z)} = \frac{1}{\pi}\int\limits_{-C_2} \mathrm{e}^{-\mathrm{i}\,z\sin\zeta + \mathrm{i}\lambda\zeta}\,\mathrm{d}\zeta = -\frac{1}{\pi}\int\limits_{C_2} \mathrm{e}^{-\mathrm{i}\,z\sin\zeta + \mathrm{i}\lambda\zeta}\,\mathrm{d}\zeta\ ,$$

mit dem durch Figur 5.1 gegebenen Integrationsweg C_2. (Wir beachten, dass bei dieser Transformation C_1^s in $-C_2$ übergeht!) Damit ist gezeigt, dass die Hankelschen Funktionen $H_\lambda^1(z)$ und $H_\lambda^2(z)$ für reelle λ und reelle z zueinander konjugiert komplex sind:

$$\overline{H_\lambda^1(z)} = H_\lambda^2(z) \quad \text{für} \quad \lambda,\ z \in \mathbb{R}\ . \tag{5.35}$$

Aus (5.30) und (5.31) bzw. (5.32) ergibt sich dann unmittelbar:

Die Besselsche Funktion $J_\lambda(z)$ und die Neumannsche Funktion $N_\lambda(z)$ sind *für reelle λ und z reelle Funktionen.* Insbesondere gilt in diesem Fall

$$J_\lambda(z) = \operatorname{Re} H_\lambda^1(z), \quad N_\lambda(z) = \operatorname{Im} H_\lambda^1(z) \tag{5.36}$$

(iii) Darstellung der allgemeinen Lösung der Besselschen Differentialgleichung mit Hilfe der Besselschen bzw. Neumannschen Funktionen.

Aus den für λ, $z \in \mathbb{C}$ gültigen Beziehungen

$$H_{-\lambda}^1(z) = \mathrm{e}^{\mathrm{i}\pi\lambda} H_\lambda^1(z), \quad H_{-\lambda}^2(z) = \mathrm{e}^{-\mathrm{i}\pi\lambda} H_\lambda^2(z) \tag{5.37}$$

(s. Üb. 5.3) ergibt sich, dass die Hankelschen Funktionen $H_\lambda^1(z)$ und $H_{-\lambda}^1(z)$ bzw. $H_\lambda^2(z)$ und $H_{-\lambda}^2(z)$ linear abhängige Lösungen der Besselschen Differentialgleichung sind. Sind auch die entsprechenden Besselschen bzw. Neumannschen Funktionen $J_\lambda(z)$ und $J_{-\lambda}(z)$ bzw. $N_\lambda(z)$ und $N_{-\lambda}(z)$ linear abhängig? Es zeigt sich, dass dies nicht für alle $\lambda \in \mathbb{C}$ der Fall ist: Aus

$$\alpha J_{-\lambda}(z) + \beta J_\lambda(z) = 0 \quad \text{für alle} \quad z \in \mathbb{C}$$

folgt mit (5.37) und (5.31) nach Zusammenfassung der Koeffizienten von $H_\lambda^1(z)$ bzw. $H_\lambda^2(z)$

$$\left(\frac{\alpha}{2}\mathrm{e}^{\mathrm{i}\pi\lambda} + \frac{\beta}{2}\right) H_\lambda^1(z) + \left(\frac{\alpha}{2}\mathrm{e}^{-\mathrm{i}\pi\lambda} + \frac{\beta}{2}\right) H_\lambda^2(z) = 0, \quad z \in \mathbb{C}$$

und hieraus, da $H_\lambda^1(z)$ und $H_\lambda^2(z)$ linear unabhängig sind,

$$\alpha\,\mathrm{e}^{\mathrm{i}\pi\lambda} + \beta = 0 \quad \text{und} \quad \alpha\,\mathrm{e}^{-\mathrm{i}\pi\lambda} + \beta = 0. \tag{5.38}$$

Hieraus ergibt sich für $\lambda \notin \mathbb{Z}$

$$\alpha\left(\mathrm{e}^{\mathrm{i}\pi\lambda} - \mathrm{e}^{-\mathrm{i}\pi\lambda}\right) = 0 \quad \text{oder} \quad \alpha \sin \pi\lambda = 0, \tag{5.39}$$

also $\alpha = 0$ und damit wegen (5.38) auch $\beta = 0$. Entsprechendes gilt für $N_\lambda(z)$.

Für $\lambda \notin \mathbb{Z}$ sind die Besselschen Funktionen $J_\lambda(z)$ und $J_{-\lambda}(z)$ bzw. die Neumannschen Funktionen $N_\lambda(z)$ und $N_{-\lambda}(z)$ linear unabhängig, und die allgemeine Lösung der Besselschen Differentialgleichung (5.29) lässt sich in der Form

$$u(z) = c_1 J_\lambda(z) + c_2 J_{-\lambda}(z) \quad (c_1, c_2 : \text{Konstanten}) \tag{5.40}$$

angeben.

Im Falle $\lambda = n \in \mathbb{Z}$ sind $J_n(z)$ und $J_{-n}(z)$ wegen (5.50), Abschnitt 5.2.3, linear abhängig. Entsprechendes gilt für $N_n(z)$ und wir erhalten:

Für $\lambda = n \in \mathbb{Z}$ sind die Besselschen Funktionen $J_n(z)$ und $J_{-n}(z)$ bzw. die Neumannschen Funktionen $N_n(z)$ und $N_{-n}(z)$ linear abhängig und die allgemeine Lösung der Besselschen Differentialgleichung (5.29) lässt sich in der Form

$$u(z) = a_1 J_n(z) + a_2 N_n(z) \quad (a_1, a_2 : \text{Konstanten}) \tag{5.41}$$

angeben.

5.2.2   Integraldarstellung der Besselschen Funktionen

Nach (5.20), Abschnitt 5.1.2, gilt für $\operatorname{Re} z > 0$

$$H_\lambda^1(z) = -\frac{1}{\pi} \int_{C_1} e^{-iz\sin\zeta + i\lambda\zeta} \, d\zeta$$

bzw.

$$H_\lambda^2(z) = -\frac{1}{\pi} \int_{C_2} e^{-iz\sin\zeta + i\lambda\zeta} \, d\zeta$$

mit den durch Figur 5.4 gegebenen Integrationswegen C_1 bzw. C_2. Wegen (5.31) gilt daher

$$J_\lambda(z) = \frac{1}{2}\left[H_\lambda^1(z) + H_\lambda^2(z)\right] = -\frac{1}{2\pi} \int_{C_1+C_2} e^{-iz\sin\zeta + i\lambda\zeta} \, d\zeta$$

oder

$$J_\lambda(z) = -\frac{1}{2\pi} \int_{C} e^{-iz\sin\zeta + i\lambda\zeta} \, d\zeta, \quad \operatorname{Re} z > 0 \tag{5.42}$$

Dabei ist C der Integrationsweg gemäß Figur 5.5. (Die Anteile auf der negativen imaginären Achse kürzen sich weg!)

Eine weitere Integraldarstellung für J_λ ergibt sich, wenn wir im Integral (5.42) die Substitution $w := e^{-i\zeta}$ durchführen. Dabei geht C, wie man sehr einfach einsieht, in den neuen Integrationsweg $C^\star$ gemäß Figur 5.6 über. Für J_λ ergibt sich dann wegen

$$e^{i\lambda\zeta} = e^{(-i\zeta)(-\lambda)} = w^{-\lambda}, \qquad e^{-iz\sin\zeta} = e^{-iz\frac{e^{i\zeta}-e^{-i\zeta}}{2i}} = e^{\frac{z}{2}\left(w - \frac{1}{w}\right)}$$

und

$$d\zeta = \frac{1}{(-i)e^{-i\zeta}} \, dw = -\frac{1}{iw} \, dw$$

die Darstellung

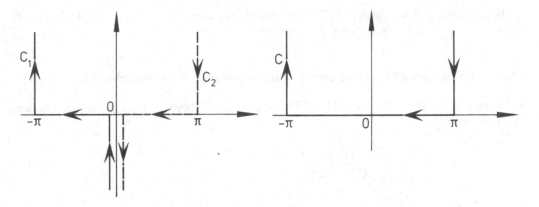

Fig. 5.4: Integrationsweg von $H_\lambda^1(z)$ bzw. $H_\lambda^2(z)$ Fig. 5.5: Integrationsweg von $J_\lambda(z)$

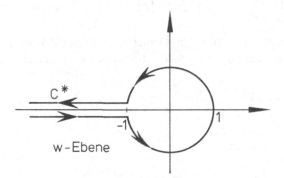

Fig. 5.6: Integrationsweg C^* bei Abbildung $w = e^{-i\zeta}$

$$J_\lambda(w) = \frac{1}{2\pi\,i} \int\limits_{C^\star} \frac{e^{\frac{z}{2}\left(w-\frac{1}{w}\right)}}{w^{\lambda+1}} dw\,, \quad \mathrm{Re}\,z > 0 \tag{5.43}$$

Sei nun zunächst z eine positive reelle Zahl. Führen wir die Substitution $w := 2\zeta/z$ durch, so geht $C^\star$ wieder in einen Integrationsweg von derselben Form wie $C^\star$ über, insbesondere können wir $C^\star$ selbst nehmen, ohne dass sich der Wert des Integrals ändert, und wir erhalten eine weitere Darstellung für J_λ:

$$J_\lambda(z) = \frac{1}{2\pi\,i} \left(\frac{z}{2}\right)^\lambda \int\limits_{C^\star} e^{\zeta - \frac{z^2}{4\zeta}}\, \zeta^{-\lambda-1} d\zeta\,, \quad z \in \mathbb{C} \tag{5.44}$$

Das Integral in (5.44) konvergiert für alle $z \in \mathbb{C}$. Daher werden die Besselschen Funktionen durch (5.44) für alle $z \in \mathbb{C}$ dargestellt.

Die Darstellung (5.44) zeigt, dass $J_\lambda(z)/z^\lambda$ bezüglich z eine in ganz $\mathbb{C}$ holomorphe Funktion, also eine *ganze Funktion* (s. Abschn. 2.2.5, (c)) ist. [5]

5.2.3   Reihenentwicklung und asymptotisches Verhalten der Besselschen Funktionen

Wir benutzen die Darstellung (5.44) zur Herleitung einer Reihendarstellung der Besselschen Funktionen. Wegen

$$e^{-\frac{z^2}{4\zeta}} = e^{-\frac{1}{\zeta}\left(\frac{z}{2}\right)^2} = \sum_{k=0}^{\infty} \frac{(-1)^k}{k!\,\zeta^k}\left(\frac{z}{2}\right)^{2k} \tag{5.45}$$

folgt aus (5.44)

$$J_\lambda(z) = \frac{1}{2\pi\,\mathrm{i}}\left(\frac{z}{2}\right)^\lambda \int_{C^*} e^\zeta\, \zeta^{-\lambda-1}\left[\sum_{k=0}^{\infty} \frac{(-1)^k}{k!\,\zeta^k}\left(\frac{z}{2}\right)^{2k}\right]\mathrm{d}\zeta\,. \tag{5.46}$$

Da die Reihe (5.45) bezüglich ζ in jedem Gebiet der ζ-Ebene, das den Nullpunkt nicht enthält, gleichmäßig konvergiert, dürfen wir in (5.46) gliedweise integrieren und erhalten

$$J_\lambda(z) = \sum_{k=0}^{\infty} \frac{(-1)^k}{k!}\left(\frac{z}{2}\right)^{2k+\lambda} \frac{1}{2\pi\,\mathrm{i}} \int_{C^*} e^\zeta\, \zeta^{-(\lambda+k+1)}\mathrm{d}\zeta\,.$$

Nach (3.65), Abschnitt 3.2.3 gilt:

$$\frac{1}{2\pi\,\mathrm{i}} \int_{C^*} e^\zeta\, \zeta^{-(\lambda+k+1)}\mathrm{d}\zeta = \frac{1}{\Gamma(\lambda+k+1)}\,,$$

so dass sich die folgende *Reihenentwicklung* für $J_\lambda(z)$ ergibt:[6]

$$J_\lambda(z) = \left(\frac{z}{2}\right)^\lambda \sum_{k=0}^{\infty} \frac{(-1)^k}{k!\,\Gamma(\lambda+k+1)}\left(\frac{z}{2}\right)^{2k}\,; \quad \lambda, z \in \mathbb{C} \tag{5.47}$$

Wir untersuchen noch einige *Spezialfälle*:
(i) $\lambda = n \in \mathbb{N}_0$: Wegen $\Gamma(n+k+1) = (n+k)!$ (s. (3.53), Abschn. 3.2.3) folgt aus (5.47)

$$J_n(z) = \left(\frac{z}{2}\right)^n \sum_{k=0}^{\infty} \frac{(-1)^k}{k!(n+k)!}\left(\frac{z}{2}\right)^{2k}\,, \quad z \in \mathbb{C},\ n \in \mathbb{N}_0 \tag{5.48}$$

---

5 Für $\lambda \notin \mathbb{Z}$ ist $J_\lambda(z)$ eine mehrdeutige Funktion; $z = 0$ ist Verzweigungspunkt.
6 Es handelt sich um eine Potenzreihenentwicklung der Funktion $\frac{J_\lambda(z)}{z^\lambda}$.

(ii) $\lambda = -n, n \in \mathbb{N}_0$: Wegen

$$\frac{1}{\Gamma(-n+k+1)} = 0 \quad \text{für} \quad k = 0, 1, \dots, n-1$$

(Γ besitzt nach Abschnitt 3.2.3, (3.48), an diesen Stellen Pole) folgt aus (5.47)

$$J_{-n}(z) = \left(\frac{z}{2}\right)^{-n} \sum_{k=n}^{\infty} \frac{(-1)^k}{k!(n+k)!} \left(\frac{z}{2}\right)^{2k}$$

oder, wenn wir k durch $k-n$ ersetzen,

$$J_{-n}(z) = \left(\frac{z}{2}\right)^{n} \sum_{k=0}^{\infty} \frac{(-1)^{n+k}}{k!(n+k)!} \left(\frac{z}{2}\right)^{2k} \quad z \in \mathbb{C}, \quad n \in \mathbb{N} \tag{5.49}$$

Bemerkung: Die Besselschen Funktionen $J_\lambda(z)$ sind also für $\lambda = n \in \mathbb{Z}$ ganze Funktionen. Ein Vergleich von (5.48) und (5.49) zeigt

$$J_{-n}(z) = (-1)^n J_n(z), \quad z \in \mathbb{C}, \quad n \in \mathbb{N} \tag{5.50}$$

(iii) $\lambda = -\frac{1}{2}$: Wegen

$$\Gamma\left(k + \frac{1}{2}\right) = \left(k - \frac{1}{2}\right)\left(k - \frac{3}{2}\right) \cdot \ldots \cdot \frac{3}{2} \cdot \frac{1}{2} \Gamma\left(\frac{1}{2}\right) \quad \text{und} \quad \Gamma\left(\frac{1}{2}\right) = \sqrt{\pi}$$

(s. (3.51), (3.60) Abschn. 3.2.3) folgt aus (5.47)

$$J_{-\frac{1}{2}}(z) = \left(\frac{z}{2}\right)^{-\frac{1}{2}} \sum_{k=0}^{\infty} \frac{(-1)^k}{k! \, \Gamma\left(k + \frac{1}{2}\right)} \left(\frac{z}{2}\right)^{2k} = \left(\frac{z}{2}\right)^{-\frac{1}{2}} \sum_{k=0}^{\infty} \frac{(-1)^k z^{2k}}{k! \frac{1 \cdot 3 \cdot \ldots \cdot (2k-1)}{2^k} \sqrt{\pi} 2^{2k}}$$

$$= \sqrt{\frac{2}{\pi z}} \sum_{k=0}^{\infty} \frac{(-1)^k z^{2k}}{k! 2^k 1 \cdot 3 \cdot \ldots \cdot (2k-1)} = \sqrt{\frac{2}{\pi z}} \sum_{k=0}^{\infty} \frac{(-1)^k}{(2k)!} z^{2k},$$

also wegen (1.38), Abschnitt 1.2.3,

$$J_{-\frac{1}{2}}(z) = \sqrt{\frac{2}{\pi z}} \cos z, \quad z \in \mathbb{C} \tag{5.51}$$

(iv) $\lambda = +\frac{1}{2}$: Analog zum vorhergehenden Fall ergibt sich

$$J_{\frac{1}{2}}(z) = \sqrt{\frac{2}{\pi z}} \sin z, \quad z \in \mathbb{C} \tag{5.52}$$

Die Besselschen Funktionen $J_{1/2}(z)$ und $J_{-1/2}(z)$ lassen sich also in einfacher Weise durch die trigonometrischen Funktionen $\sin z$ und $\cos z$ ausdrücken. Wir zeigen nun, dass zwischen den

Hankelschen Funktionen $H^1_{1/2}(z)$ und $H^2_{1/2}(z)$ und der Exponentialfunktion ähnliche Zusammenhänge gelten: Aus den Formeln (5.31) und (5.37), Abschnitt 5.2.1, ergibt sich für $\lambda = \frac{1}{2}$

$$J_{1/2}(z) = \frac{1}{2}\left[H^1_{1/2}(z) + H^2_{1/2}(z)\right], \quad J_{-1/2}(z) = \frac{i}{2}\left[H^1_{1/2}(z) - H^2_{1/2}(z)\right]$$

und hieraus

$$H^1_{1/2}(z) = J_{1/2}(z) - i\,J_{-1/2}(z), \quad H^2_{1/2}(z) = J_{1/2}(z) + i\,J_{-1/2}(z). \tag{5.53}$$

Setzen wir noch die obigen Formeln für $J_{1/2}(z)$ und $J_{-1/2}(z)$ ein, so erhalten wir

$$H^1_{1/2}(z) = \sqrt{\frac{2}{\pi z}}(\sin z - i\cos z), \quad H^2_{1/2}(z) = \sqrt{\frac{2}{\pi z}}(\sin z + i\cos z) \tag{5.54}$$

oder, wenn wir (1.45), Abschnitt 1.2.3, verwenden,

$$H^1_{1/2}(z) = -i\sqrt{\frac{2}{\pi z}}\,e^{iz}, \quad H^2_{1/2}(z) = i\sqrt{\frac{2}{\pi z}}\,e^{-iz} \tag{5.55}$$

Insgesamt wird deutlich: Es besteht eine interessante *Analogie* zwischen

> Sinus-,   Cosinus-   und   Exponentialfunktion

und

> Bessel-,   Neumann-   und   Hankelfunktionen.

Asymptotisches Verhalten

(a) Aus den asymptotischen Darstellungen der Hankelschen Funktionen $H^1_\lambda(z)$ und $H^2_\lambda(z)$ (s. (5.27), (5.28), Abschn. 5.1.3) und der Beziehung

$$J_\lambda(z) = \frac{1}{2}\left[H^1_\lambda(z) + H^2_\lambda(z)\right] \qquad (\text{s. (5.31)})$$

erhalten wir für $z = x \gg \lambda$ sofort eine *asymptotische Darstellung der Besselschen Funktionen*:

$$J_\lambda(x) \sim \sqrt{\frac{2}{\pi x}}\cos\left(x - \lambda\frac{\pi}{2} - \frac{\pi}{4}\right) \tag{5.56}$$

(b) Das Verhalten der Besselschen Funktionen $J_\lambda(z)$ für *kleine* Argumente z können wir – unabhängig von λ – den Reihenentwicklungen dieses Abschnittes entnehmen (s. (5.47) ff.). Für $\lambda \notin \mathbb{Z}$ verhält sich $J_\lambda(z)$ im Nullpunkt wie z^λ, für $\lambda = n \in \mathbb{N}_0$ wie z^n, und für $\lambda = -n$ ($n \in \mathbb{N}$) ebenfalls wie z^n. Im Nullpunkt können also nur Singularitäten der Form $z^\lambda, \lambda \notin \mathbb{Z}$, auftreten.

5.2.4   Orthogonalität und Nullstellen der Besselschen Funktion

Ersetzen wir in der Besselschen Differentialgleichung

$$z^2 \frac{d^2}{dz^2} J_\lambda(z) + z \frac{d}{dz} J_\lambda(z) + (z^2 - \lambda^2) J_\lambda(z) = 0 \tag{5.57}$$

z durch $\alpha_1 t$ bzw. $\alpha_2 t$, und multiplizieren wir die so entstehenden Gleichungen mit t^{-1}, so lassen sich diese in der Form

$$\frac{d}{dt} \left[t \frac{dJ_\lambda(\alpha_1 t)}{dt} \right] + \left(\alpha_1^2 t - \frac{\lambda^2}{t} \right) J_\lambda(\alpha_1 t) = 0 \tag{5.58}$$

bzw.

$$\frac{d}{dt} \left[t \frac{dJ_\lambda(\alpha_2 t)}{dt} \right] + \left(\alpha_2^2 t - \frac{\lambda^2}{t} \right) J_\lambda(\alpha_2 t) = 0 \tag{5.59}$$

schreiben. Nun multiplizieren wir (5.58) mit $J_\lambda(\alpha_2 t)$, (5.59) mit $J_\lambda(\alpha_1 t)$ und subtrahieren die zweite Gleichung von der ersten. Anschließend integrieren wir bezüglich t von 0 bis l, wobei $l > 0$ beliebig ist. Wir erhalten dann

$$\int_0^l \left\{ J_\lambda(\alpha_2 t) \frac{d}{dt} \left[t \frac{dJ_\lambda(\alpha_1 t)}{dt} \right] - J_\lambda(\alpha_1 t) \frac{d}{dt} \left[t \frac{dJ_\lambda(\alpha_2 t)}{dt} \right] \right\} dt$$

$$+ \left(\alpha_1^2 - \alpha_2^2 \right) \int_0^l t J_\lambda(\alpha_1 t) J_\lambda(\alpha_2 t) dt = 0 . \tag{5.60}$$

Wegen

$$\left\{ \dots \right\} = \frac{d}{dt} \left[t \frac{dJ_\lambda(\alpha_1 t)}{dt} J_\lambda(\alpha_2 t) - t \frac{dJ_\lambda(\alpha_2 t)}{dt} J_\lambda(\alpha_1 t) \right]$$

können wir (5.60) auch so schreiben:

$$\left| t \frac{dJ_\lambda(\alpha_1 t)}{dt} J_\lambda(\alpha_2 t) - t \frac{dJ_\lambda(\alpha_2 t)}{dt} J_\lambda(\alpha_1 t) \right|_{t=0}^{t=l} + \left(\alpha_1^2 - \alpha_2^2 \right) \int_0^l t J_\lambda(\alpha_1 t) J_\lambda(\alpha_2 t) dt = 0 . \tag{5.61}$$

Mit $\frac{dJ_\lambda(\alpha t)}{dt} = \alpha J_\lambda'(\alpha t)$ lautet diese Gleichung

$$\left| \alpha_1 t J_\lambda'(\alpha_1 t) J_\lambda(\alpha_2 t) - \alpha_2 t J_\lambda'(\alpha_2 t) J_\lambda(\alpha_1 t) \right|_{t=0}^{t=l} + \left(\alpha_1^2 - \alpha_2^2 \right) \int_0^l t J_\lambda(\alpha_1 t) J_\lambda(\alpha_2 t) dt = 0 . \tag{5.62}$$

Für kleine z verhält sich $J_\lambda(z)$ wie z^λ (s. Abschn. 3.2.3). Ferner folgt aus der Reihenentwicklung (5.47) durch Differentiation die Beziehung

$$J_\lambda'(z) = -J_{\lambda+1}(z) + \frac{\lambda J_\lambda(z)}{z}.$$

Daher existiert das Integral in (5.62) für reelle $\lambda > -1$, und der Ausdruck $|\ldots|$ verschwindet für $t = 0$. Aus (5.62) ergibt sich somit für $\lambda > -1$

$$l\left[\alpha_1 J_\lambda'(\alpha_1 l)J_\lambda(\alpha_2 l) - \alpha_2 J_\lambda'(\alpha_2 l)J_\lambda(\alpha_1 l)\right] + \left(\alpha_1^2 - \alpha_2^2\right)\int_0^l t J_\lambda(\alpha_1 t)J_\lambda(\alpha_2 t)\mathrm{d}t = 0 \quad (5.63)$$

Insbesondere erhalten wir hieraus für $l = 1$

$$\alpha_1 J_\lambda'(\alpha_1)J_\lambda(\alpha_2) - \alpha_2 J_\lambda'(\alpha_2)J_\lambda(\alpha_1) + \left(\alpha_1^2 - \alpha_2^2\right)\int_0^1 t J_\lambda(\alpha_1 t)J_\lambda(\alpha_2 t)\mathrm{d}t = 0. \quad (5.64)$$

Mit Hilfe dieser Gleichung lässt sich ein Überblick über die Verteilung der Nullstellen von $J_\lambda(z)$ gewinnen. Hierzu sei λ reell, $\lambda > -1$, und $\alpha \neq 0$ eine Nullstelle von $J_\lambda(z)$. Die Reihenentwicklung

$$J_\lambda(z) = \left(\frac{z}{2}\right)^\lambda \sum_{k=0}^\infty \frac{(-1)^k}{k!\,\Gamma(k+\lambda+1)}\left(\frac{z}{2}\right)^{2k} \quad (5.65)$$

(s. (5.47), Abschn. 5.2.3) besitzt für reelle z und λ *reelle* Koeffizienten. Mit $J_\lambda(\alpha) = 0$ muss daher auch $J_\lambda(\overline{\alpha}) = 0$ für die zu α konjugiert komplexe Zahl $\overline{\alpha}$ gelten (s. Üb. 1.6, Abschn. 1.1.6), und aus (5.64) folgt für $\alpha_1 = \alpha$ und $\alpha_2 = \overline{\alpha}$

$$\left(\alpha^2 - \overline{\alpha}^2\right)\int_0^1 t J_\lambda(\alpha t)J_\lambda(\overline{\alpha}t)\mathrm{d}t = \left(\alpha^2 - \overline{\alpha}^2\right)\int_0^1 t\,|J_\lambda(\alpha t)|^2\,\mathrm{d}t = 0 \quad (5.66)$$

(wir beachten, dass $J_\lambda(\alpha t)$ und $J_\lambda(\overline{\alpha}t)$ konjugiert komplex sind). Da J_λ nicht identisch verschwindet, muss $\alpha^2 - \overline{\alpha}^2 = (\alpha - \overline{\alpha})(\alpha + \overline{\alpha}) = 0$ sein, also $\alpha = \overline{\alpha}$ oder $\alpha = -\overline{\alpha}$ gelten. Dies bedeutet, dass α entweder reell oder rein imaginär sein muss. Wir zeigen dass der zweite Fall für $\lambda > -1$ nicht eintreten kann. Hierzu setzen wir $z = \mathrm{i}a$ ($a \neq 0$, reell) in der Reihenentwicklung (5.65). Dadurch ergibt sich für diese z

$$\frac{J_\lambda(z)}{z^\lambda} = \frac{1}{2^\lambda}\sum_{k=0}^\infty \frac{1}{k!\,\Gamma(k+\lambda+1)}\left(\frac{a}{2}\right)^{2k}. \quad (5.67)$$

Für reelle λ mit $\lambda > -1$ und alle $k \in \mathbb{N}_0$ gilt $\Gamma(k+\lambda+1) > 0$ (s. Abschn. 3.2.3(b)); d.h. alle Koeffizienten der Reihe in (5.67) sind positiv. Daher ist die rechte Seite von (5.67) positiv und damit auch $J_\lambda(z)/z^\lambda$, so dass dieser Ausdruck keine Nullstellen der Form $z = \mathrm{i}\, a$ haben kann. Für reelle $\lambda > -1$ besitzt $J_\lambda(z)$ also nur reelle Nullstellen.

Aus der asymptotischen Formel

$$J_\lambda(x) \sim \sqrt{\frac{2}{\pi x}}\, \cos\left(x - \lambda\frac{\pi}{2} - \frac{\pi}{4}\right) \tag{5.68}$$

(s. (5.56), Abschn. 5.2.3) ersehen wir, dass $J_\lambda(z)$ unendlich viele positive Nullstellen besitzt (die Cosinus-Funktion wechselt unendlich oft ihr Vorzeichen!). Wegen $J_\lambda(-z) = \mathrm{e}^{\mathrm{i}\lambda\pi}\, J_\lambda(z)$[7] treten außerdem unendlich viele negative Nullstellen auf, die bezüglich des Nullpunktes symmetrisch liegen. Insgesamt erhalten wir:

Für reelle λ mit $\lambda > -1$ besitzt $J_\lambda(z)$ *nur reelle Nullstellen*: unendlich viele positive und negative, die bezüglich des Nullpunktes symmetrisch liegen.

Diese Nullstellen lassen sich näherungsweise aus (5.68) berechnen:

$$\alpha_n = \alpha_n(\lambda) \approx -\frac{\pi}{4} + \lambda\frac{\pi}{2} + n\pi\,, \quad n = 0,\ \pm 1,\ \pm 2,\ \dots\,. \tag{5.69}$$

Die Genauigkeit dieser Werte nimmt mit wachsendem $|n|$ zu.

Bemerkung: Umfangreiche Tabellen über die Nullstellen der Besselschen Funktionen finden sich z.B. in [27], S. 192-195.

Eine weitere interessante Eigenschaft der Besselschen Funktionen, die bei der Entwicklung vorgegebener Funktionen nach Besselschen Funktionen von Bedeutung ist[8], ist deren Orthogonalität. Sie ergibt sich wie folgt:

Gilt für $z = \alpha_1$ und $z = \alpha_2$ ($\alpha_1 \neq \alpha_2$)

$$J_\lambda(\alpha_1 l) = 0\,, \quad J_\lambda(\alpha_2 l) = 0 \tag{5.70}$$

oder

$$J'_\lambda(\alpha_1 l) = 0\,, \quad J'_\lambda(\alpha_2 l) = 0\,, \tag{5.71}$$

so folgt aus (5.64) sofort

$$\int_0^l t\, J_\lambda(\alpha_1 t) J_\lambda(\alpha_2 t)\, \mathrm{d}t = 0\,, \quad \lambda > -1 \tag{5.72}$$

(Orthogonalitätseigenschaft der Besselschen Funktionen)

Wir beachten, dass auch die Funktion $J'_\lambda(z)$ für $\lambda > -1$ unendlich viele reelle Nullstellen besitzt (warum?). Ist $\{\alpha_n\}_{n=1}^{\infty}$ also eine Folge mit $J_\lambda(\alpha_n l) = 0$ oder $J'_\lambda(\alpha_n l) = 0$, so bildet $\{J_\lambda(\alpha_n t)\}_{n=1}^{\infty}$ ein *orthogonales Funktionensystem* (mit Gewicht t) auf $(0, l)$.

---

7 Diese Beziehung folgt aus (5.65). (Zeigen!)
8 s. auch Abschnitt 5.3.2, Schwingungen einer Membran.

5.2.5   Die Neumannschen Funktionen

Nach (5.31), Abschnitt 5.2.1, sind die Neumannschen Funktionen $N_\lambda(z)$ durch

$$N_\lambda(z) = \frac{1}{2i}\left[H_\lambda^1(z) - H_\lambda^2(z)\right] \tag{5.73}$$

erklärt. Wir wollen sie durch die Besselschen Funktionen $J_\lambda(z)$ und $J_{-\lambda}(z)$ ausdrücken: Für $\lambda \notin \mathbb{Z}$ gelten die Zusammenhänge

$$H_\lambda^1(z) = -\frac{e^{-i\lambda\pi} J_\lambda(z) - J_{-\lambda}(z)}{i\sin\lambda\pi}, \quad H_\lambda^2(z) = \frac{e^{i\lambda\pi} J_\lambda(z) - J_{-\lambda}(z)}{i\sin\lambda\pi}. \tag{5.74}$$

Dies folgt aus (5.31) und (5.37) (s. Abschn. 5.2.1), wenn wir nach $H_\lambda^1(z)$ bzw. $H_\lambda^2(z)$ auflösen. Setzen wir (5.74) in (5.73) ein, so erhalten wir

$$N_\lambda(z) = \frac{\cos\lambda\pi \cdot J_\lambda(z) - J_{-\lambda}(z)}{\sin\lambda\pi}, \quad \lambda \notin \mathbb{Z}. \tag{5.75}$$

Für den Fall, dass $\lambda = n \in \mathbb{Z}$ ist, wollen wir $N_n(z)$ aus (5.75) durch Grenzübergang $\lambda \to n$ mit Hilfe der Regel von de l'Hospital bestimmen:[9] Für $z \neq 0$ sind Zähler und Nenner in (5.75) bezüglich λ holomorphe Funktionen (nach Üb. 5.2 gilt die Holomorphie für die Hankelschen Funktionen und damit auch für die Besselschen Funktionen für $\lambda \in \mathbb{C}$). Außerdem verschwinden Zähler (wir beachten (5.50)) und Nenner an den Stellen $\lambda = n \in \mathbb{Z}$. Mit der Regel von de l'Hospital erhalten wir daher

$$N_n(z) = \lim_{\lambda \to n} \frac{\cos\lambda\pi \cdot J_\lambda(z) - J_{-\lambda}(z)}{\sin\lambda\pi} = \lim_{\lambda \to n} \frac{\frac{\partial}{\partial\lambda}\left[\cos\lambda\pi \cdot J_\lambda(z) - J_{-\lambda}(z)\right]}{\frac{\partial}{\partial\lambda}\sin\lambda\pi}$$

$$= \lim_{\lambda \to n} \frac{-\pi\sin\lambda\pi \cdot J_\lambda(z) + \frac{\partial J_\lambda(z)}{\partial\lambda}\cos\lambda\pi - \frac{\partial J_{-\lambda}(z)}{\partial\lambda}}{\pi\cos\lambda\pi},$$

oder

$$N_n(z) = \frac{1}{\pi}\left[\frac{\partial J_\lambda(z)}{\partial\lambda} - (-1)^n \frac{\partial J_{-\lambda}(z)}{\partial\lambda}\right]_{\lambda=n}, \quad n \in \mathbb{Z}, \quad z \neq 0 \tag{5.76}$$

Diese Formel gestattet es, Resultate, die wir für die Besselschen Funktionen gewonnen haben, auf die Neumannschen Funktionen zu übertragen. So folgt aus der Tatsache, dass $J_\lambda(z)$ und $J_{-\lambda}(z)$ Lösungen der Besselschen Differentialgleichung sind, wegen (5.76) und (5.50) sehr einfach, dass dies auch für $N_n(z)$ gilt. Ebenso lassen sich verschiedene Integraldarstellungen für $N_n(z)$ aus denen von $J_\lambda(z)$ und $J_{-\lambda}(z)$ gewinnen. Wir begnügen uns damit, mit Hilfe von (5.76) Reihenentwicklungen für $N_n(z)$ herzuleiten: Hierzu gehen wir von

$$J_\lambda(z) = \left(\frac{z}{2}\right)^\lambda \sum_{k=0}^{\infty} \frac{(-1)^k}{k!\,\Gamma(\lambda+k+1)}\left(\frac{z}{2}\right)^{2k}$$

---

9 Die reelle Version dieser Regel wird in Burg/Haf/Wille [12]behandelt; sie gilt entsprechend auch im Komplexen.

aus (s. (5.47), Abschn. 5.2.3). Es gilt

$$\frac{\partial J_\lambda(z)}{\partial \lambda} = \frac{\partial}{\partial \lambda}\left[e^{\lambda \log \frac{z}{2}} \cdot \sum_{k=0}^{\infty} \frac{(-1)^k}{k!\,\Gamma(\lambda+k+1)}\left(\frac{z}{2}\right)^{2k}\right]$$

$$= \log\frac{z}{2} \cdot J_\lambda(z) + \left(\frac{z}{2}\right)^\lambda \frac{\partial}{\partial \lambda}\sum_{k=0}^{\infty}\frac{(-1)^k}{k!\,\Gamma(\lambda+k+1)}\left(\frac{z}{2}\right)^{2k}.$$

Da wir im letzten Ausdruck Differentiation und Summation vertauschen dürfen (warum?), ergibt sich

$$\frac{\partial J_\lambda(z)}{\partial \lambda} = J_\lambda(z)\log\frac{z}{2} + \left(\frac{z}{2}\right)^\lambda \sum_{k=0}^{\infty}\frac{(-1)^k}{k!}\left(\frac{z}{2}\right)^{2k}\frac{\mathrm{d}}{\mathrm{d}t}\frac{1}{\Gamma(t)}\bigg|_{t=\lambda+k+1}$$

und entsprechend

$$\frac{\partial J_{-\lambda}(z)}{\partial \lambda} = -J_{-\lambda}(z)\log\frac{z}{2} - \left(\frac{z}{2}\right)^{-\lambda} \sum_{k=0}^{\infty}\frac{(-1)^k}{k!}\left(\frac{z}{2}\right)^{2k}\frac{\mathrm{d}}{\mathrm{d}t}\frac{1}{\Gamma(t)}\bigg|_{t=-\lambda+k+1}.$$

Setzen wir nun diese Ausdrücke in (5.76) ein, und verwenden wir außerdem die Beziehungen [10]

$$\frac{\mathrm{d}}{\mathrm{d}t}\frac{1}{\Gamma(t)}\bigg|_{t=n} = \frac{1}{(n-1)!}\left(C - 1 - \frac{1}{2} - \ldots - \frac{1}{n-1}\right), \quad n \in \mathbb{N} \tag{5.77}$$

(C: Eulersche Konstante) und

$$\frac{\mathrm{d}}{\mathrm{d}t}\frac{1}{\Gamma(t)}\bigg|_{t=-n} = (-1)^n n! \quad n \subset \mathbb{N}_0, \tag{5.78}$$

so erhalten wir für $\lambda = n \in \mathbb{N}$:

$$N_n(z) = \frac{2}{\pi}J_n(z)\left(\log\frac{z}{2} + C\right) - \frac{1}{\pi}\left(\frac{z}{2}\right)^{-n}\sum_{k=0}^{n-1}\frac{(n-k-1)!}{k!}\left(\frac{z}{2}\right)^{2k} - \frac{1}{\pi}$$

$$\cdot\left(\frac{z}{2}\right)^n\frac{1}{n!}\left(\frac{1}{n} + \frac{1}{n-1} + \ldots + 1\right) - \frac{1}{\pi}\left(\frac{z}{2}\right)^n\sum_{k=1}^{\infty}\frac{(-1)^k}{k!(n+k)!}\cdot\left(\frac{z}{2}\right)^{2k} \tag{5.79}$$

$$\cdot\left(\frac{1}{n+k} + \frac{1}{n+k-1} + \ldots + 1 + 1 + \frac{1}{k} + \frac{1}{k-1} + \ldots + 1\right)$$

und für $\lambda = n = 0$:

---

10 Beweise finden sich z.B. in [16], S. 431–432.

$$N_0(z) = \frac{2}{\pi} J_0(z) \left(\log \frac{z}{2} + C \right) - \frac{2}{\pi} \sum_{k=1}^{\infty} \frac{(-1)^k}{(k!)^2} \left(\frac{z}{2} \right)^{2k} \left(\frac{1}{k} + \frac{1}{k-1} + \ldots + 1 \right) \quad (5.80)$$

Ferner ergibt sich aus (5.76) und (5.50)

$$N_{-n}(z) = (-1)^n N_n(z), \quad n \in \mathbb{N}. \tag{5.81}$$

Bemerkung: Die obigen Darstellungen zeigen, dass bei den Neumannschen Funktionen neben den Potenzen von z ein *Logarithmusterm* auftritt.

Asymptotisches Verhalten

(a) Aus den asymptotischen Darstellungen der Hankelschen Funktionen $H_\lambda^1(z)$ und $H_\lambda^2(z)$ (s. (5.27), (5.28), und der Beziehung $N_\lambda(z) = \frac{1}{2i} \left[H_\lambda^1(z) - H_\lambda^2(z) \right]$ (s. (5.32), Abschn. 5.2.1) erhalten wir für $z = x \gg \lambda$ unmittelbar eine *asymptotische Darstellung der Neumannschen Funktionen:*

$$N_\lambda(x) \sim \sqrt{\frac{2}{\pi x}} \sin \left(x - \lambda \frac{\pi}{2} - \frac{\pi}{4} \right) \tag{5.82}$$

(b) Das Verhalten der Neumannschen Funktionen $N_\lambda(z)$ für *kleine* Argumente z und $\lambda = n \in \mathbb{Z}$ lässt sich nach (5.79) bis (5.81) und Abschnitt 5.2.3 durch eine Singularität im Nullpunkt der Form $z^n \log z$ und einen Pol der Ordnung n beschreiben.

5.2.6   Verhalten der Lösung der Besselschen Differentialgleichung

Nach Abschnitt 5.2.1 lautet die allgemeine Lösung der Besselschen Differentialgleichung für den Fall $\lambda \notin \mathbb{Z}$

$$u(z) = c_1 J_\lambda(z) + c_2 J_{-\lambda}(z) \tag{5.83}$$

und für den Fall $\lambda = n \in \mathbb{Z}$

$$u(z) = c_1 J_n(z) + c_2 N_n(z). \tag{5.84}$$

Mit den Ergebnissen über die Funktionen $J_\lambda(z)$ und $N_\lambda(z)$ der obigen Abschnitte lässt sich das Verhalten dieser Lösungen vollständig überschauen:

(i) Für $\lambda \notin \mathbb{Z}$ kann die allgemeine Lösung im Punkt $z = 0$ nur Singularitäten der Form z^λ bzw. $z^{-\lambda}$ besitzen.

(ii) Für $\lambda = n \in \mathbb{Z}$ kann die allgemeine Lösung nur eine Singularität der Form $z^n \log z$ und einen Pol der Ordnung n im Punkt $z = 0$ besitzen.

(iii) In $\mathbb{C}$ treten keine weiteren Singularitäten der Lösungen auf. Jedoch stellt der Punkt $z = \infty$ für jede Lösung $u \not\equiv 0$ eine wesentliche Singularität dar.

(iv) Durch die Besselschen Funktionen $J_n(z)$, $n \in \mathbb{Z}$, sind diejenigen Lösungen gegeben, die in ganz $\mathbb{C}$ holomorph sind.

5.3   Anwendungen

5.3.1   Radialsymmetrische Lösungen der Schwingungsgleichung

Die radialsymmetrischen Lösungen[11] $U(|x|) =: f(r)$ der Schwingungsgleichung im $\mathbb{R}^n$

$$\Delta U + k^2 U = 0 \tag{5.85}$$

genügen der Differentialgleichung

$$f''(r) + \frac{n-1}{r} f'(r) + k^2 f(r) = 0 \tag{5.86}$$

(s. Abschn. 5.1.1). Diese geht mit

$$f(r) =: r^{-\frac{n-2}{2}} g(kr), \quad kr =: \rho$$

in die Besselsche Differentialgleichung

$$g''(\rho) + \frac{1}{\rho} g'(\rho) + \left[1 - \frac{\left(\frac{n-2}{2}\right)^2}{\rho^2} \right] g(\rho) = 0 \tag{5.87}$$

mit Index $\lambda = (n-2)/2$ über. Den angegebenen Raumdimensionen n entsprechen also die folgenden λ-Werte:

$$n = 2: \quad \lambda = 0 \in \mathbb{Z}$$
$$n = 3: \quad \lambda = \frac{1}{2} \notin \mathbb{Z}$$
$$n = 4: \quad \lambda = 1 \in \mathbb{Z}$$
$$n = 5: \quad \lambda = \frac{3}{2} \notin \mathbb{Z} \quad \text{usw.}$$

Wir wollen linear unabhängige radialsymmetrische Lösungen der Schwingungsgleichung in Abhängigkeit von der Raumdimension n angeben:

Ein Fundamentalsystem von Lösungen der Gleichung (5.87) ist nach Abschnitt 5.1.3 durch die Hankelschen Funktionen

$$H^1_{\frac{n-2}{2}}(\rho) \quad \text{und} \quad H^2_{\frac{n-2}{2}}(\rho)$$

gegeben. Die entsprechenden Lösungen für Gleichung (5.86) lauten

$$r^{-\frac{n-2}{2}} H^1_{\frac{n-2}{2}}(kr) \quad \text{und} \quad r^{-\frac{n-2}{2}} H^2_{\frac{n-2}{2}}(kr)$$

bzw. für die Schwingungsgleichung (5.85)

---

11 Sie werden zum Aufbau der Theorie der Schwingungsgleichung benötigt (s. Burg/Haf/Wille [11]).

$$|x|^{-\frac{n-2}{2}} H^1_{\frac{n-2}{2}}(k|x|) \quad \text{und} \quad |x|^{-\frac{n-2}{2}} H^2_{\frac{n-2}{2}}(k|x|) \tag{5.88}$$

Man nennt diese Lösungen auch *Grundlösungen* der Schwingungsgleichung.
Insbesondere ergeben sich als Grundlösungen für die Raumdimensionen
$n = 3$: $|x|^{-\frac{1}{2}} H^1_{\frac{1}{2}}(k|x|)$ und $|x|^{-\frac{1}{2}} H^2_{\frac{1}{2}}(k|x|)$.
Diese Lösungen lassen sich noch einfacher darstellen, wenn wir die Beziehungen

$$H^1_{\frac{1}{2}}(z) = -\mathrm{i}\sqrt{\frac{2}{\pi z}}\, \mathrm{e}^{\mathrm{i}z}, \quad H^2_{\frac{1}{2}}(z) = \mathrm{i}\sqrt{\frac{2}{\pi z}}\, \mathrm{e}^{-\mathrm{i}z}$$

benutzen (s. (5.55), Abschn. 5.2.3). Wir erhalten dann als Grundlösungen im $\mathbb{R}^3$

$$\frac{\mathrm{e}^{\mathrm{i}k|x|}}{|x|} \quad \text{und} \quad \frac{\mathrm{e}^{-\mathrm{i}k|x|}}{|x|} \tag{5.89}$$

Die Gesamtheit der radialsymmetrischen Lösungen von (5.85) ist für $n = 3$ durch

$$U(x) = c_1 \frac{\mathrm{e}^{\mathrm{i}k|x|}}{|x|} + c_2 \frac{\mathrm{e}^{-\mathrm{i}k|x|}}{|x|}, \quad k \neq 0 \tag{5.90}$$

gegeben. Dabei sind c_1, c_2 beliebige Konstanten. Im Falle $k = 0$ liefert (5.90) nur eine Lösung;[12] eine weitere linear unabhängige Lösung von (5.86) ist $f(r) \equiv 1$. Sämtliche radialsymmetrischen Lösungen sind dann für $n = 3$ durch

$$U(x) = c_1 \frac{1}{|x|} + c_2 \tag{5.91}$$

gegeben.
Alle diese Lösungen besitzen im Nullpunkt eine Singularität der Form $1/|x|$.
$n = 2$: Aus (5.88) ergeben sich die Grundlösungen

$$H^1_0(k|x|) \quad \text{und} \quad H^2_0(k|x|) \tag{5.92}$$

Die Gesamtheit der radialsymmetrischen Lösungen von (5.85) ist in diesem Fall durch

$$U(x) = c_1 H^1_0(k|x|) + c_2 H^2_0(k|x|) \tag{5.93}$$

gegeben. Dabei sind c_1, c_2 beliebige Konstanten. Wegen

$$H^1_0(z) = J_0(z) + \mathrm{i}\, N_0(z), \quad H^2_0(z) = J_0(z) - \mathrm{i}\, N_0(z)$$

---

12 Für $k = 0$ geht die Schwingungsgleichung $\Delta U + k^2 U = 0$ in die Potentialgleichung $\Delta U = 0$ über.

und dem aus Abschnitt 5.2.6 bekannten Verhalten der Funktionen $J_0(z)$ und $N_0(z)$ ist ersichtlich, dass die Grundlösungen (und damit auch die allgemeine Lösung (5.93)) im Falle $n = 2$ im Nullpunkt eine logarithmische Singularität der Form $\log |x|$ besitzen.

Bemerkung: Mit den bisher gewonnenen Resultaten beherrschen wir insbesondere das Verhalten der radialsymmetrischen Lösungen der Schwingungsgleichung in Abhängigkeit von der Raumdimension n sowohl in einer Umgebung des Punktes $x = 0$ als auch für große Argumente $|x|$. Beides wird z.B. bei der Behandlung von Ganzraumproblemen der inhomogenen Schwingungsgleichung

$$\Delta U + k^2 U = f \quad \text{in } \mathbb{R}^n$$

mit Hilfe von »Volumenpotentialen« benötigt: Das Verhalten im Nahbereich (d.h. in einer Umgebung von $x = 0$) ist für den Nachweis wichtig, dass das »Volumenpotential« der Schwingungsgleichung genügt. Das asymptotische Verhalten (große $|x|$) ist vor allem für den Fall reeller k von Bedeutung, um die korrekte Eindeutigkeitsbedingung zu gewinnen (s. hierzu Burg/Haf/Wille [11]).

5.3.2 Schwingungen einer Membran

Als weitere Anwendung der Theorie der Besselschen Funktionen untersuchen wir das Schwingungsverhalten einer kreisförmigen Membran. Wir wählen dieses Standardbeispiel, weil sich hier die Lösungsmethode, nämlich die Entwicklung der Lösung nach Besselschen Funktionen, besonders schön und einfach verdeutlichen lässt.

Die Auslenkungen $U(x, y, t)$ einer im Gleichgewichtszustand in der (x, y)-Ebene liegenden Membran, die unter dem Einfluss von Spannungskräften steht, werden für den Fall kleiner Werte U beschrieben durch die *Wellengleichung*

$$\frac{\partial^2 U}{\partial t^2} = a^2 \left(\frac{\partial^2 U}{\partial x^2} + \frac{\partial^2 U}{\partial y^2} \right) \tag{5.94}$$

mit $a^2 = T/\rho$, T: Spannung, ρ: Flächendichte. Wir nehmen an, dass der Rand C der Membran der Gleichung $x^2 + y^2 = r_0^2$, $r_0 > 0$, genügt, also kreisförmig und fest eingespannt ist. Dies liefert die *Randbedingung*

$$U(x, y, t) = 0 \quad \text{auf} \quad C. \tag{5.95}$$

Ferner geben wir noch die Anfangslage und die Anfangsgeschwindigkeit der Membranpunkte vor, d.h. die *Anfangsbedingungen*

$$U(x, y, t)|_{t=0} = f(x, y), \quad \left. \frac{\partial U(x, y, t)}{\partial t} \right|_{t=0} = g(x, y). \tag{5.96}$$

Durch (5.94), (5.95) und (5.96) liegt ein *Rand- und Anfangswertproblem* für die Wellengleichung vor. Führen wir Polarkoordinaten ein:

$$x = r \cos\varphi, \quad y = r \sin\varphi, \quad 0 \le r \le r_0, \quad 0 \le \varphi \le 2\pi,$$

so geht (5.94) in die Gleichung

$$\frac{\partial^2 \tilde{U}}{\partial t^2} = a^2 \left(\frac{\partial^2 \tilde{U}}{\partial r^2} + \frac{1}{r} \frac{\partial \tilde{U}}{\partial r} + \frac{\partial^2 \tilde{U}}{\partial \varphi^2} \right) \tag{5.97}$$

über, wobei $\tilde{U}(r, \varphi, t) := U(r \cos \varphi, r \sin \varphi, t)$ ist. Zur weiteren Behandlung unseres Problems gehen wir ähnlich vor wie bei der Behandlung der schwingenden Saite: Wir benutzen die »Methode der stehenden Wellen«[13] (s. Burg/Haf/Wille [10]). Hierzu gehen wir vom *Produktansatz*

$$\tilde{U}(r, \varphi, t) = V(r, \varphi) W(t) \tag{5.98}$$

aus. Setzen wir (5.98) in (5.97) ein und trennen wir die Veränderlichen (r, φ) und t, so ergibt sich die Gleichung

$$\frac{1}{V} \left(\frac{\partial^2 V}{\partial r^2} + \frac{1}{r} \frac{\partial V}{\partial r} + \frac{1}{r^2} \frac{\partial^2 V}{\partial \varphi^2} \right) = \frac{1}{a^2} \frac{\frac{\partial^2 W}{\partial t^2}}{W} =: -k^2 . \tag{5.99}$$

Hierbei ist k eine Konstante. (Die linke Seite von (5.99) ist unabhängig von t, die rechte von r und φ.) Wir erhalten für W die gewöhnliche Differentialgleichung

$$W''(t) + a^2 k^2 W(t) = 0 \tag{5.100}$$

und für V die partielle Differentialgleichung

$$\frac{\partial^2 V}{\partial r^2} + \frac{1}{r} \frac{\partial V}{\partial r} + \frac{1}{r^2} \frac{\partial^2 V}{\partial \varphi^2} = -k^2 V . \tag{5.101}$$

Verwenden wir erneut einen Produktansatz:

$$V(r, \varphi) = X(r) Y(\varphi) \tag{5.102}$$

und gehen wir damit in (5.101) ein, so erhalten wir nach Trennung der Veränderlichen r und φ

$$r^2 \frac{X''}{X} + r \frac{X'}{X} + k^2 r^2 = -\frac{Y''}{Y} =: \lambda^2 \tag{5.103}$$

($\lambda = $ const) oder die beiden gewöhnlichen Differentialgleichungen für X und Y

$$Y''(\varphi) + \lambda^2 Y(\varphi) = 0 \tag{5.104}$$

und

$$X'' + \frac{1}{r} X' + \left(k^2 - \frac{\lambda^2}{r^2} \right) X = 0 . \tag{5.105}$$

Durch Übergang zu der Variablen $\rho := kr$ folgt aus (5.105) für $Z(\rho) := X(\rho/k)$ die Besselsche

---

13 auch Fourier-Methode genannt.

Differentialgleichung

$$Z''(\rho) + \frac{1}{\rho} Z'(\rho) + \left(1 - \frac{\lambda^2}{\rho^2}\right) Z(\rho) = 0 \,. \tag{5.106}$$

Mit $\omega := ak$ lautet die allgemeine Lösung von (5.100)

$$W(t) = \tilde{a} \cos \omega t + b \sin \omega t \quad (\tilde{a}, b: \text{Konstanten}) \tag{5.107}$$

Die allgemeine Lösung von (5.104) ist durch

$$Y(\varphi) = c \cos \lambda \varphi + d \sin \lambda \varphi \quad (c, d : \text{Konstanten}) \tag{5.108}$$

gegeben. Da $\tilde{U}(r, \varphi, t)$ als Funktion von φ 2π-periodisch ist, muss dies auch für $V(r, \varphi)$ und $Y(\varphi)$ gelten. Dies bedeutet aber, dass $\lambda \in \mathbb{Z}$ sein muss. Wir nehmen o.B.d.A. an: $\lambda \in \mathbb{N}_0$ und erhalten damit aus (5.108)

$$Y_n(\varphi) = c \cos n\varphi + d \sin n\varphi \,, \quad n \in \mathbb{N}_0 \,. \tag{5.109}$$

(Die Abhängigkeit der Lösung Y von n kennzeichnen wir durch den Index n.)

Wir wenden uns nun der Besselschen Differentialgleichung (5.106) zu, wobei wir $\lambda = n \in \mathbb{N}_0$ setzen:

$$Z''(\rho) + \frac{1}{\rho} Z'(\rho) + \left(1 - \frac{n^2}{\rho^2}\right) Z(\rho) = 0 \,. \tag{5.110}$$

Nach Abschnitt 5.2.1 (iii) lautet die allgemeine Lösung dieser Gleichung

$$Z_n(\rho) = C_1 J_n(\rho) + C_2 N_n(\rho) \,, \quad n \in \mathbb{N}_0$$

mit den Besselschen Funktionen J_n und den Neumannschen Funktionen N_n. Für die allgemeine Lösung von (5.110) ergibt sich dann

$$X_n(r) = C_1 J_n(kr) + C_2 N_n(kr) \,. \tag{5.111}$$

Da wir von unserer Lösung $\tilde{U}$ (auch aus physikalischen Gründen) erwarten, dass sie auch für $r = 0$ beschränkt ist, muss $C_2 = 0$ sein, da N_n im Nullpunkt singulär ist. Setzen wir noch $C_1 = 1$, was für die Lösung $\tilde{U}$ ohne Einfluss ist, so gilt

$$X_n(r) = J_n(kr) \,, \quad n \in \mathbb{N}_0 \,. \tag{5.112}$$

Aufgrund der Randbedingung (5.95), die $\tilde{U}(r, \varphi, t)|_{r=r_0} = 0$ zur Folge hat, muss

$$J_n(kr_0) = 0 \tag{5.113}$$

gelten, d.h. es sind die *Nullstellen* der Besselschen Funktionen zu bestimmen. Davon gibt es unendlich viele positive (s. Abschn. 5.2.4):

$$k_0^{(n)} r_0, \ k_1^{(n)} r_0, \ k_2^{(n)} r_0, \ \dots, \ k_m^{(n)} r_0, \ \dots. \tag{5.114}$$

Insgesamt erhalten wir wegen der Gleichungen (5.107), (5.109) und (5.112) unendlich viele Lösungen $\tilde{U}_{n,m}(r, \varphi, t)$ von (5.97) der Form

$$\tilde{U}_{n,m}(r, \varphi, t) = (\tilde{a} \cos \omega_{n,m} t + b \sin \omega_{n,m} t) \cdot$$
$$\cdot (c \cos n\varphi + d \sin n\varphi) J_n \left(k_m^{(n)} r \right), \quad n, m \in \mathbb{N}_0 \tag{5.115}$$

mit $\omega_{n,m} = a k_m^{(n)}$, die sowohl die Wellengleichung (5.94) als auch die Randbedingung $\tilde{U}_{n,m}(r, \varphi, t)|_{t=0} = 0$ erfüllen. Da die Konstanten $\tilde{a}$, b, c, d jeweils von n und m abhängen, bringen wir dies durch die Schreibweisen $\tilde{a}_{n,m}$, $b_{n,m}$ usw. im Folgenden zum Ausdruck. Um auch noch die Anfangsbedingungen (5.96) bzw.

$$\tilde{U}(r, \varphi, t)|_{t=0} = f(r \cos \varphi, r \sin \varphi) =: \tilde{f}(r, \varphi) \tag{5.116}$$

und

$$\left. \frac{\partial \tilde{U}(r, \varphi, t)}{\partial t} \right|_{t=0} = g(r \cos \varphi, r \sin \varphi) =: \tilde{g}(r, \varphi) \tag{5.117}$$

zu erfüllen, überlagern wir die unendlich vielen Lösungen $U_{n,m}$: Durch Superposition erhalten wir damit den *formalen* Lösungsansatz

$$\tilde{U}(r, \varphi, t) = \sum_{n,m=0}^{\infty} (\alpha_{n,m} \cos \omega_{n,m} t + \beta_{n,m} \sin \omega_{n,m} t) \cos n\varphi \cdot J_n \left(k_m^{(n)} r \right)$$
$$+ \sum_{n,m=0}^{\infty} (\gamma_{n,m} \cos \omega_{n,m} t + \delta_{n,m} \sin \omega_{n,m} t) \sin n\varphi \cdot J_n \left(k_m^{(n)} r \right) \tag{5.118}$$

Dabei ist $\alpha_{n,m} := \tilde{a}_{n,m} c_{n,m}$, $\beta_{n,m} := b_{n,m} c_{n,m}$, $\gamma_{n,m} := \tilde{a}_{n,m} d_{n,m}$, $\delta_{n,m} := b_{n,m} d_{n,m}$. Für das weitere Vorgehen, das auf die Bestimmung dieser Konstanten hinausläuft, begnügen wir uns mit einem *formalen Standpunkt*. (Wir nehmen an, dass die jeweiligen Reihen konvergieren und die durchzuführenden Vertauschungen erlaubt sind.) Mit (5.116), (5.117) und (5.118) gelangen wir zu den Beziehungen

$$\tilde{f}(r, \varphi) = \sum_{n,m=0}^{\infty} (\alpha_{n,m} \cos n\varphi + \gamma_{n,m} \sin n\varphi) J_n \left(k_m^{(n)} r \right) \tag{5.119}$$

und

$$\tilde{g}(r, \varphi) = \sum_{n,m=0}^{\infty} \omega_{n,m} (\beta_{n,m} \cos n\varphi + \delta_{n,m} \sin n\varphi) J_n \left(k_m^{(n)} r \right). \tag{5.120}$$

Die Funktion $\tilde{f}$ (wie auch $\tilde{g}$) ist als Funktion von φ 2π-periodisch. Wir entwickeln sie in eine *Fourierreihe* (s. hierzu Burg/Haf/Wille [12]):

$$\tilde{f}(r, \varphi) = \sum_{n=0}^{\infty}(A_n \cos n\varphi + B_n \sin n\varphi) \tag{5.121}$$

mit

$$A_n = A_n(r) = \frac{1}{\pi} \int_{-\pi}^{\pi} \tilde{f}(r, \varphi) \cos n\varphi \, \mathrm{d}\varphi , \quad n = 1, 2, \dots ;$$

$$A_0 = A_0(r) = \frac{1}{2\pi} \int_{-\pi}^{\pi} \tilde{f}(r, \varphi) \, \mathrm{d}\varphi \tag{5.122}$$

und

$$B_n = B_n(r) = \frac{1}{\pi} \int_{-\pi}^{\pi} \tilde{f}(r, \varphi) \sin n\varphi \, \mathrm{d}\varphi , \quad n = 0, 1, 2, \dots . \tag{5.123}$$

Ein Vergleich von (5.119) mit (5.121) zeigt:

$$A_n(r) = \sum_{m=0}^{\infty} \alpha_{n,m} J_n\left(k_m^{(n)}r\right) , \quad B_n(r) = \sum_{m=0}^{\infty} \gamma_{n,m} J_n\left(k_m^{(n)}r\right) . \tag{5.124}$$

Aufgrund von (5.122) und (5.123) sind $A_n(r)$ und $B_n(r)$ bekannt, und es stellt sich die Aufgabe, die Koeffizienten $\alpha_{n,m}$ und $\gamma_{n,m}$ aus (5.124) zu ermitteln. Hierzu benutzen wir die folgenden *Orthogonalitätsrelationen* für die Besselschen Funktionen:

$$\int_{0}^{r_0} r J_n\left(k_j^{(n)}r\right) J_n\left(k_l^{(n)}r\right) \mathrm{d}r = 0 \quad \text{für } j \neq l. \tag{5.125}$$

(s. (5.72), Abschn. 5.2.4). Multiplizieren wir die erste der Gleichungen (5.124) jeweils mit dem Faktor $r J_n\left(k_j^{(n)}r\right)$ und integrieren wir anschließend von 0 bis r_0, so erhalten wir wegen (5.125)

$$\int_{0}^{r_0} A_n(r) r J_n\left(k_j^{(n)}r\right) \mathrm{d}r = \alpha_{n,j} \int_{0}^{r_0} r \left[J_n\left(k_j^{(n)}r\right)\right]^2 \mathrm{d}r , \quad j \in \mathbb{N}_0$$

oder, wenn wir j durch m ersetzen,

$$\alpha_{n,m} = \frac{\int\limits_0^{r_0} r\, A_n(r)\, J_n\left(k_m^{(n)} r\right) \mathrm{d}r}{\int\limits_0^{r_0} r\left[J_n\left(k_m^{(n)} r\right)\right]^2 \mathrm{d}r}, \quad n,m = 0,1,2,\dots. \tag{5.126}$$

Entsprechende Formeln ergeben sich für die Koeffizienten $\gamma_{n,m}$, und, wenn wir analog bei $\tilde{g}$ vorgehen, für die Koeffizienten $\beta_{n,m}$ und $\delta_{n,m}$. Unser Problem ist damit (formal) gelöst: Mit (5.118) haben wir eine Reihenentwicklung von $\tilde{U}(r, \varphi, t)$ nach Besselschen Funktionen, wobei die Koeffizienten $\alpha_{n,m}$ aus (5.126) und (5.122) und die übrigen Koeffizienten aus entsprechenden Formeln bestimmt werden können. Unter geeigneten Voraussetzungen an die Funktionen f und g (s. Anfangsbedingungen (5.96)) lässt sich zeigen, dass die so gewonnene formale Lösung (5.118) tatsächlich das Gewünschte leistet.

5.3.3   Elastizitätstheorie in der Ebene

Die Funktionentheorie erweist sich als nützliches mathematisches Hilfsmittel bei zahlreichen Fragestellungen der Elastizitätstheorie. Dies wird z.B. in dem Werk von Mußchelischwili [39] überzeugend verdeutlicht. Insbesondere bei der Lösung von ebenen Problemen der Elastostatik lassen sich funktionentheoretische Methoden, genauer: komplexe Potentiale, vorteilhaft verwenden.

Im Folgenden beschränken wir uns auf die Untersuchung eines *ebenen Spannungszustandes*. Technische Modelle hierfür sind in guter Näherung Scheiben mit geringer Dicke.

Wir gehen von einem (x, y, z)-Koordinatensystem aus, wobei sich die Scheibe S in der (x, y)-Ebene befinde. Wir nehmen $d \ll S$ an und setzen voraus, dass die äußeren Kräfte in der (x, y)-Ebene wirken. Dann liegt in der Scheibe in guter Näherung ein ebener Spannungszustand vor (s. Fig. 5.7).

Zunächst legen wir einige Bezeichnungen fest: Den Spannungsvektor auf einer Ebene $x =$ const schreiben wir

$$\boldsymbol{s}_x = (\sigma_{xx}, \sigma_{yx}, \sigma_{zx}),$$

entsprechend auf den Ebenen $y =$ const und $z =$ const

$$\boldsymbol{s}_y = (\sigma_{xy}, \sigma_{yy}, \sigma_{zy}) \quad \text{und} \quad \boldsymbol{s}_z = (\sigma_{xz}, \sigma_{yz}, \sigma_{zz}).$$

Die Spannungskomponenten lassen sich in der Matrix

$$\sigma = \begin{pmatrix} \sigma_{xx} & \sigma_{xy} & \sigma_{xz} \\ \sigma_{yx} & \sigma_{yy} & \sigma_{yz} \\ \sigma_{zx} & \sigma_{zy} & \sigma_{zz} \end{pmatrix} \tag{5.127}$$

zusammenfassen. Man nennt σ den *Cauchyschen Spannungstensor*.[14] Seine Komponenten er-

---

14 Zur Behandlung von Tensoren s. z.B. auch Burg/Haf/Wille [13]

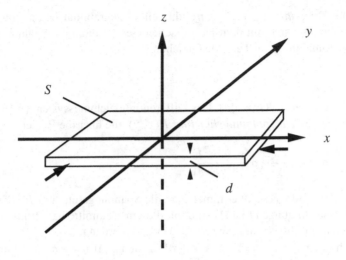

Fig. 5.7: Dünne Scheibe

füllen die *lokalen Gleichgewichtsbedingungen für die Kräfte*:

$$\frac{\partial \sigma_{xx}}{\partial x} + \frac{\partial \sigma_{xy}}{\partial y} + \frac{\partial \sigma_{xz}}{\partial z} + f_x = 0$$

$$\frac{\partial \sigma_{yx}}{\partial x} + \frac{\partial \sigma_{yy}}{\partial y} + \frac{\partial \sigma_{yz}}{\partial z} + f_y = 0 \tag{5.128}$$

$$\frac{\partial \sigma_{zx}}{\partial x} + \frac{\partial \sigma_{zy}}{\partial y} + \frac{\partial \sigma_{zz}}{\partial z} + f_z = 0$$

mit $f = (f_x, f_y, f_z)$ als spezifische Volumenkraft, und die *lokalen Gleichgewichtsbedingungen für die Momente*

$$\sigma_{xy} = \sigma_{yx}, \quad \sigma_{yz} = \sigma_{zy}, \quad \sigma_{zx} = \sigma_{xz}. \tag{5.129}$$

Im Fall des ebenen Spannungszustandes gilt:

$$\sigma_{xz} = \sigma_{yz} = \sigma_{zz} = 0 \quad \text{und} \quad f_z = 0. \tag{5.130}$$

Die übrigen Größen $\sigma_{xx}, \sigma_{yy}, \sigma_{xy} = \sigma_{yx}, f_x, f_y$ hängen nur von x und y ab.

Setzt man verschwindende Volumenkräfte voraus, so führen die Bedingungen für das mechanische Gleichgewicht auf das homogene Differentialgleichungssystem

$$\begin{aligned}\frac{\partial \sigma_{xx}}{\partial x} + \frac{\partial \sigma_{xy}}{\partial y} &= 0 \\[2mm] \frac{\partial \sigma_{yx}}{\partial x} + \frac{\partial \sigma_{yy}}{\partial y} &= 0\end{aligned} \qquad (\sigma_{xy} = \sigma_{yx}). \tag{5.131}$$

Hinzu kommt die *Kompatibilitätsbedingung*, d.h. eine Integrabilitätsbedingung für den Verzerrungszustand. Diese lässt sich mit dem Hooke'schen Gesetz durch die Spannungen ausdrücken und führt mit der Annahme $f = 0$ auf die Gleichung

$$\Delta(\sigma_{xx} + \sigma_{yy}) = 0. \tag{5.132}$$

Zur Herleitung s. z.B. Becker/Gross [4]. Das Differentialgleichungssystem (5.131), (5.132) lässt sich mit Hilfe der *Airyschen Spannungsfunktion* $F(x, y)$, die über die Beziehungen

$$\sigma_{xx} = \frac{\partial^2 F}{\partial y^2}, \sigma_{yy} = \frac{\partial^2 F}{\partial x^2}, \sigma_{xy} = \frac{\partial^2 F}{\partial x \partial y}, \tag{5.133}$$

erklärt ist, elegant vereinfachen. Wie immer man die Spannungsfunktion F wählt: die homogenen Gleichgewichtsbedingungen (5.131) sind mit diesem F unmittelbar erfüllt, so dass nur noch die homogene Kompatibilitätsbedingung (5.132) erfasst werden muss.

Offensichtlich gilt $\sigma_{xx} + \sigma_{yy} = \Delta F$. Aus der Beziehung $\Delta(\sigma_{xx} + \sigma_{yy}) = 0$ ergibt sich daher die Formel

$$\Delta\Delta F = \frac{\partial^4 F}{\partial x^4} + 2\frac{\partial^4 F}{\partial x^2 \partial y^2} + \frac{\partial^4 F}{\partial y^4} = 0, \tag{5.134}$$

also eine partielle Differentialgleichung vierter Ordnung für F. Man nennt sie *Bipotentialgleichung* oder *Scheibengleichung*.

Das ebene Spannungsproblem lässt sich also auf die Bipotentialgleichung zurückführen. Diese gilt es zu lösen. Das ist allerdings nicht die Hauptschwierigkeit. Bei der Lösung von Scheibenproblemen verursachen in der Regel die Randbedingungen die größeren Probleme.

Wir zeigen im Folgenden, wie sich funktionentheoretische Methoden, speziell komplexe Potentiale, bei der Lösung von ebenen Problemen heranziehen lassen.

Komplexe Potentiale sind uns bereits im Zusammenhang mit ebenen Strömungen begegnet. (s. Abschn. 4.2.4). Mit $z = x + i y$ und der konjugiert Komplexen $\overline{z} = x - i y$ lassen sich x und y in der Form

$$x = \frac{1}{2}(z + \overline{z}), \quad y = \frac{1}{2i}(z - \overline{z}) \tag{5.135}$$

bzw. $\frac{\partial}{\partial x}$ und $\frac{\partial}{\partial y}$ in der Form

$$\frac{\partial}{\partial x} = \frac{\partial}{\partial z} + \frac{\partial}{\partial \overline{z}}, \quad \frac{\partial}{\partial y} = i\left(\frac{\partial}{\partial z} - \frac{\partial}{\partial \overline{z}}\right) \tag{5.136}$$

schreiben. Damit lautet die Bipotentialgleichung (5.134)

$$4\frac{\partial^4 F}{\partial z^2 \partial \overline{z}^2} = 0. \tag{5.137}$$

Für beliebige komplexe Potentiale $\varphi(z)$ und $\chi(z)$ ergibt sich hieraus die Airysche Spannungsfunktion F zu

$$F = \text{Re}\left[\bar{z}\varphi(z) + \chi(z)\right] \tag{5.138}$$

(warum?). Nun ziehen wir noch die sogenannten *Kolosovschen Gleichungen* heran (siehe z.B. Becker/Gross [4], S. 99):

$$2G(u + \mathrm{i}\,v) = \kappa\,\varphi(z) - z\overline{\varphi'(z)} - \overline{\psi(z)}$$

$$\sigma_{xx} + \sigma_{yy} = 2\left[\varphi'(z) + \overline{\varphi'(z)}\right] \tag{5.139}$$

$$\sigma_{yy} - \sigma_{xx} + 2\,\mathrm{i}\,\sigma_{xy} = 2\left[\bar{z}\varphi''(z) + \psi'(z)\right].$$

Dabei sind $u(x, y)$ und $v(x, y)$ die Komponenten des Verschiebungsvektors $\boldsymbol{u} = (u, v)$ und $\psi(z) := \chi'(z)$. Der Verschiebungsvektor ist eine eindeutige Ortsfunktion, da mit (5.132) bzw. $\Delta\Delta F = 0$ die Kompatibilitätsbedingung erfüllt ist. G bezeichne den Schubmodul, und κ ist eine Materialkonstante. Addition bzw. Subtraktion der letzten beiden Gleichungen (5.139) liefern dann für die Spannungskomponenten σ_{xx}, σ_{yy} und σ_{xy} die Beziehungen

$$\sigma_{yy} + \mathrm{i}\,\sigma_{xy} = \varphi'(z) + \overline{\varphi'(z)} + \bar{z}\varphi''(z) + \psi'(z)$$

$$\sigma_{xx} - \mathrm{i}\,\sigma_{xy} = \varphi'(z) + \overline{\varphi'(z)} - \bar{z}\varphi''(z) - \psi'(z). \tag{5.140}$$

Wir beachten: Diese Gleichungen sind für *beliebige* komplexe Potentiale φ und ψ erfüllt. Zur Lösung eines Randwertproblems müssen daher diese Potentiale nur noch so bestimmt werden, dass die entsprechenden *Randbedingungen* erfüllt sind.

Nimmt man als Beispiel den Fall, dass die Scheibe die gesamte z-Ebene bildet, so erweist sich für die komplexen Potentiale die Wahl

$$\varphi(z) = a\,\text{Log}\,z\,, \quad \psi(z) = b\,\text{Log}\,z^{\;15} \tag{5.141}$$

als sinnvoll, wobei die komplexen Konstanten a und b noch zu bestimmen sind. Dieses Beispiel sowie weitere interessante Fälle werden etwa in dem Buch von Becker/Gross [4] im Kapitel 2.7 ausführlich behandelt.

5.3.4   Streuung einer ebenen Welle

In diesem Abschnitt wollen wir skizzenhaft aufzeigen, wie sich Probleme der Schwingungstheorie mit Hilfe der Fouriertransformation (die sich z.B. in Burg/Haf/Wille [10]nachlesen lässt) und mit Methoden der Funktionentheorie auf Randwertprobleme vom Wiener-Hopf-Typ zurückführen und lösen lassen.[16] Wir beschränken uns dabei auf ein Problem, das sich auf die Ausbreitung elektromagnetischer Wellen und deren Beugung an einer scharfen Kante anwenden lässt.

Auf die als ideal leitend angenommene Halbebene

$$S := \left\{(x, y, z) \in \mathbb{R}^3 \mid 0 \leq x < \infty,\; y = 0,\; -\infty < z < \infty\right\} \tag{5.142}$$

---

15 Zur komplexen Logarithmusfunktion s. Abschn. 2.1.4, II
16 Eine ausführliche Behandlung findet sich z.B. bei E. Meister [38], B. Noble [42] und D.S. Jones [30]

falle eine ebene zeitharmonische Welle , die wir in der Form

$$\varphi(x, y, t) = \text{Re} \left\{ e^{\,i\,k(x\cos\tau + y\sin\tau) - i\,\omega t} \right\} \tag{5.143}$$

schreiben. Dabei seien $k = k_1 + i\,k_2 \neq 0$, $k_1, k_2 \geq 0$ und $0 < \tau < \pi$. Die Halbebene S besitze die *scharfe Kante*

$$K := \left\{ (x, y, z) \in \mathbb{R}^3 \mid x = 0, \ y = 0, \ -\infty < z < \infty \right\} . \tag{5.144}$$

Wir interessieren uns besonders für das Streufeld. Das gesamte Wellenfeld bezeichnen wir mit φ_G. Wir nehmen an, dass φ_G ebenfalls zeitharmonisch mit der Frequenz ω ist und außerdem nur von x und y abhängt: $\varphi_G = \varphi_G(x, y, t)$. Die zugehörige (komplexwertige) Amplitudenfunktion bezeichnen wir mit $U_G = U_G(x, y)$. Ist dann

$$S_0 := \left\{ (x, y) \in \mathbb{R}^2 \mid 0 \leq x < \infty, \ y = 0 \right\} , \tag{5.145}$$

so zeigt ein Separationsansatz (s. Abschn 5.1.1), dass U_G im Gebiet $\mathbb{R}^2 \setminus S_0$ der Helmholtzschen Schwingungsgleichung

$$\Delta U_G + k^2 U_G = 0 \tag{5.146}$$

genügt. Wir gehen in unserer Anwendung davon aus, dass eine elektromagnetische Welle vorliegt, deren elektrisches Feld zur z-Achse, also parallel zur Kante K, polarisiert ist. Dann muss U_G der *Dirichletschen Randbedingung*

$$\lim_{y \to 0} U_G(x, y) = 0, \quad 0 < x < \infty \tag{5.147}$$

auf S_0 genügen. Hinzu kommen weitere Bedingungen (s. nachfolgende gesamte Problemstellung), insbesondere Ausstrahlungsbedingungen für das Verhalten des gestreuten Wellenanteils für große Werte $r := \sqrt{x^2 + y^2}$ (d.h. $r \to \infty$) und Werte in der Nähe der Kante (d.h. $r \to 0$). Diese gewinnt man mit Hilfe der Darstellungsformeln für die zweidimensionale Helmholtzsche Schwingungsgleichung (s. z.B. Burg/Haf/Wille [11]), wobei als schöne Anwendung der Funktionentheorie die in Abschnitt 5.1.3 dieses Bandes gewonnene Asymptotik der Hankelschen Funktionen voll zum Tragen kommt. Die mühsame Herleitung dieser Ausstrahlungsbedingungen findet sich z.B. bei E. Meister [38], S. 260-261.

Zur weiteren Behandlung unseres Problems teilen wir das Gebiet $\mathbb{R}^2 \setminus S_0$ gemäß Fig. 5.8 auf.

Es bezeichne U_e den einfallenden, U_r den reflektierten, U_g den gebeugten Anteil des Gesamtfeldes (Amplitudenfunktionen). Dabei ist $U_e(x, y) = e^{\,i\,k(x\cos\tau + y\sin\tau)}$. Das Gesamtfeld U_G (Amplitude!) setzt sich im Gebiet I aus den Strahlungsquellen auf S_0 zusammen:

$$U_G(x, y) = U_e(x, y) + U_r(x, y) + U_g(x, y) . \tag{5.148}$$

Im Gebiet II gilt:

$$U_G(x, y) = U_e(x, y) + U_g(x, y) \tag{5.149}$$

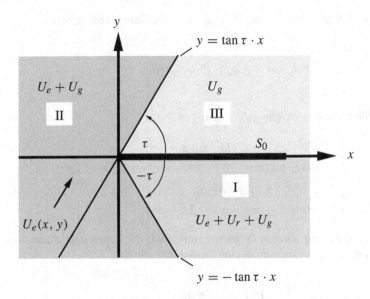

Fig. 5.8: Zur Streuung einer ebenen Welle

(es fehlt der reflektierte Anteil!) und im Gebiet III ist nur der Beugungsanteil vorhanden:

$$U_G(x, y) = U_g(x, y) \,. \tag{5.150}$$

Für das *Streufeld*

$$U_s(x, y) := U_G(x, y) - U_e(x, y) \tag{5.151}$$

ergibt sich insgesamt ein *gemischtes Randwertproblem* mit der *Helmholtzschen Schwingungs-gleichung*

$$\Delta U_s + k^2 U_s = 0 \quad \text{im } \mathbb{R}^2 \setminus \mathbb{R} \, (= \mathbb{R}^2_+ \cup \mathbb{R}^2_-) \,, \tag{5.152}$$

den *Randbedingungen*

$$\lim_{y \to \pm 0} U_s(x, y) = -U_e(x, 0) = -e^{ikx \cos \tau}, \quad x > 0 \tag{5.153}$$

$$\lim_{y \to +0} U_s(x, y) = \lim_{y \to -0} U_s(x, y) =: a(x), \quad x < 0 \tag{5.154}$$

und

$$\lim_{y \to +0} \frac{\partial U_s(x, y)}{\partial y} = \lim_{y \to -0} \frac{\partial U_s(x, 0)}{\partial y} =: b(x), \quad x < 0, \tag{5.155}$$

wobei die Funktionen $a(x)$ und $b(x)$ noch unbekannt sind. $y \to +0$ bzw. $y \to -0$ bezeichnet die Grenzwerte von links bzw. rechts. Ferner seien die *Kantenbedingungen*

$$U_s(x, y) = \mathcal{O}(1) \quad \text{für } r \to 0,\,^{[17]} \tag{5.156}$$

$$\nabla U_s(x, y) = \mathcal{O}(r^{-\beta}), \quad 0 \le \beta < 1 \text{ für } r \to 0 \tag{5.157}$$

erfüllt. Außerdem die *Ausstrahlungsbedingungen*

$$U_s(x, y) = \begin{cases} \mathcal{O}(e^{-k_2 x \cos \tau}) + \mathcal{O}(1) \quad \text{für } x \to \infty \\ \quad 0 \le \arg(x, y) \le \delta,\ 2\pi - \delta \le \arg(x, y) \le 2\pi \\ \mathcal{O}(e^{-k_2 r \sin \delta}) \quad \text{für } r \to \infty \\ \quad 0 < \delta \le \arg(x, y) \le 2\pi - \delta. \end{cases} \tag{5.158}$$

Zur weiteren Behandlung unseres Problems ziehen wir die *Fouriertransformation* heran. Sie ist unter geeigneten Voraussetzungen an eine Funktion f durch

$$\mathcal{F}[f(t)] = \hat{f}(s) := \frac{1}{\sqrt{2\pi}} \int\limits_{-\infty}^{\infty} f(t)\, e^{-\mathrm{i} s t}\, dt, \quad s \in \mathbb{R} \tag{5.159}$$

erklärt. Ferner gilt bei entsprechenden Voraussetzungen der Differentiationssatz

$$\mathcal{F}[f^{(r)}(t)] = (\mathrm{i}\, s)^r\, \mathcal{F}[f(t)], \quad s \in \mathbb{R}, \tag{5.160}$$

d.h. die r-te Ableitung von f führt auf den algebraischen Faktor $(\mathrm{i}\, s)^r$ (s. hierzu z.B. Burg/Haf/Wille [10]).

Mit diesen Hilfsmitteln wenden wir uns wieder unserem Problem zu. Wir bilden die Fouriertransformierte von $U_s(x, y)$ bezüglich x:

$$\hat{U}_s(\lambda, y) = \frac{1}{\sqrt{2\pi}} \int\limits_{-\infty}^{\infty} U_s(x, y)\, e^{-\mathrm{i}\lambda x}\, dx, \quad \lambda \in \mathbb{R}. \tag{5.161}$$

Ferner definieren wir für $\lambda \in \mathbb{R}$

$$\hat{J}_+(\lambda) := \frac{1}{\sqrt{2\pi}} \int\limits_{0}^{\infty} J(x)\, e^{-\mathrm{i}\lambda x}\, dx$$

$$:= \frac{1}{\sqrt{2\pi}} \int\limits_{0}^{\infty} \left(\frac{\partial U_s(x, y)}{\partial y}\bigg|_{y=+0} - \frac{\partial U_s(x, y)}{\partial y}\bigg|_{y=-0} \right) e^{-\mathrm{i}\lambda x}\, dx \tag{5.162}$$

---

17 Wir verwenden hier erneut das Landau-Symbol $\mathcal{O}$, welches wir bereits in Abschn. 2.4.1 kennengelernt haben. Die Aussage $f(r) = \mathcal{O}(g(r))$ für $r \to 0$ bzw. $r \to \infty$ besagt: Es gibt eine Konstante $M > 0$ mit $|f(r)| \le M|g(r)|$ für hinreichend kleine bzw. große r.

und nehmen im folgenden an, dass die entsprechenden Grenzprozesse vertauschbar sind. Dann ergibt sich aus (5.152) mit Hilfe von (5.160) für $r = 2$

$$\frac{d^2 \hat{U}_s(\lambda, y)}{dy^2} + (k^2 - \lambda^2)\hat{U}_s(\lambda, y) = 0, \ y > 0 \text{ bzw. } y < 0, \tag{5.163}$$

also eine gewöhnliche Differentialgleichung für $\hat{U}_s$. Ihre allgemeine Lösung lautet (s. z.B. Burg/-Haf/Wille [10])

$$\hat{U}_s(\lambda, y) = \begin{cases} C_1(\lambda) \, e^{-y\sqrt{\lambda^2 - k^2}} + C_2(\lambda) \, e^{y\sqrt{\lambda^2 - k^2}}, & y > 0 \\ D_1(\lambda) \, e^{-y\sqrt{\lambda^2 - k^2}} + D_2(\lambda) \, e^{y\sqrt{\lambda^2 - k^2}}, & y < 0. \end{cases} \tag{5.164}$$

Für die Quadratwurzel $\sqrt{\lambda^2 - k^2}$ legt man dabei zweckmäßig die Verzweigungsschnitte[18] von $\lambda = k$ nach $i\infty$ und von $\lambda = -k$ nach $-i\infty$ wie in Fig. 5.9 gezeigt fest (s. E. Meister [38], S. 263).

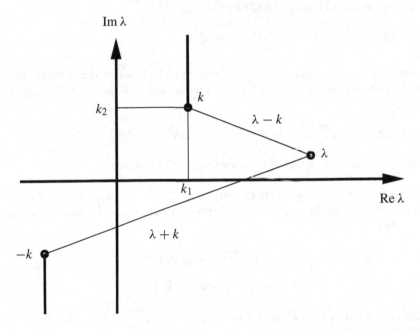

Fig. 5.9: Verzweigungsschnitt zu $\sqrt{\lambda^2 - k^2}$

Für $|\operatorname{Re}\lambda| \to \infty$ ist $\sqrt{\lambda^2 - k^2} \approx |\lambda|$. $U_s(x, y)$ muss für $|y| \to \infty$ beschränkt bleiben und daher auch $\hat{U}_s(\lambda, y)$. Aus (5.164) folgt somit

$$C_2(\lambda) \equiv 0 \quad \text{und} \quad D_1(\lambda) \equiv 0,$$

---

18 Zur Verzweigung der Wurzelfunktion s. auch Abschnitt 2.1.4, I

so dass

$$\hat{U}_s(\lambda, y) = \begin{cases} C_1(\lambda)\, e^{-y\sqrt{\lambda^2-k^2}}, & y > 0 \\ D_1(\lambda)\, e^{y\sqrt{\lambda^2-k^2}}, & y < 0 \end{cases} \tag{5.165}$$

gelten muss. Wegen $U_s(x, +0) = U_s(x, -0)$ für $x \in \mathbb{R}$ ergibt sich $C_1(\lambda) = D_2(\lambda) =: A(\lambda)$, und (5.165) geht in

$$\hat{U}_s(\lambda, y) = A(\lambda)\, e^{-|y|\sqrt{\lambda^2-k^2}} \tag{5.166}$$

über. Differenzieren wir nun bezüglich y und führen wir den Grenzübergang $y \to \pm 0$ durch, so erhalten wir aufgrund der Beziehungen (5.155) und (5.162)

$$\frac{\partial \hat{U}_s(\lambda, +0)}{\partial y} - \frac{\partial \hat{U}_s(\lambda, -0)}{\partial y} = \hat{J}_+(\lambda) = -2\sqrt{\lambda^2 - k^2}\, A(\lambda)\,. \tag{5.167}$$

Die Dirichletsche Randbedingung (5.153), (5.154) liefert

$$\lim_{y \to +0} \hat{U}_s(\lambda, y) = \hat{a}_-(\lambda) - \mathcal{F}_+[-U_e(x,0)](\lambda)\,. \tag{5.168}$$

Dabei bedeuten die Indizes $-$ bzw. $+$, dass die jeweiligen Funktionen, deren Fouriertransformierte gebildet werden, nur auf $\mathbb{R}^-$ bzw. $\mathbb{R}^+$ von 0 verschieden sind. Mit (5.166) folgt hieraus mit $k = k_1 + \mathrm{i}\,k_2$

$$A(\lambda) = \hat{a}_-(\lambda) + [\mathrm{i}\,\sqrt{2\pi}(\lambda + k\cos\tau)]^{-1}\,, \quad -k_2\cos\tau < \mathrm{Im}\,\lambda < k_2\,. \tag{5.169}$$

($k_2 > 0$, doch lässt sich $\hat{a}_-(\lambda)$ nach $\mathrm{Im}\,\lambda < k_2$ analytisch fortsetzen.)

Eliminiert man jetzt $A(\lambda)$, das wegen (5.166) gleich $\hat{U}_s(\lambda, 0)$ ist, aus den Gleichungen (5.167) und (5.169), so ergibt sich für unser Streuproblem eine *Funktionalgleichung vom sogenannten Wiener-Hopf-Typ*:

$$\hat{J}_+(\lambda) = -2\sqrt{\lambda^2 - k^2} \cdot \left\{ \hat{a}_-(\lambda) + [\mathrm{i}\,\sqrt{2\pi}(\lambda + \cos\tau)]^{-1} \right\}\,,$$
$$-k_2\cos\tau < \mathrm{Im}\,\lambda < k_2\,. \tag{5.170}$$

Durch Aufspaltung von $\sqrt{\lambda^2 - k^2}$ in der Form $\sqrt{\lambda - k} \cdot \sqrt{\lambda + k}$ lässt sich zeigen (s. z.B. E. Meister [38], S. 264-265)

$$\hat{J}_+(\lambda) = -2\sqrt{\lambda + k} \cdot \sqrt{-k\cos\tau - k} \cdot [\mathrm{i}\,\sqrt{2\pi}(\lambda + k\cos\tau)]^{-1}\,,$$
$$\mathrm{Im}\,\lambda > -k_2\cos\tau \tag{5.171}$$
$$\hat{a}_-(\lambda) = -[1 - \sqrt{-k\cos\tau - k}/\sqrt{\lambda - k}] \cdot [\mathrm{i}\,\sqrt{2\pi}(\lambda + k\cos\tau)]^{-1}\,,$$
$$\mathrm{Im}\,\lambda < k_2\,. \tag{5.172}$$

Diese beiden Gleichungen enthalten die Lösung der Wiener-Hopf-Gleichung (5.170). Mit der

Beziehung $\sqrt{-k\cos\tau - k} = i\sqrt{2k}\cos\frac{\tau}{2}$ und (5.167) sowie (5.166) ergibt sich nämlich

$$\hat{U}_s(\lambda, y) = -\sqrt{2k}\cos\frac{\tau}{2}\frac{e^{-|y|\sqrt{\lambda^2-k^2}}}{\sqrt{\lambda - k}\sqrt{2\pi}(\lambda + k\cos\tau)}, \tag{5.173}$$
$$-k_2\cos\tau < \operatorname{Im}\lambda < k_2, \ y \in \mathbb{R}.$$

Wendet man darauf die inverse Fouriertransformation an, so ergibt sich für das gesuchte Streufeld $U_s(x, y)$ die Fourier-Integraldarstellung

$$U_s(x, y) = -\frac{\sqrt{2k}\cos\frac{\tau}{2}}{2\pi}\int\limits_{ic-\infty}^{ic+\infty}\frac{e^{-i\lambda x-|y|\sqrt{\lambda^2-k^2}}}{\sqrt{\lambda - k}(\lambda + k\cos\tau)}d\lambda \tag{5.174}$$

Bemerkung 1: Durch geeignete Deformation des Integrationsweges (dazu benutzt man den Cauchyschen Integralsatz, s. Abschn. 2.2.2) lassen sich aus (5.174) weitere interessante Integraldarstellungen des Streufeldes gewinnen.

Bemerkung 2: Wie bereits erwähnt, haben wir diese Anwendung mehr fragmentarisch behandelt und auf einige schwierige Herleitungen verzichtet. Diese lassen sich z.B. in dem Buch von E. Meister [38], an dem wir uns orientiert haben, oder bei B. Noble [42] und D.S. Jones [30] nachlesen.

Anhang

A   Eigenschaften parameterabhängiger Integrale

Wir stellen einige Eigenschaften *parameterabhängiger Integrale* zusammen.

Satz A.1:

Sei C eine stückweise glatte, orientierte Kurve und D ein Gebiet in $\mathbb{C}$. Ferner seien $f(\tau, z)$ und $\partial f(\tau, z)/\partial z$ als Funktionen der beiden Veränderlichen τ, z stetig, wobei $\tau \in C$ und $z \in D$ ist. Dann ist die durch

$$g(z) := \int_C f(\tau, z)\mathrm{d}\tau, \quad z \in D \tag{A.1}$$

erklärte Funktion g in D holomorph und es gilt

$$g'(z) = \frac{\mathrm{d}}{\mathrm{d}z} \int_C f(\tau, z)\mathrm{d}\tau = \int_C \frac{\partial f(\tau, z)}{\partial z}\mathrm{d}\tau. \tag{A.2}$$

Beweis:

Sei $z \in D$ beliebig und $r > 0$ so gewählt, dass der Kreis $|\zeta - z| \leq r$ ganz in D liegt. Aufgrund der Voraussetzungen über f ist diese Funktion für alle festen $\tau \in C$ bezüglich z in D holomorph. Aus dem Beweis von Satz 2.18, Abschnitt 2.2.3, entnehmen wir die Beziehung

$$\frac{f(\tau, z + h) - f(\tau, z)}{h} - \frac{\partial f(\tau, z)}{\partial z} = \frac{h}{2\pi\,\mathrm{i}} \int_K \frac{f(\tau, \zeta)}{(\zeta - z - h)(\zeta - z)^2}\mathrm{d}\zeta, \tag{A.3}$$

wobei K die Kreislinie $|\zeta - z| = r$, $\tau \in C$(fest) und $|h| < r$ ist. Aus der Stetigkeit von f folgt: Es existiert eine Konstante $M > 0$, so dass

$$|f(\tau, \zeta)| \leq M \quad \text{für alle } \tau \in C \text{ und } \zeta \in K$$

ist. Aus (A.1) und Satz 2.11, Abschnitt 2.2.1, ergibt sich dann

$$\left| \frac{f(\tau, z + h) - f(\tau, z)}{h} - \frac{\partial f(\tau, z)}{\partial z} \right| \leq \frac{|h|}{2\pi} \left| \int_K \frac{f(\tau, \zeta)}{(\zeta - z - h)(\zeta - z)^2}\mathrm{d}\zeta \right|$$

$$\leq \frac{|h|}{2\pi} \frac{M}{r^2(r - |h|)} 2\pi r = \frac{M}{r(r - |h|)}|h|.$$

Mit dieser Abschätzung und erneuter Anwendung von Satz 2.11 erhalten wir

$$\int\limits_C \left[\frac{f(\tau, z+h) - f(\tau, z)}{h} - \frac{\partial f(\tau, z)}{\partial z} \right] d\tau \leq \frac{M|h|}{r(r - |h|)} L(C) \to 0 \quad \text{für } h \to 0.$$

Die Funktion g besitzt also für beliebiges $z \in D$ die Ableitung (A.2) und ist daher in D holomorph. □

Der folgende Satz ermöglicht uns eine Ausweitung des obigen Resultats auf gewisse uneigentliche Integrale:

Satz A.2:

Sei D ein Gebiet in $\mathbb{C}$. Ferner seien $f(t, z)$ und $\partial f(t, z)/\partial z$ in $[a, b] \times D$ stetige Funktionen, wobei $a, b \in \overline{\mathbb{R}}$ mit $-\infty \leq a < b \leq +\infty$. Konvergiert das Integral

$$\int\limits_a^b f(t, z) dt \tag{A.4}$$

gleichmäßig in jedem kompakten Teilbereich $B \subset D$, so gilt: Die durch

$$g(z) := \int\limits_a^b f(t, z) dt \tag{A.5}$$

erklärte Funktion g ist in D holomorph und es gilt

$$g'(z) = \int_a^b \frac{\partial f(t, z)}{\partial z} dt . \tag{A.6}$$

Beweis:

Wir nehmen zwei beliebige Folgen $\{a_n\}$, $\{b_n\}$ in $\mathbb{R}$ mit $a < \ldots < a_n < \ldots < a_1 < b_1 < \ldots < b_n < \ldots < b$ und $a_n \to a$, $b_n \to b$ für $n \to \infty$. Mit diesen bilden wir die Funktionenfolge $\{g_n(z)\}$:

$$g_n(z) := \int\limits_{a_n}^{b_n} f(t, z) dt . \tag{A.7}$$

Nach Satz A.1 ist g_n für jedes $n \in \mathbb{N}$ in D holomorph und es gilt

$$g'_n(z) = \int\limits_{a_n}^{b_n} \frac{\partial f(t, z)}{\partial z} dt .$$

Die Folge $\{g_n(z)\}$ konvergiert nach Voraussetzung in B gleichmäßig gegen $g(z)$. Da $B \subset D$ beliebig ist, ist g nach Satz 2.30, Abschnitt 2.3.1, in D holomorph und nach Satz 2.31 gilt $g_n'(z) \to g'(z)$ für $n \to \infty$, woraus

$$g'(z) = \int_a^b \frac{\partial f(t, z)}{\partial z} \, dt$$

und damit die Behauptung des Satzes folgt. $\square$

B   Lösungen zu den Übungen

Zu den mit $\star$ versehenen Übungen werden Lösungswege skizziert oder Lösungen angegeben.

Zu Abschnitt 1.1

Lösung 1.4:

a) Kreisgebiet (Rand: Kreislinie um $z_0 = 1 + i$ mit Radius $r = \sqrt{2}$).

b) Parabelförmiges Gebiet (Rand: Parabel $(x - 2)^2 = 2\left(y + \frac{1}{2}\right)$).

c) Inneres eines Kreisgebietes (Rand: Kreislinie $\left(x - \frac{2}{3}\right)^2 + y^2 = \left(\frac{2}{3}\right)^2$).

Lösung 1.6:

Für $z_0 \in \mathbb{C}$ gelte: $p_n(z_0) = z_0^n + a_{n-1}z^{n-1} + \ldots + a_1 z_0 + a_0 = 0$. Dann gilt auch $\overline{p_n(z_0)} = 0$. Wegen

$$\overline{p_n(z_0)} = \overline{z_0^n + a_{n-1}z^{n-1} + \ldots + a_1 z_0 + a_0} = \overline{z_0^n} + \overline{a_{n-1}z^{n-1}} + \ldots + \overline{a_1 z_0} + \overline{a_0}$$

$$= \overline{z_0}^n + a_{n-1}\overline{z}^{n-1} + \ldots + a_1 \overline{z_0} + a_0 = p_n(\overline{z_0})$$

folgt daher: $p_n(\overline{z_0}) = 0$.

Lösung 1.7:

a) Grenzwert 1;   b) divergent;   c) divergent;   d) Grenzwert 0;   e) Grenzwert 0.

Lösung 1.8:

Beide Reihen konvergieren (z.B. nach dem Quotientenkriterium).

Zu Abschnitt 1.2

Lösung 1.9:

a) Mit $z = r\,e^{i\varphi}$ ergibt sich für alle $r > 0$

$$f(z) = \frac{z}{|z|} = \frac{r\,e^{i\varphi}}{r} = e^{i\varphi} = \begin{cases} 1 & \text{für} \quad \varphi = 0 \\ -1 & \text{für} \quad \varphi = \pi \end{cases} ,$$

d.h. f lässt sich im Nullpunkt *nicht* stetig ergänzen.

b) Wegen

$$f(z) = \frac{z\,\mathrm{Re}z}{|z|} = \frac{z \cdot \frac{1}{2}(z + \overline{z})}{|z|} = \frac{1}{2}\frac{z^2}{|z|} + \frac{1}{2}|z| \to 0 \quad \text{für} \quad z \to 0$$

ist f im Nullpunkt stetig ergänzbar: Setze $f(0) = 0$.

Lösung 1.10:

Benutze $\sin z = \cosh y \cdot \sin x + \mathrm{i} \sinh y \cdot \cos x$, $\cos z = \cosh y \cdot \cos x - \mathrm{i} \sinh y \cdot \sin x$. Bilder von A: Ellipsen, von B: Hyperbeln.

Zu Abschnitt 2.1

Lösung 2.2:

Sei $h \in \mathbb{C} - \{0\}$ beliebig. dann gilt mit $|h| =: r$, $\arg h =: \varphi$ $(0 \le \varphi < 2\pi)$

$$\frac{f(h) - f(0)}{h} = \frac{r^4 e^{4\mathrm{i}\varphi}}{r^4} \to e^{\mathrm{i}4\varphi} \quad \text{für } h \to 0 \text{ bzw. } r \to 0,$$

d.h. $f'(0)$ existiert nicht. Dennoch erfüllt

$$f(z) = \frac{(x + \mathrm{i}\,y)^5}{|x + \mathrm{i}\,y|^4} = \frac{x^5 - 10x^3y^2 + 5xy^4}{(x^2 + y^2)^2} + \mathrm{i}\,\frac{5x^4y - 10x^2y^3 + y^5}{(x^2 + y^2)^2} =: u(x, y) + \mathrm{i}\,v(x, y)$$

die Cauchy-Riemannschen Differentialgleichungen im Punkt $(0,0)$:

$$\frac{u(h,0) - u(0,0)}{h} = \frac{h^5}{h^5} = 1 \xrightarrow{h \to 0} 1, \quad \text{d.h.} \quad u_x(0,0) = 1$$

und entsprechend $u_y(0,0) = 0$, $v_x(0,0) = 0$, $v_y(0,0) = 1$, also: $u_x = v_y$, $u_y = -v_x$ im Punkt $(0,0)$.

Lösung 2.3:

a) nirgends;　b) nirgends;　c) in $\mathbb{C} \setminus \{z \mid |z| \ne 1\}$.

Lösung 2.5:

Parameterdarstellung von C: $\zeta = \zeta(t) = 1 + t(\mathrm{i} - 1)$, $0 \le t \le 1$. Für $f(z) = z^3$, $z \in \mathbb{C}$ gilt

(1) $\dfrac{f(\mathrm{i}) - f(1)}{\mathrm{i} - 1} = \dfrac{\mathrm{i}^3 - 1^3}{\mathrm{i} - 1} = \mathrm{i}$;　(2) $f'(\zeta) = 3\zeta^2 = (3 - 6t) + \mathrm{i}\,6t(1 - t)$.

Für $(3 - 6t) = 0$ muss $t = 1/2$ sein und für $6t(1 - t)\,\mathrm{i} = \mathrm{i}$ muss $t = \frac{1}{2} + \frac{1}{6}\sqrt{3}$ oder $t = \frac{1}{2} - \frac{1}{6}\sqrt{3}$ sein; d.h. es existiert kein $t \in [0,1]$, so dass die Ausdrücke (1) und (2) übereinstimmen.

Zu Abschnitt 2.2

Lösung 2.11:

a) Wert: 0 (nach dem Cauchyschen Integralsatz);　b) Wert: $-2\pi\,\mathrm{i}$.

Lösung 2.12:

a) Setze $f(z) = 1/(z + \mathrm{i})^2$ und benutze $2\pi\,\mathrm{i}\,f(w) = \displaystyle\int\limits_{|z - 2\mathrm{i}| = 2} \frac{f(z)}{z - w}\,\mathrm{d}z$. Für $w = \mathrm{i}$ ergibt sich der gesuchte Wert $-\frac{\pi}{2}\,\mathrm{i}$.

b) Setze $f(z) = \frac{\sin z}{1 - z}$ und benutze $2\pi\,\mathrm{i}\,f''(w) = 2! \displaystyle\int\limits_{|z| = 1/2} \frac{f(z)}{(z - w)^3}\,\mathrm{d}z$. Für $w = 0$ ergibt sich der gesuchte Wert $2\pi\,\mathrm{i}$.

Lösung 2.14:

Sei $f(z) \neq 0$ für alle $z \in \partial D$. Da f nach Voraussetzung in D holomorph ist, gilt dann: $1/f(z)$ ist in D holomorph und in $\overline{D}$ stetig. Nach dem Maximumprinzip gibt es ein $z_0 \in \partial D$ mit

$$\frac{1}{f(z_0)} = \max_{z \in \overline{D}} \frac{1}{|f(z)|} = \frac{1}{\min_{z \in \overline{D}} |f(z)|} \quad \text{oder} \quad |f(z_0)| = \min_{z \in \overline{D}} |f(z)| .$$

Gilt $f(z_0) = 0$ für ein $z_0 \in \partial D$, so ist das Minimumprinzip trivialerweise erfüllt.

Lösung 2.15:

Nach dem Maximumprinzip genügt es, das Maximum von $|f|$ auf der Kreislinie $|z| = 1$ zu bestimmen: Mit $z(t) = e^{\mathrm{i}t}$, $0 \leq t \leq 2\pi$, $f(z(t)) = e^{\mathrm{i}2t} - 1 = (\cos 2t - 1) + \mathrm{i} \sin 2t$ oder $|f(z(t))|^2 = (\cos 2t - 1)^2 + \sin^2 2t$ ergibt sich: Der letzte Ausdruck nimmt für $t = \pi/2$ und $t = 3\pi/2$ seinen maximalen Wert, nämlich 4, an. Das gesuchte Maximum ist daher $\sqrt{4} = 2$.

Zu Abschnitt 2.3

Lösung 2.18:

a) Benutze: Für $w \in \mathbb{C}$ gilt $|1 + w| = |1 - (-w)| \geq 1 - |w|$. Damit folgt für $|z| \leq q < 1$

$$\left| \frac{z^k}{1 + z^{2k}} \right| = \frac{|z|^k}{|1 + z^{2k}|} \leq \frac{|z|^k}{1 - |z|^{2k}} < \frac{q^k}{1 - q^{2k}} < \frac{q^k}{1 - q} .$$

Durch $1/(1 - q) \cdot \sum_{k=1}^{\infty} q^k$ ist für $|z| < 1$ eine konvergente Majorante von $\sum_{k=1}^{\infty} \frac{z^k}{1 + z^{2k}}$ gegeben.

b) Benutze: Für $w \in \mathbb{C}$ gilt $|1 + w| = |w - (-1)| \geq |w| - 1$. Damit folgt für $|z| \geq q > 1$

$$\left| \frac{z^k}{1 + z^{2k}} \right| \leq \frac{|z|^k}{|z|^{2k} - 1} = \frac{1}{|z|^k} \frac{1}{1 - \frac{1}{|z|^{2k}}} < \frac{1}{q^k} \frac{1}{1 - \frac{1}{q}} .$$

Durch $\frac{1}{1 - \frac{1}{q}} \sum_{k=1}^{\infty} \left(\frac{1}{q} \right)^k$ ist für $|z| > 1$ eine konvergente Majorante von $\sum_{k=1}^{\infty} \frac{z^k}{1 + z^{2k}}$ gegeben.

Lösung 2.19:

a) Mit $z = x + \mathrm{i}y$ gilt $\left| \frac{1}{k^z} \right| = \frac{1}{|e^{z \ln k}|} = \frac{1}{e^{x \ln k}} = \frac{1}{k^x}$. Da $\sum_{k=1}^{\infty} 1/k^x$ für $x = \mathrm{Re}\, z > 1$ konvergiert, ist $\zeta(z) = \sum_{k=1}^{\infty} 1/k^z$ für $\mathrm{Re}\, z > 1$ absolut und für $\mathrm{Re}\, z \geq x_0 > 1$ gleichmäßig konvergent. Die Funktionen $1/k^z$ $(k = 1, 2, \ldots)$ sind in ganz $\mathbb{C}$ holomorph. Nach Satz 2.33 (i), Abschn. 2.3, ist $\zeta(z)$ daher in der ganzen Halbebene $\mathrm{Re}\, z > 1$ holomorph.

b) Wegen Teil a) und Satz 2.33 (iii), Abschn. 2.3, gilt

$$\zeta^{(p)}(z) = \sum_{k=1}^{\infty} \left(\frac{\mathrm{d}}{\mathrm{d}z} \right)^p \frac{1}{k^z} = \sum_{k=1}^{\infty} \left(\frac{\mathrm{d}}{\mathrm{d}z} \right)^p e^{-z \ln k} = \sum_{k=1}^{\infty} (-\ln k)^p e^{-z \ln k} = (-1)^p \sum_{k=1}^{\infty} (\ln k) k^{-z} ,$$

wobei diese Reihe in jeder Halbebene $\mathrm{Re}\, z \geq x_0 > 1$ gleichmäßig konvergiert.

Lösung 2.21:

a) Durch Partialbruchzerlegung gewinnt man

$$f(z) = \frac{1}{z - 1} + \frac{1}{(z - 1)^2} - \frac{1}{z - 2}$$

und damit die Potenzreihenentwicklung

$$f(z) = -\sum_{k=0}^{\infty} z^k + \sum_{k=1}^{\infty} k z^{k-1} + \frac{1}{2} \sum_{k=0}^{\infty} \frac{z^k}{2^k}, \quad |z| < 1.$$

b) Mit $e^z = \sum_{\nu=0}^{\infty} \frac{z^\nu}{\nu!}$, $\frac{1}{1-z} = \sum_{\mu=0}^{\infty} z^\mu$ ($|z| < 1$) folgt (Cauchy-Produkt!)

$$\frac{e^z}{1-z} = \sum_{k=0}^{\infty} \left(\sum_{\nu=0}^{k} \frac{1}{\nu!} \cdot 1 \right) z^k = \sum_{k=0}^{\infty} \left(1 + \frac{1}{1} + \frac{1}{2} + \ldots + \frac{1}{k} \right) z^k, \quad |z| < 1.$$

c)

$$f(z) = e^{-z} = e^{-i\pi} \cdot e^{-(z-i\pi)} = e^{-i\pi} \sum_{k=0}^{\infty} \frac{(-1)^k}{k!} (z - i\pi)^k, \quad z \in \mathbb{C}.$$

d)

$$f(z) = e^z \sin z = \frac{1}{2i} \left[e^{(i+1)z} - e^{(-i+1)z} \right] = \frac{1}{2i} \sum_{k=0}^{\infty} \frac{(1+i)^k - (1-i)^k}{k!} z^k.$$

Bezeichnet [...] die nächstgrößere ganze Zahl von ... und beachten wir, dass für $a = 1$, $b = 1$

$$(a+b)^l = 2^l = \sum_{m=0}^{l} \binom{l}{m} 1 \cdot 1 = \sum_{m=0}^{l} \binom{l}{m}$$

gilt, so folgt

$$f(z) = \sum_{k=1}^{\infty} \left\{ \sum_{m=0}^{\left[\frac{k-1}{2}\right]} \left(\left[\frac{k-1}{2} \right] \atop m \right) \right\} \frac{z^k}{k!} = \sum_{k=1}^{\infty} \frac{2^{\left[\frac{k-1}{2}\right]}}{k!} z^k, \quad z \in \mathbb{C}.$$

Lösung 2.22:

a)

$$f_1(z) = \sum_{k=0}^{\infty} (-1)^k z^{2k} = \sum_{k=0}^{\infty} (-z^2)^k = \frac{1}{1-(-z^2)} = \frac{1}{1+z^2}, \quad |z| < 1.$$

Setze $\tilde{f}_1(z) = \frac{1}{1+z^2}$; $\tilde{f}_1$ ist in ganz $\mathbb{C} - \{-i, i\}$ holomorph und stellt die analytische Fortsetzung von f_1 auf $\mathbb{C} - \{-i, i\}$ dar und ist damit maximal.

b)

$$f_2(z) = \int_0^{\infty} e^{-zt} \, dt = \lim_{A \to \infty} \int_0^{A} e^{-zt} \, dt = \lim_{A \to \infty} \frac{e^{-zt}}{(-z)} \Big|_{t=0}^{t=A} = \lim_{A \to \infty} \frac{1}{z} \left[1 - e^{-zA} \right].$$

Mit $z = x + iy$ folgt $\left| e^{-zA} \right| = \left| e^{-xA} \right| \left| e^{-iyA} \right| = e^{-xA} \to 0$ für $A \to \infty$ und $x = \text{Re}\, z > 0$, d.h. $f_2(z) = 1/z$ für $\text{Re}\, z > 0$. Setze $\tilde{f}_2(z) = 1/z$, $z \in \mathbb{C} - \{0\}$; $\tilde{f}_2$ ist die analytische Fortsetzung von f_2 auf die punktierte Ebene $\mathbb{C} - \{0\}$. Diese Fortsetzung ist maximal.

Zu Abschnitt 2.4

Lösung 2.24:

Für $F(z) := \int_0^z e^{-\zeta^2}\, d\zeta$, $z \in \mathbb{C}$ und beliebigen stückweise glatten Integrationsweg, der 0 und z verbindet, gilt: $F'(z) = e^{-z^2}$, d.h. $F(z)$ – und damit auch $g(z)$ – ist in der ganzen z-Ebene holomorph. Da die Potenzreihenentwicklung von $e^{-\zeta^2}$:

$$e^{-\zeta^2} = \sum_{n=0}^{\infty} \frac{(-1)^n \zeta^{2n}}{n!},$$

in jeder kompakten Teilmenge G von $\mathbb{C}$ gleichmäßig konvergent ist (warum?), gilt nach Satz 2.33 (ii), Abschn. 2.3,

$$g(z) = \frac{2}{\sqrt{\pi}} \int_0^z \left\{ \sum_{n=0}^{\infty} \frac{(-1)^n \zeta^{2n}}{n!} \right\} d\zeta = \frac{2}{\sqrt{\pi}} \sum_{n=0}^{\infty} \frac{(-1)^n}{n!} \int_0^z \zeta^{2n} d\zeta = \frac{2}{\sqrt{\pi}} \sum_{n=0}^{\infty} \frac{(-1)^n}{n!} \frac{z^{2n+1}}{2n+1}, \quad z \in \mathbb{C}.$$

Zu Abschnitt 3.1

Lösung 3.2:

a) Die Laurentreihe konvergiert im Ringgebiet $1/2 < |z| < 2$.   b) Die Laurentreihe konvergiert nirgends.

Lösung 3.3:

$$f(z) = (z^2 + 2) \sum_{k=0}^{\infty} \frac{(-1)^k}{(2k+1)!} \left(\frac{1}{z-1} \right)^{2k+1} = \left\{ (z-1)^2 + 2(z-1) + 3 \right\} \sum_{k=0}^{\infty} \frac{(-1)^k}{(2k+1)!} \frac{1}{(z-1)^{2k+1}}$$

$$= \sum_{k=0}^{\infty} \frac{(-1)^k}{(2k+1)!} \frac{1}{(z-1)^{2k-1}} + 2 \sum_{k=0}^{\infty} \frac{(-1)^k}{(2k+1)!} \frac{1}{(z-1)^{2k}} + 3 \sum_{k=0}^{\infty} \frac{(-1)^k}{(2k+1)!} \frac{1}{(z-1)^{2k+1}}, \quad z \in \mathbb{C} \setminus \{1\}.$$

$z = 1$ ist wesentliche Singularität von f.

Lösung 3.4:

a) Nach Voraussetzung gilt $e^{\frac{t}{2}(z - \frac{1}{z})} = \sum_{n=-\infty}^{\infty} J_n(t) z^n$, $t \in \mathbb{R}$, $z \in \mathbb{C}$. Wegen (3.10), Abschn. 3.1.1, ist

$$J_n(t) = 1/(2\pi i) \int_C z^{-n-1} e^{\frac{t}{2}(z - \frac{1}{z})}\, dz,$$

wobei wir für C die positiv orientierte Kreislinie um den Nullpunkt mit Radius 1 wählen. Mit der Darstellung $z = e^{i\varphi}$, $0 \le \varphi \le 2\pi$ für C erhalten wir

$$J_n(t) = \frac{1}{2\pi i} \int_0^{2\pi} e^{-i(n+1)\varphi} e^{t(e^{i\varphi} - e^{-i\varphi})/2} e^{i\varphi} i\, d\varphi = \frac{1}{2\pi} \int_0^{2\pi} e^{-i(n+1)\varphi} e^{it \sin\varphi} e^{i\varphi}\, d\varphi = \frac{1}{2\pi} \int_0^{2\pi} e^{it \sin\varphi - in\varphi}\, d\varphi.$$

Da der Integrand 2π-periodisch ist, gilt

$$J_n(t) = \frac{1}{2\pi} \int_{-\pi}^{\pi} e^{i\,t\,\sin\varphi - i\,n\varphi}\,\mathrm{d}\varphi = \frac{1}{2\pi}\left\{\int_0^{\pi} \ldots + \int_{-\pi}^{0} \ldots\right\} = \frac{1}{2\pi}\int_0^{\pi} e^{i\,t\,\sin\varphi - i\,n\varphi}\,\mathrm{d}\varphi + \frac{1}{2\pi}\int_0^{\pi} e^{-i\,t\,\sin\varphi + i\,n\varphi}\,\mathrm{d}\varphi$$

$$= \frac{1}{\pi}\int_0^{\pi} \cos(t\,\sin\varphi - n\varphi)\mathrm{d}\varphi\,.$$

b) Mit $(-1)^n = e^{i\,n\pi}$ und $\pi - \varphi =: \tilde{\varphi}$ folgt mit a):

$$(-1)^n J_n(t) = \frac{e^{i\,n\pi}}{2\pi} \int_0^{2\pi} e^{i\,t\,\sin\varphi - i\,n\varphi}\,\mathrm{d}\varphi = \frac{1}{2\pi}\int_0^{2\pi} e^{i\,t\,\sin\varphi + i\,n(\pi-\varphi)}\,\mathrm{d}\varphi$$

$$= +\frac{1}{2\pi}\int_{-\pi}^{\pi} e^{i\,t\,\sin\tilde{\varphi} + i\,n\tilde{\varphi}}\,\mathrm{d}\tilde{\varphi} = \frac{1}{2\pi}\int_0^{2\pi} e^{i\,t\,\sin\tilde{\varphi} + i\,n\tilde{\varphi}}\,\mathrm{d}\tilde{\varphi} = J_{-n}(t)\,.$$

Zu Abschnitt 3.2

Lösung 3.5:

b) $\operatorname*{Res}_{z=i} \dfrac{1}{(1+z^2)^n} = \dfrac{1}{i}\dfrac{1}{2^{2n-1}}\dbinom{2n-2}{n-1}\,.$

c) $\operatorname*{Res}_{z=\frac{1+i}{\sqrt{2}}} \dfrac{e^{i\,z}}{1+z^4} = -\dfrac{1+i}{4\sqrt{2}}\,e^{i\frac{1+i}{\sqrt{2}}}$; $\operatorname*{Res}_{z=\frac{-1+i}{\sqrt{2}}} \dfrac{e^{i\,z}}{1+z^4} = -\dfrac{-1+i}{4\sqrt{2}}\,e^{i\frac{-1+i}{\sqrt{2}}}\,.$

Lösung 3.6:

a) Die Funktion g besitzt in z_0 eine Nullstelle der Ordnung 1 und damit f/g eine Polstelle der Ordnung 1 ($f(z_0) \neq 0$!). Daher gilt in einer Umgebung von z_0

$$\frac{f(z)}{g(z)} = a_{-1}\cdot\frac{1}{z-z_0} + \sum_{k=0}^{\infty} a_k(z-z_0)^k\,.$$

Folglich ist

$$\operatorname*{Res}_{z=z_0} \frac{f(z)}{g(z)} = a_{-1} = \lim_{z\to z_0}\frac{f(z)}{g(z)}(z-z_0)\,.$$

Wegen $g(z_0) = 0$ gilt andererseits

$$\lim_{z\to z_0}\frac{f(z)}{g(z)}(z-z_0) = \lim_{z\to z_0}\frac{f(z)}{\frac{g(z)-g(z_0)}{z-z_0}} = \frac{f(z_0)}{g'(z_0)}\,.$$

Lösung 3.7:

$2\pi\,i.$

Lösung 3.8:

a) $\dfrac{\pi}{\sqrt{2}}$; b) $\dfrac{\pi}{2^{2n-1}}\dbinom{2n-2}{n-1}$; c) $\dfrac{\pi}{\sqrt{2}}\, \mathrm{e}^{-\frac{1}{\sqrt{2}}}\cdot\left(\cos\dfrac{1}{\sqrt{2}}+\sin\dfrac{1}{\sqrt{2}}\right)$; d) $\dfrac{\pi}{\sqrt{3}}$; e) $\pi(1+\mathrm{i})$; f) $\dfrac{\pi}{2}$.

Für b), c) benutze Übung 3.5 b), c)!

Lösung 3.9:

Aus $\Gamma(z+n+1)=(z+n)(z+n-1)\cdot\ldots\cdot(z+1)\Gamma(z+1)$ folgt für $z=-\frac{1}{2}$: $\Gamma(n+\frac{1}{2})=(n-\frac{1}{2})(n-\frac{3}{2})\cdot\ldots\cdot\frac{1}{2}\Gamma(\frac{1}{2})$. Mit $\Gamma(\frac{1}{2})=\sqrt{\pi}$ folgt hieraus $\Gamma(n+\frac{1}{2})=\frac{1}{2^n}[1\cdot 3\cdot\ldots\cdot(2n-1)]\sqrt{\pi}=\frac{(2n)!\sqrt{\pi}}{4^n n!}$. Die andere Beziehung gewinnt man aus $\Gamma(z)\Gamma(1-z)=\pi/(\sin\pi z)$, wenn $z=n+\frac{1}{2}$ gesetzt wird.

Zu Abschnitt 4.1

Lösung 4.2:

Seien K, $\tilde{K}$ Kreise (die übrigen Fälle sind trivial) und $z_1\neq z_2$.

a) $\tilde{K}$ schneide K rechtwinklig, z_0 sei Mittelpunkt von K, z der zweite Schnittpunkt von $\tilde{K}$ mit der Geraden durch z_0 und z_1 und $z^\star$ einer der beiden Schnittpunkte von K (s. Fig. B.1). Da sich K und $\tilde{K}$ rechtwinklig schneiden, ist die Gerade durch z_0 und $z^\star$ Tangente an $\tilde{K}$. Der Satz über Sehnen-Tangenten-Winkel liefert: $\angle(z_0 z^\star z_1)=\angle(z_0 z z^\star)$, so dass die Dreiecke $z_0 z^\star z_1$ und $z_0 z z^\star$ ähnlich sind. Falls $f=|z^\star - z_0|$ der Radius von K ist, ist somit $\frac{r}{z_1-z_0}=\frac{z-z_0}{r}$ oder $|z_1-z_0|\cdot|z-z_0|=r^2$, d.h. $z=z_2$.

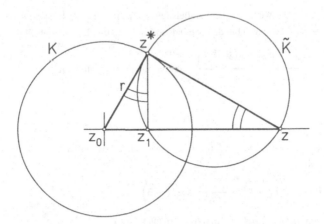

Fig. B.1: Zum Nachweis $z=z_2$

b) Sei nun $\tilde{K}$ ein Kreis durch z_1 und z_2 und $z^\star$ einer der beiden Schnittpunkte der Kreise K und $\tilde{K}$. Aus $|z_1-z_0|\cdot|z_2-z_0|=r^2$ oder $\frac{r}{|z_1-z_0|}=\frac{|z_2-z_0|}{r}$ folgt, dass die Dreiecke $z_0 z^\star z_2$ und $z_0 z_2 z^\star$ ähnlich sind. Daher gilt: $\angle(z_0 z^\star z_2)=\angle(z_0 z_2 z^\star)$. Wieder liefert der Satz über Sehnen-Tangenten-Winkel, dass die Gerade durch z_0 und $z^\star$ und die Tangente an $\tilde{K}$ im Punkt $z^\star$ identisch sind. Andererseits ist die Gerade durch z_0 und $z^\star$ orthogonal zur Tangente an K in $z^\star$. Somit schneiden sich K und $\tilde{K}$ rechtwinklig.

Lösung 4.3:

a) Spezialfall $f(z) = az + b$: Für $z_i \neq z_\infty$ $(i = 1, 2, 3, 4)$ gilt

$$(w_1, w_2, w_3, w_4) = \frac{w_3 - w_1}{w_3 - w_2} \frac{w_4 - w_2}{w_4 - w_1} = \frac{a(z_3 - z_1)}{a(z_3 - z_2)} \frac{a(z_4 - z_2)}{a(z_4 - z_1)} = (z_1, z_2, z_3, z_4) \,.$$

Ist $z_1 = z_\infty$, dann ist $w_1 = \infty$, und es folgt

$$(\infty, w_2, w_3, w_4) = \frac{w_3 - w_1}{w_4 - w_1} \frac{w_4 - w_2}{w_3 - w_2} = 1 \cdot \frac{w_4 - w_2}{w_3 - w_2} = \frac{a(z_4 - z_2)}{a(z_3 - z_2)} = (\infty, z_2, z_3, z_4) \,.$$

Entsprechendes gilt, falls z_2, z_3 oder z_4 ∞ ist.

b) Spezialfall $f(z) = 1/z$: Für $z_i \neq 0$ und $z_i \neq \infty$ $(i = 1, 2, 3, 4)$ gilt

$$(w_1, w_2, w_3, w_4) = \frac{\frac{1}{z_3} - \frac{1}{z_1}}{\frac{1}{z_3} - \frac{1}{z_2}} \frac{\frac{1}{z_4} - \frac{1}{z_2}}{\frac{1}{z_4} - \frac{1}{z_1}} = \frac{z_1 - z_3}{z_2 - z_3} \frac{z_2 - z_4}{z_1 - z_4} = (z_1, z_2, z_3, z_4) \,.$$

Die ausgenommenen Fälle beweist man entsprechend.

c) Aus (a) und (b) folgt die behauptete Invarianz.

Lösung 4.4:

a) Durch $w_1 = f_1(z) = i\frac{z+1}{z-1}$ wird das Sichelgebiet D in ein keilförmiges Gebiet D_1 abgebildet. Durch $w_2 = f_2(w_1) = -w_1^3 = i\left(\frac{z+1}{z-1}\right)^3$ wird D_1 bzw. D auf die obere Halbebene abgebildet.

$$w_3 = f_3(w_2) = \frac{w_2 - i}{w_2 + i} = \frac{3z^2 + 1}{z^3 + 3z} \quad \text{liefert die gewünschte Abbildung.}$$

b) Durch $w_1 = f_1(z) = \frac{iz+2}{z}$ wird D in den Parallelstreifen $D_1 : 0 < \operatorname{Im} z < \frac{1}{2}$ abgebildet. Durch $w_2 = f_2(w_1) = 2\pi w_1 = 2\pi i \frac{z-2i}{z}$ wird D_1 bzw. D in den Parallelstreifen $D_2 : 0 < \operatorname{Im} z < \pi$ abgebildet und dieser mit

$$w_3 = f_3(w_2) = \frac{e^{w_2} - i}{e^{w_2} + i} = \frac{e^{2\pi i \frac{z-2i}{z}} - i}{e^{2\pi i \frac{z-2i}{z}} + i} \quad \text{auf das Innere des Einheitskreises.}$$

Lösung 4.5:

Brennpunkte der Ellipse: $\pm\sqrt{3}$. Durch $w_1 = f_1(z) = \frac{2}{\sqrt{3}}z$ wird die Ellipse auf eine Ellipse mit den Brennpunkten ± 2 abgebildet und diese durch

$$w_2 = f_2(w_1) = \frac{1}{2}\left(w_1 + \sqrt{w_1^2 - 4}\right) = \frac{1}{\sqrt{3}}\left(z + \sqrt{z^2 - 3}\right)$$

in den Kreis um 0 mit dem Radius $r = \sqrt{3}$ (warum?). Schließlich bildet

$$w_3 = f_3(w_2) = \frac{1}{\sqrt{3}}w_2 = \frac{1}{3}\left(z + \sqrt{z^2 - 3}\right)$$

die Ausgangsellipse auf den Einheitskreis ab. Die Verzweigungspunkte $\pm\sqrt{3}$ der Abbildung $g(z) := \sqrt{z^2 - 3}$ liegen im Inneren der Ellipse. Daher können wir die beiden Zweige von g im Äußeren der Ellipse als holomorphe Funktionen ansehen, die unabhängig voneinander sind. Ist $\tilde{g}$ derjenige Zweig von g mit $\tilde{g}(3) = -\sqrt{6}$, so ist durch

$$w = f(z) = \frac{1}{3}\left(z + \tilde{g}(z)\right)$$

eine Abbildung gegeben, die $z = 3$ in das Innere des Einheitskreises und damit das gesamte Äußere der Ellipse auf das Innere des Einheitskreises abbildet.

Zu Abschnitt 4.2

Lösung 4.6:

Seien τ bzw. ν die den Einheitsvektoren t bzw. n entsprechenden komplexen Zahlen, also: $|\tau| = |\nu| = 1$, $\nu = i\,\tau$. Analog zum Beweis von Satz 2.3, Abschn. 2.1.1, differenzieren wir in Richtung t und auch in Richtung von n und erhalten

$$f'(z) = \frac{1}{\tau}\left(\frac{\partial u}{\partial t} + i\,\frac{\partial v}{\partial t}\right) = \frac{1}{\nu}\left(\frac{\partial u}{\partial n} + i\,\frac{\partial v}{\partial n}\right).$$

Mit $\nu = i\,\tau$ ergeben sich durch Vergleich der Real- und Imaginärteile die behaupteten Beziehungen. Für $\tau = 1$ und $\nu = i$ bzw. $t = \begin{bmatrix} 1 \\ 0 \end{bmatrix} = e_x$ und $n = \begin{bmatrix} 0 \\ 1 \end{bmatrix} = e_y$ ergeben sich als Spezialfall die Cauchy-Riemannschen Differentialgleichungen.

Lösung 4.8:

$$u(x, y) = \frac{Q}{2\pi} \ln\left|\frac{z+i}{z-i}\right|.$$

Lösung 4.9:

$$u(x, y) = \frac{Q}{2\pi} \ln\left|\frac{\sqrt{z}+i\sqrt{2}}{\sqrt{z}-i\sqrt{2}}\right|.$$

Lösung 4.11:

Seien $F_1(z)$ und $F_2(z)$ zwei komplexe Potentiale mit $\overline{F_1'(z_\infty)} = \overline{F_2'(z_\infty)} = v_\infty$ und Zirkulation $\Gamma_1 = \Gamma_2 = \Gamma$. Dann gilt für die Differenz F dieser Potentiale: $F(z)$ ist eine im Gebiet $\ddot{A}u\,(C)$ holomorphe (eindeutige) Funktion. Für den Imaginärteil $\psi(x, y)$ von $F(z) = \varphi(x, y) + i\,\psi(x, y)$ gilt auf dem Rand: $\psi(x, y) = \text{const.}$ Außerdem gilt $\Delta\psi = 0$ in $\ddot{A}u\,(C)$. Nach dem Eindeutigkeitssatz für das Dirichletproblem ergibt sich $\psi(x, y) = \text{const.}$ in $\ddot{A}u\,(C)$. Dann ist aber $\varphi(x, y)$ (zu $\psi(x, y)$ konjugiert harmonisch!) und damit auch $F(z)$ dort konstant, d.h. $F_1(z)$ und $F_2(z)$ können sich nur durch eine additive Konstante unterscheiden.

Lösung 4.12:

Für $|\Gamma| > 4\pi v_\infty$ gilt wegen (4.87)

$$|s_{1,2}| = \frac{1}{4\pi v_\infty}\left|\Gamma \pm \sqrt{\Gamma^2 - 16\pi^2 v_\infty^2}\right| \neq 1.$$

Nur für s_1 mit

$$|s_1| = \frac{1}{4\pi v_\infty}\left|\Gamma + \sqrt{\Gamma^2 - 16\pi^2 v_\infty^2}\right|$$

liegt ein Staupunkt vor ($|s_1| > 1$!):

$$s_1 = \frac{1}{4\pi v_\infty}\left(\Gamma\,i + \sqrt{16\pi^2 v_\infty^2 - \Gamma^2}\,i\right) = \frac{i}{4\pi v_\infty}\left(\Gamma + \sqrt{16\pi^2 v_\infty^2 - \Gamma^2}\right)$$

(s. auch Fig. B.2).

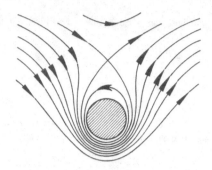

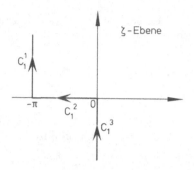

Fig. B.2: Strömungsverlauf für $|\Gamma| > 4\pi v_\infty$ Fig. B.3: Zerlegung des Integrationsweges C_1

Zu Abschnitt 5.1

Lösung 5.2:

a) Wir zeigen: $H_\lambda^1(z) = -\frac{1}{\pi} \int_{C_1} e^{-i z \sin\zeta + i\lambda\zeta}\, d\zeta$ ist als Funktion von z für jedes feste $\lambda \in \mathbb{C}$ in der rechten Halbebene $\operatorname{Im} z > 0$ holomorph. Hierzu zerlegen wir C_1 gemäß Figur B.3.

$$C_1 = C_1^1 + C_1^2 + C_1^3$$

und schätzen das Integral über C_1^1 ab. Mit der Parameterdarstellung

$$\zeta = \zeta(t) = -\pi + i t, \quad 0 \le t \le \infty$$

für C_1 ergibt sich

$$I_1^1 := \int\limits_{C_1^1} e^{-i z \sin\zeta + i\lambda\zeta}\, d\zeta = i\, e^{-i\pi\lambda} \int\limits_0^\infty e^{i z \sin(i\,t) - \lambda t}\, dt = i\, e^{-i\pi\lambda} \int\limits_0^\infty e^{i z(i \sinh t) - \lambda t}\, dt$$

$$= i\, e^{-i\pi\lambda} \int\limits_0^\infty e^{-\sinh t \cdot \operatorname{Re} z - \operatorname{Re}\lambda \cdot t} \cdot e^{-i(-\sinh t \cdot \operatorname{Im} z + t\, \operatorname{Im}\lambda)}\, dt\,.$$

Mit $\sinh t = \frac{1}{2}(e^t - e^{-t})$ lässt sich der letzte Integrand wie folgt abschätzen:

$$|\dots| \le e^{\frac{1}{2}\operatorname{Re} z} \cdot e^{-\frac{1}{2}\operatorname{Re} z \cdot e^t} \cdot e^{-\operatorname{Re}\lambda \cdot t}\,.$$

Sei nun B irgendein abgeschlossener und beschränkter Teilbereich von $\{z\,|\,\operatorname{Re} z > 0\}$ und $d := \min\limits_{z \in B}(\operatorname{Re} z)$. Dann gilt $d > 0$ und mit $M := \exp\left\{\frac{1}{2}\max\limits_{z \in B}(\operatorname{Re} z)\right\}$ folgt

$$|\dots| \le M\, e^{-\frac{d}{2}e^t} \cdot e^{-\operatorname{Re}\lambda \cdot t}\,, \quad \lambda \in \mathbb{C} \text{ fest.}$$

Wegen $e^{-\operatorname{Re}\lambda \cdot t} \cdot e^{-\frac{d}{4}e^t} \to 0$ für $t \to \infty$ existiert ein $t_0 = t_0(\lambda) > 0$ mit $e^{-\operatorname{Re}\lambda \cdot t} \cdot e^{-\frac{d}{4}e^t} \le 1$ für $t \ge t_0$, und wir erhalten

$$|\dots| \le M \cdot 1 \cdot e^{-\frac{d}{4}e^t} \quad \text{für } t \ge t_0 \text{ und } z \in B\,,$$

also eine von $z \in B$ unabhängige, integrierbare Majorante für das Integral I_1^1. Damit konvergiert I_1^1 in B gleichmäßig und definiert aufgrund von Satz A.2, Anhang, eine bez. z in B holomorphe Funktion. Da B eine beliebige abgeschlossene und beschränkte Menge in der rechten Halbebene ist, ergibt sich die Holomorphie von I_1^1 in der Halbebene $\operatorname{Im} z > 0$.

Entsprechend führt man den Nachweis für $\int_{C_1^3} \ldots d\zeta$. Die Holomorphie des Anteils $\int_{C_1^2} \ldots d\zeta$ ergibt sich unmittelbar aus Satz A.1, Anhang. Die restlichen Holomorphienachweise lassen sich analog führen.

Lösung 5.3:

Aus der Darstellung

$$H_{-\lambda}^1(z) = -\frac{1}{\pi} \int_{C_1} e^{-\mathrm{i}\, z \sin \zeta - \mathrm{i}\, \lambda \zeta} \, d\zeta$$

ergibt sich, wenn wir $\tilde{\zeta} = -\zeta - \pi$ setzen,

$$H_{-\lambda}^1(z) \quad = \frac{1}{\pi} \int_{\tilde{C}_1} e^{-\mathrm{i}\, z \sin(-\pi-\tilde{\zeta}) - \mathrm{i}\, \lambda(-\pi-\tilde{\zeta})} \, d\tilde{\zeta} = e^{\mathrm{i}\, \lambda \pi} \frac{1}{\pi} \int_{\tilde{C}_1} e^{-\mathrm{i}\, z \sin \tilde{\zeta} + \mathrm{i}\, \lambda \tilde{\zeta}} \, d\tilde{\zeta} \,.$$

Dabei ist $\tilde{C}_1$ zu C_1 kongruent, wird aber entgegengesetzt durchlaufen, d.h. es ist

$$H_{-\lambda}^1(z) = e^{\mathrm{i}\, \lambda \pi} \frac{1}{\pi} \int_{-C_1} e^{-\mathrm{i}\, z \sin \tilde{\zeta} + \mathrm{i}\, \lambda \tilde{\zeta}} \, d\tilde{\zeta} = e^{\mathrm{i}\, \lambda \pi} \cdot \left(-\frac{1}{\pi} \int_{C_1} e^{-\mathrm{i}\, z \sin \tilde{\zeta} + \mathrm{i}\, \lambda \tilde{\zeta}} \, d\tilde{\zeta} \right) = e^{\mathrm{i}\, \lambda \pi} \, H_{\lambda}^1(z) \,.$$

Entsprechend ergibt sich die zweite Beziehung.

Symbole

Wir erinnern zunächst an einige Symbole, die in diesem Band verwendet werden und die in dieser oder ähnlicher Form bereits in Burg/Haf/Wille [12], [14] und [10] verwendet wurden.

$x :=$	x ist definitionsgemäß gleich ...
$x \in M$	x ist Element der Menge M, kurz: »x aus M«
$x \notin M$	x ist nicht Element der Menge M
$\{x_1, x_2, \ldots, x_n\}$	Menge der Elemente $x_1, x_2, \ldots, x_n$
$\{x \mid x$ hat die Eigenschaft $E\}$	Menge aller Elemente x mit der Eigenschaft E
$M \subset N$, $N \supset M$	M ist Teilmenge von N
$M \cup N$	Vereinigungsmenge von M und N
$M \cap N$	Schnittmenge von M und N
$\emptyset$	leere Menge
$\mathbb{N}$	Menge der natürlichen Zahlen
$\mathbb{N}_0$	Menge der natürlichen Zahlen einschließlich 0
$\mathbb{Z}$	Menge der ganzen Zahlen
$\mathbb{R}$	Menge der reellen Zahlen
$\mathbb{R}^+$	Menge der positiven reellen Zahlen
$\mathbb{R}_0^+$	Menge der nichtnegativen reellen Zahlen
$[a, b]$, (a, b), $(a, b]$, $[a, b)$	abgeschlossene, offene, halb-offene Intervalle
$[a, \infty)$, (a, ∞), $(-\infty, a]$, $(-\infty, a)$	unbeschränkte Intervalle
$(x_1, \ldots, x_n)$	n-Tupel
$\mathbb{C}$	Menge der komplexen Zahlen
$\operatorname{Re} z$	Realteil von z
$\operatorname{Im} z$	Imaginärteil von z
$\bar{z}$	konjugiert komplexe Zahl zu z
$\arg z$	Argument von z
$\begin{bmatrix} x_1 \\ \vdots \\ x_n \end{bmatrix}$	Spaltenvektor der Dimension n
$\mathbb{R}^n$	Menge aller Spaltenvektoren der Dimension n, (wobei $x_1, \ldots, x_n \in \mathbb{R}$)
$f : A \to B$	Funktion (Abbildung) von A in B
$\overline{D}$	abgeschlossene Hülle von D
$\overset{\circ}{D}$, $\operatorname{In}(D)$, D_i	Inneres von D
$\ddot{\mathrm{A}}\mathrm{u}(D)$, D_a	Äußeres von D
∂D	Rand von D

Es folgen die in diesem Band eingeführten Symbole:

i	Abschn. 1.1.1
$x + \mathrm{i}\, y$	Abschn. 1.1.1
$\operatorname{Re} z$, $\operatorname{Im} z$	Abschn. 1.1.1
$\mathbb{C}$	Abschn. 1.1.1
$|z|$	Abschn. 1.1.1
$\arg z$	Abschn. 1.1.1
$\bar{z}$	Abschn. 1.1.1

$\overline{\mathbb{C}}$	Abschn. 1.1.2
z_∞	Abschn. 1.1.2
$U_\varepsilon(z_0)$	Abschn. 1.1.3
$U_r(z_\infty)$	Abschn. 1.1.3
$C(D)$	Abschn. 1.1.3
$d(z_1, z_2)$	Abschn. 1.1.4
$\{z_n\}$	Abschn. 1.1.4
$\lim\limits_{n \to \infty} z_n$	Abschn. 1.1.4
$z_n \to z$ für $n \to \infty$	Abschn. 1.1.4
$\mathcal{U}$	Abschn. 1.1.4
$\sum\limits_{k=1}^{\infty} z_k$	Abschn. 1.1.5
$\gamma : [a, b] \mapsto \mathbb{C}$	Abschn. 1.1.6
$-C$	Abschn. 1.1.6
$L(\gamma)$	Abschn. 1.1.6
$f : D \mapsto \mathbb{C}$	Abschn. 1.2.1
$w = f(z)$, $z \mapsto w$	Abschn. 1.2.1
$f(D)$	Abschn. 1.2.1
$\lim\limits_{z \to z_0} f(z)$	Abschn. 1.2.2
$f(z) \to f(z_0)$ für $z \to z_0$	Abschn. 1.2.2
$\operatorname{Re} f(x + \mathrm{i}\, y)$, $\operatorname{Im} f(x + \mathrm{i}\, y)$	Abschn. 1.2.2
$f(z) \to c$ für $z \to z_0$	Abschn. 1.2.2
$f'(z_0)$, $\frac{\mathrm{d}}{\mathrm{d}z} f(z)$, $\frac{\mathrm{d}f}{\mathrm{d}z}(z_0)$	Abschn. 2.1.1
$f \circ g$	Abschn. 2.1.2
u_x, u_y	Abschn. 2.1.3
f^{-1}, (f^{-1})	Abschn. 2.1.3
$\operatorname{Arg} w$	Abschn. 2.1.4
$\mathfrak{R}$	Abschn. 2.1.4
$\log_k w$	Abschn. 2.1.4
$\operatorname{Log} w$, $\log_0 w$	Abschn. 2.1.4
Δ, Δu	Abschn. 2.1.5
$\int\limits_{\gamma} f(z)\mathrm{d}z$, $\int\limits_{C} f(z)\mathrm{d}z$	Abschn. 2.2.1
$\oint\limits_{C} f(z)\mathrm{d}z$	Abschn. 2.2.1
$\int\limits_{z_0}^{z} f(\zeta)\mathrm{d}\zeta$	Abschn. 2.2.3
$f^{(n)}(z)$	Abschn. 2.2.3
$\{f_n\}$	Abschn. 2.3.1
$\lim\limits_{n \to \infty} f_n(z)$	Abschn. 2.3.1
$\sum\limits_{k=1}^{\infty} f_k(z)$	Abschn. 2.3.2
$\sum\limits_{k=0}^{\infty} a_k(z - z_0)^k$	Abschn. 2.3.3

$f(z) \sim s(z)$ Abschn. 2.4.1
$f(z) = o\big(g(z)\big)$ Abschn. 2.4.1
$f(z) = \mathcal{O}\big(g(z)\big)$ Abschn. 2.4.1
$\operatorname{erf} z$ Abschn. 2.4.1
$H_\lambda^1(z)$, $H_\lambda^2(z)$ Abschn. 2.4.2
$\displaystyle\sum_{k=-\infty}^{\infty} a_k(z - z_0)^k$ Abschn. 3.1.1
$J_n(t)$, $J_{-n}(t)$ Abschn. 3.1.1
$\displaystyle\operatorname*{Res}_{z=z_0} f(z)$ Abschn. 3.2.2
$\Gamma(z)$ Abschn. 3.2.3
$\chi(z_1, z_2)$ Abschn. 4.1.2

(z_1, z_2, z_3, z_4) Abschn. 4.1.3
$J_\lambda(z)$ Abschn. 5.2.1
$N_\lambda(z)$ Abschn. 5.2.1
$\sigma, \sigma_{xx}, \ldots, \sigma_{zz}$ Abschn. 5.3.3
$F(x, y)$ (Airysche Spannungsfunktion)   Abschn. 5.3.3
$\Delta\Delta F$ (Bipotentialgleichung)   Abschn. 5.3.3
$\varphi_G(x, y, t)$ Abschn. 5.3.4
$U_G(x, y)$, $U_e(x, y)$, $U_s(x, y)$ Abschn. 5.3.4
$\mathcal{F}[f(t)]$, $\hat{f}(s)$ (Fouriertransformation)   Abschn. 5.3.4
$\hat{U}_s(\lambda, y)$ Abschn. 5.3.4
$\hat{J}_+(\lambda)$ Abschn. 5.3.4
$\hat{a}_-(\lambda)$ Abschn. 5.3.4

Literaturverzeichnis

[1] Ahlfors, L.: *Complex Analysis*. McGraw-Hill, New York, 3 Aufl., 1966.

[2] Bak, J. und Newman, D.: *Complex Analysis*. Springer, New York, 1982.

[3] Bearson, A.: *Complex Analysis*. Wiley, Chichester, 1979.

[4] Becker, W. und Gross, D.: *Mechanik elastischer Körper und Strukturen*. Springer, Berlin, 2002.

[5] Behnke, H. und Sommer, F.: *Theorie der analytischen Funktionen einer komplexen Veränderlichen*. Springer, Berlin, 3 Aufl., 1976.

[6] Betz, A.: *Konforme Abbildung*. Springer, Berlin, 2 Aufl., 1964.

[7] Bieberbach, L.: *Einführung in die Funktionentheorie*. Teubner, Stuttgart, 4 Aufl., 1966.

[8] Bieberbach, L.: *Einführung in die konforme Abbildung*. Teubner, Stuttgart, 6 Aufl., 1967.

[9] Burckel, R.: *An introduction to classical complex analysis*, Bd. 1. Birkhäuser, Basel, Stuttgart, 1979.

[10] Burg, C., Haf, H., Wille, F. und Meister, A.: *Höhere Mathematik für Ingenieure*, Bd. 3. Vieweg+Teubner, Wiesbaden, 5 Aufl., 2009.

[11] Burg, C., Haf, H., Wille, F. und Meister, A.: *Höhere Mathematik für Ingenieure*, Bd. Partielle Differentialgleichungen und funktionalanalytische Grundlagen. Vieweg+Teubner, Wiesbaden, 5 Aufl., 2010.

[12] Burg, C., Haf, H., Wille, F. und Meister, A.: *Höhere Mathematik für Ingenieure*, Bd. 1. Vieweg+Teubner, Wiesbaden, 9 Aufl., 2011.

[13] Burg, C., Haf, H., Wille, F. und Meister, A.: *Höhere Mathematik für Ingenieure*, Bd. Vektoranalysis. Springer Vieweg, Wiesbaden, 2 Aufl., 2012.

[14] Burg, C., Haf, H., Wille, F. und Meister, A.: *Höhere Mathematik für Ingenieure*, Bd. 2. Springer Vieweg, Wiesbaden, 7 Aufl., 2012.

[15] Carathéodory, C.: *Funktionentheorie I/II*. Basel, Birkhäuser, 2 Aufl., 1960.

[16] Courant, R. und Hilbert, D.: *Methoden der Mathematischen Physik I*. Springer, Berlin, 4 Aufl., 1993.

[17] Dienes, P.: *The Taylor Series. An introduction to the theory of functions of a complex variable*. Dover Publ., New York, 1975.

[18] Dinghas, A.: *Vorlesungen über Funktionentheorie*. Springer, Berlin, 1960.

[19] Endl, K. und Luh, W.: *Analysis III*. Aula, Wiesbaden, 6 Aufl., 1994.

[20] Fischer, W. und Lieb, I.: *Funktionentheorie*. Vieweg+Teubner, Braunschweig, 9 Aufl., 2005.

[21] Grauert, H. und Fischer, W.: *Differential- und Integralrechnung II*. Springer, Berlin, 3 Aufl., 1978.

[22] Heins, M.: *Complex Function Theory*. Acad. Press, New York, 1974.

[23] Henrici, P.: *Applied and computational complex analysis I/II*. Wiley, New York, 1974/77.

[24] Henrici, P. und Jeltsch, R.: *Komplexe Analysis für Ingenieure I*. Birkhäuser, Basel, 3 Aufl., 1987.

[25] Henrici, P. und Jeltsch, R.: *Komplexe Analysis für Ingenieure II*. Birkhäuser, Basel, 2 Aufl., 1987.

[26] Hurwitz, A. und Courant, R.: *Funktionentheorie*. Springer, Berlin, 4 Aufl., 1964.

[27] Jahnke, E., Emde, F. und Lösch, F.: *Tafeln höherer Funktionen*. Teubner, Stuttgart, 7 Aufl., 1966.

[28] Jameson, G.: *First course of complex functions*. Chapman and Hall, London, 1970.

[29] Jänich, K.: *Einführung in die Funktionentheorie*. Springer, Berlin, 6 Aufl., 2010.

[30] Jones, D.: *The theory of electromagnetism*. Pergamon Press, Oxford, 1964.

[31] Kneser, H.: *Funktionentheorie*. Vandenhoeck, Göttingen, 2 Aufl., 1960.

[32] Knopp, K.: *Funktionentheorie I/II*. Sammlung Göschen, de Gruyter, Berlin, 13 Aufl., 1976/80.

[33] Koppenfels, W. von und Stallmann, F.: *Praxis der konformen Abbildung*. Springer, Berlin, 1959.

[34] Lang, S.: *Complex Analysis*. Addison-Wesley, Reading, 1977.

[35] Lawrentjew, M. und Schabat, B.: *Methoden der komplexen Funktionentheorie*. Dt. Verlag d. Wiss., Berlin, 1967.

[36] Markushevich, A.: *Theory of functions of a complex variable I-III*. Prentice Hall, Englewood Cliffs, 1965-67.

[37] Marsden, J., Hoffman, M. und Marsden, T.: *Basic complex analysis*. Freeman and Comp., San Francisco, 3 Aufl., 1999.

[38] Meister, E.: *Randwertaufgaben der Funktionentheorie*. Teubner, Stuttgart, 1983.

[39] Mußchelischwili, N.: *Einige Grundaufgaben zur mathematischen Elastizitätstheorie*. Carl Hanser Verlag, München, 1971.

[40] Nehari, Z.: *Introduction to complex analysis*. Allyn and Bacon, Boston, 1968.

[41] Nevanlinna, R. und Paatero, V.: *Einführung in die Funktionentheorie*. Birkhäuser, Basel, 1965.

[42] Noble, B.: *Methods based on the Wiener-Hopf-technique for the solution of partial differential equations*. Pergamon Press, New York, 1958.

[43] Peschl, E.: *Funktionentheorie*. Bibl. Inst., Mannheim, 2 Aufl., 1983.

[44] Remmert, R.: *Funktionentheorie I*. Springer, New York, 5 Aufl., 2002.

[45] Schwarz, H. und Köckler, N.: *Numerische Mathematik*. Vieweg+Teubner, Wiesbaden, 8 Aufl., 2011.

[46] Smirnow, W.: *Lehrgang der Höheren Mathematik III/2*. Dt. Verlag d. Wiss., Berlin, 13 Aufl., 1987.

[47] Walter, W.: *Gewöhnliche Differentialgleichungen*. Springer, Berlin, 7 Aufl., 2000.

[48] Weise, K.: *Differentialgleichungen*. Vandenhoeck und Ruprecht, Göttingen, 1966.

[49] Werner, P.: *Ein Resonanzphänomen in der Theorie akustischer und elektromagnetischer Wellenfelder*. Math. Meth. in the Appl. Sci., 6:104–128, 1984.

[50] Werner, P.: *Zur Asymptotik der Wellengleichung und der Wärmeleitungsgleichung in zweidimensionalen Außenräumen*. Math. Meth. in the Appl. Sci., 7:170–201, 1985.

Stichwortverzeichnis

A

Abbildung
 – einer komplexen Variablen, 22
 – gebrochen lineare, 158, 162
 – konforme, 156
 – winkeltreue, 155
Abbildungssatz, Riemannscher, 157
abgeschlossene
 – Hülle, 8
 – Menge, 8
Ableitung einer komplexwertigen Funktion, 33
absolut konvergente Reihe, 13
Abstand
 – chordaler, 158
 – zweier komplexer Zahlen, 9
Additionstheoreme, 4, 30
Airysche Spannungsfunktion, 230, 231
allgemeine Potenzfunktion, 48
analytische Fortsetzung, 97, 102, 103
Anfangspunkt eines Weges, 14
Argument, 2
asymptotische
 – Darstellung der
 – – Besselschen Funktionen, 214
 – – Neumannschen Funktionen, 220
 – Entwicklung, 108
 – Formeln der
 – – Hankelschen Funktionen, 205
asymptotische Entwicklung, 108
Äußeres, 8
Ausstrahlungsbedingungen, 234

B

beschränkte Menge, 9
Besselsche Differentialgleichung, 200, 205, 220
Besselsche Funktion, 129, 207
 – asymptotische Darstellung, 214
 – Integraldarstellung, 210
 – Nullstellen der, 225
 – Orthogonalität, 217
 – Orthogonalitätsrelation für, 227
 – Reihendarstellung, 212
Betrag einer komplexen Zahl, 2
Beugung an scharfer Kante, 232
Bild (-punkt), 22
Bipotentialgleichung, 230
Bolzano-Weierstrass, Satz von, 11

C

Casorati-Weierstrass, Satz von, 128
Cauchy-Produkt, 27
Cauchy-Riemannsche Differentialgleichungen, 37, 53, 96
Cauchy-Ungleichung, 72
Cauchysche Integralformel, 67
 – für Ableitungen, 70
Cauchyscher Integralsatz, 59, 61, 96
Cauchyscher Spannungstensor, 228
Cauchysches Konvergenzkriterium, 87
chordaler Abstand, 158
Cosinus im Komplexen, 26, 30, 41
Cotangens im Komplexen, 31

D

Definitionsbereich, 22
Differentialgleichung
 – Besselsche, 200, 205, 220
 – Cauchy-Riemannsche, 37
Differentialquotient, 33
Differentiation einer Funktionsfolge, 88
differenzierbar (in ℂ), 33, 39
Dirichletsche
 – Randbedingung, 232
 – Randwertaufgabe (-problem), 78, 79, 180, 184, 186
divergente Reihe, 13
doppelpunktfreier Weg, 14
Doppelverhältnis, 171
Draht, geladener, 186
Drehstreckung, 160
Drehung, 159
Dreiecksungleichungen, 3
Durchlaufungssinn (= Durchlaufung), 17

E

ebene Welle, 231
ebener Spannungszustand, 228
einfach zusammenhängendes Gebiet, 19
einfacher Weg, 14
einfallendes Feld, 232
Einheitskreis, 161
 – Spiegelung am, 161
Einheitswurzel, 5
elementare Funktion, 26
Ellipse, 172
Endpunkt eines Weges, 14

Entwicklungspunkt, 92
ε-Umgebung, 7
Eulersche Formel, 2, 27
Exponentialfunktion im Komplexen, 26, 40, 46

F
Feld
– einfallendes, 232
– gebeugtes, 232
– reflektiertes, 232
– Streu-, 233, 237
Fläche, Riemannsche, 42, 45
Fluss, 190
Folge
– Grenzwert einer, 10
– komplexer Zahlen, 10
– – konvergente in $\mathbb{C}$, 10
– Limes einer, 10
Fortsetzung, analytische, 97
Fourier-Methode, 224
Fourier-Reihe, 227
Fundamentalsatz der Algebra, 83
Funktion
– Airysche Spannungs-, 230, 231
– analytisch in D, 35
– Besselsche, 129, 207
– – asymptotische Darstellung, 214
– – Integraldarstellung, 210
– – Nullstellen der, 225
– – Orthogonalität, 217
– – Orthogonalitätsrelation für, 227
– – Reihendarstellung, 212
– elementare, 26
– Gamma-, 143
– Grenzwert einer, 25
– Hankelsche, 201, 203
– harmonische, 49
– holomorphe, 96
– – im Punkt $z_0 \in D$, 35
– – in D, 35
– Joukowski-, 171
– komplexwertige, 22
– konjugiert harmonische, 49
– lineare, 159
– meromorphe, 127
– Neumannsche, 207
– – asymptotische Darstellung, 220
– – Reihendarstellung, 220
– Nullstelle einer holomorphen, 99, 124
– periodische, 28, 30
– Pol einer holomorphen, 124
– Polstelle einer, 126
– regulär in D, 35
– Reihe von, 90
– stetig
– – in einem Punkt, 23

– trigonometrische in $\mathbb{C}$, 29, 41

G
Gammafunktion, 143
Gaußsche Zahlenebene, 2
Gaußsches Fehlerintegral, 109
gebeugtes Feld, 232
Gebiet, 19
– einfach zusammenhängendes, 19
gebrochen lineare Abbildung, 158, 162
gemischtes Randwertproblem, 233
Gesamtfeld, 232
geschlossene Kurve, 14
geschlossener Weg, 14
Geschwindigkeitsfeld, 192
Geschwindigkeitspotential, 189
glatte Kurve, 16
glatter Weg, 16
Gleichgewichtsbedingungen
– für die Kräfte, 229
– für die Momente, 229
– lokale, 229
gleichmäßig konvergent, 87, 90
gleichmäßige Stetigkeit, 24
Greensche Integralformel, 184
Grenzfunktion, 86
Grenzwert
– einer Folge, 10
– einer Funktion, 25
– einer Reihe, 13
Grundlösung der Schwingungsgleichung, 222

H
Häufungspunkt einer Menge, 9
Hülle, abgeschlossene, 8
Halbebene, 7, 19
Hankelsche Funktionen, 201, 203
– asymptotische Formeln der, 205
harmonische Funktion, 49
Hauptargument, 43
Hauptteil, 123
Hauptwert des Logarithmus, 47
hebbare Singularität, 124, 125
Überdeckungssatz von, 11
Helmholtzsche Schwingungsgleichung, 199, 221, 232
holomorphe Ergänzung, 101
Hyperbel, 173

I
Identitätssatz, 97
imaginäre Einheit, 1
Imaginärteil, 1
innerer Punkt, 8
Inneres einer Menge, 8
Integral
– parameterabhängiges, 241

– uneigentliches, 135, 183
Integralformel
– Greensche, 184
– Poissonsche, 180
– – für die obere Halbebene, 182
Integralformel, Cauchysche, 67
Integralsatz
– Cauchyscher, 59, 96
– – für mehrfach zusammenhängende Gebiete, 61
Integrationsweg, 201
isolierte Singularität, 124
Isoliertheit von Nullstellen, 100

J
Jordankurve, 14
– geschlossene, 15
Joukowski-Funktion, 171

K
Körper, 1
Kantenbedingungen, 234
Kern des Integraloperators, 201
Kettenregel, 36
Kolosovsche Gleichungen, 231
kompakte Menge, 9
Kompatibilitätsbedingung, 230
Komplementärmenge, 8
komplexe
– Variable
– – Abbildung einer, 22
– Zahl(en), 1
– – Abstand zweier, 9
– – Betrag einer, 2
– – Folge von, 10
– – konvergente Reihe, 13
– – n-te Wurzel einer, 3
– – Reihe von, 13
– Zahlenebene, 2
– – erweiterte, 6
komplexes
– Kurvenintegral, 53
– Potential, 230
– Strömungspotential, 190
komplexwertige Funktion, 22
konform, 156
konjugiert
– harmonisch, 49
– komplex, 3
konvergent
– gleichmäßig, 87, 90
– punktweise, 86, 90
konvergente
– Folge in $\mathbb{C}$, 10
– Reihe in $\mathbb{C}$, 13
Konvergenzradius, 92
Kreis, 119

– Einheits-, 161
– Spiegelung am, 160
Kreisbogenzweieck, 176
Kreiskettenverfahren, 76
Kreislinie, positiv orientierte, 55
Kreisring, 119
Kreisverwandtschaft, 165
Kreiszylinder, umströmter, 193
Kurve, 14
– geschlossene, 14
– glatte, 16
– Jordan-, 14
– – geschlossene, 15
– – positiv orientierte, 20
– orientierte, 17
– Orientierung einer, 17
– Orts-, 158
– Parameterdarstellung einer, 14
Kurvenintegral, 53
– komplexes, 53

L
Länge
– eines Weges, 17
Landau-Symbol, 108, 116
Laplace-Gleichung, 199
Laplace-Operator, 49, 199
Laurententwicklung, 121
Laurentreihe, 121
Limes einer Folge, 10
linear unabhängiges Funktionensystem, 205
lineare Funktion, 159
Liouville, Satz von, 83
Logarithmus
– Hauptwert des, 47
– im Komplexen, 46

M
Möbiustransformation, 162
Majorantenkriterium, 91
Maximumprinzip, 74, 77
Membran, 223
Menge
– abgeschlossene, 8
– beschränkte, 9
– Häufungspunkt einer, 9
– Inneres einer, 8
– kompakte, 9
– offene, 8
– Rand einer, 8
– Randpunkt einer, 8
meromorphe Funktion, 127
Methode
– der Integraltransformation, 201
– der stehenden Wellen, 224
– des steilsten Abstiegs, 112

– Fourier-, 224
Minimumprinzip, 77
Mittelwertformel, 69
Morera, Satz von, 73

N
Neumannsche
– Funktion, 207
– – asymptotische Darstellung, 220
– – Reihendarstellung, 220
– Randbedingung, 191
– Randwertaufgabe (-problem), 183, 184
Nordpol, 5
Normaldarstellung einer komplexen Zahl, 2
Normale, 18
Normalenvektor, 18
Nullstelle, 217
– einer holomorphen Funktion, 99, 124
– Isoliertheit von, 100

O
offene Menge, 8
orientierte Kurve, 17
Orientierung
– einer Kurve, 17
– positive einer geschlossenen Jordankurve, 20
Orthogonalitätsrelation für Bessel-Funktionen, 227
Orthogonaltrajektorien, 51
Ortskurve, 158

P
Parallelstreifen, 176
Parallelverschiebung, 159
parameterabhängiges Integral, 241
Parameterdarstellung einer Kurve, 14
Partialsumme einer Reihe, 13
Periode, 28, 30
Periodenstreifen, 29
periodische Funktion, 28, 30
Poissonsche Integralformel, 79, 180, 182
Pol, 124
– einer Funktion, 126
– einer holomorphen Funktion, 124
Pol (= Polstelle), 124
Polarkoordinaten, 2, 53
Polstelle, 124
– einer Funktion, 126
Polygonzug, zusammenhängender, 18
Potential, 190
– einer Punktladung, 185
– komplexes, 230
Potentialfunktion, 49
Potentialgleichung, 199
Potenzfunktion, 43
– allgemeine, 48
Potenzreihe, 91

Prinzip vom Argument, 134
Produktansatz, 224
Produktregel, 35
Projektion, stereographische, 6
Punkt
– innerer, 8
– unendlich ferner, 6
Punktladung, 185
punktweise konvergent, 86, 90

Q
Quellstärke, 185
Quotientenregel, 35

R
radialsymmetrisch, 199, 221
Rand, einer Menge, 8
Randbedingung, Dirichletsche, 232
Randbedingungen, 231
Randpunkt einer Menge, 8
Randwertaufgabe
– Dirichletsche, 78, 79, 180, 184, 186
– Homogene Neumannsche, 184
– Neumannsche, 183, 184
Randwertproblem, gemischtes, 233
Realteil, 1
reflektiertes Feld, 232
regulärer Teil, 123
reibungsfreie Strömung, 189
Reihe
– absolut konvergente, 13
– divergente, 13
– Fourier-, 227
– Grenzwert einer, 13
– komplexer Zahlen, 13
– konvergente
– – komplexer Zahlen, 13
– Partialsumme einer, 13
– Potenz-, 91
– Summe einer, 13
– Taylor-, 95
– Teilsumme einer, 13
– von Funktionen, 90
Residuensatz, 131, 135
Residuum, 130
Riemannsche(r)
– Abbildungssatz, 157
– Fläche, 42, 45, 173
– – Verzweigungspunkt der, 45
– Zahlenkugel, 5, 45
Ringgebiet, 119

S
Südpol, 5
Sattelpunkt, 113
Sattelpunktmethode, 112

Satz
- Fundamental- der Algebra, 83
- Identitäts-, 97
- von Bolzano-Weierstrass, 11
- von Casorati-Weierstrass, 128
- von der Winkeltreue, 155
- von Heine-Borel, 11
- von Liouville, 83
- von Morera, 73
scharfe Kante, Beugung an, 232
Scheibengleichung, 230
Schwarzsche Ungleichung für Integrale, 58
Schwingungsgleichung
- Grundlösung der, 222
- Helmholtzsche, 199, 221, 232
Separation, 199
Singularität, 124
- hebbare, 124, 125
- isolierte, 124
- wesentliche, 124
Sinus im Komplexen, 26, 30, 41
Spannungstensor, Cauchyscher, 228
Spannungszustand, ebener, 228
Spiegelpunkt, 160
Spiegelung
- am Einheitskreis, 161
- am Kreis, 160
- an der reellen Achse, 161
stückweise
- glatte Kurve, 16
- glatter Weg, 16
- stetig differenzierbarer Weg, 16
Stammfunktion im Komplexen, 64
stationäre Strömung, 189
Staupunkt, 193
stereographische Projektion, 6
stetig differenzierbarer Weg, 16
stetig in einem Punkt, 23
Strömungsmechanik, 172
Strömungspotential, komplexes, 190
Streckung, 159
Streufeld, 233, 237
Streuung einer ebenen Welle, 232
Stromfunktion, 190
Stromlinie, 191
Summe einer Reihe, 13

T
Tangens im Komplexen, 31
Tangente, 18
Taylorentwicklung, 95
Taylorreihe, 95
Teilsumme einer Reihe, 13
Tragflügel, 157
Trigonometrische Funktion in $\mathbb{C}$, 29, 41

U
Überdeckungssatz von Heine-Borel, 11
Umgebung, 8
- ε-, 8
- von z_∞, 8
Umkehrfunktion, 41
- Zweig bei, 46
uneigentliches Integral, 135, 183
unendlich ferner Punkt, 6
Ungleichung
- Cauchy-, 72
- Dreiecks-, 3
- Schwarzsche, für Integrale, 58
Urbild, 22

V
Verkettung, 36
Verzweigungspunkt, 45, 173

W
Wärmeleitungsgleichung, 199
Weg
- Anfangspunkt eines, 14
- doppelpunktfreier, 14
- einfacher, 14
- Endpunkt eines, 14
- geschlossener, 14
- glatter, 16
- in $\mathbb{C}$, 14
- Länge eines, 17
- stückweise glatt, 16
- stückweise stetig differenzierbarer, 16
- stetig differenzierbarer, 16
wegunabhängig, 61
Welle
- ebene, 231
- – Streuung einer, 232
- stehende, 224
- zeitharmonische, 232
Wellengleichung, 199, 223
Wertebereich, 22
wesentliche Singularität, 124
Winkelbereich, 108
winkeltreu, 155, 156
Winkeltreue, Satz von der, 155
Wurzel, n-te, einer komplexen Zahl, 3
Wurzelfunktion, 43

Z
Zahlenebene
- erweiterte komplexe, 6
- komplexe (= Gaußsche), 2
Zahlenkugel, Riemannsche, 5, 45
zeitharmonische Welle, 232
Zirkulation, 190, 193
zusammenhängender Polygonzug, 18
Zweig bei Umkehrfunktionen, 46